Alexandre Campos Moraes
Anatel
Michel Daoud Yacoub
UNICAMP

POLÍTICAS PÚBLICAS DE TELECOMUNICAÇÕES

Regulação Setorial Brasileira e Governança da Internet

EDITORA CIÊNCIA MODERNA

Políticas Públicas de Telecomunicações – Regulação Setorial Brasileira e Governança

Editor: Paulo André P. Marques
Produção Editorial: Dilene Sandes Pessanha
Capa: Daniel Jara
Copidesque: Equipe Ciência Moderna

FICHA CATALOGRAFICA

MORAES, Alexandre Campos; YACOUB, Michel Daoud.

Políticas Públicas de Telecomunicações – Regulação Setorial Brasileira e Governança

Rio de Janeiro: Editora Ciência Moderna Ltda., 2021.

1. Engenharia de Telecomunicações
I — Título

ISBN: 978-65-5842-018-7 CDD 621.384

Editora Ciência Moderna Ltda.
R. Alice Figueiredo, 46 – Riachuelo
Rio de Janeiro, RJ – Brasil CEP: 20.950-150
Tel: (21) 2201-6662/ Fax: (21) 2201-6896
E-MAIL: LCM@LCM.COM.BR
WWW.LCM.COM.BR

01/21

Prefácio

A função primordial do engenheiro, como amplamente reconhecida pela sociedade e pelos órgãos de classe, é o envolvimento em questões técnicas e científicas para conceber ou criar processos ou bens que levem a um progresso social. Frequentemente, contudo, a complexidade da tecnologia que viabiliza os bens ou serviços torna necessário o envolvimento de engenheiros também nas áreas de administração, *marketing* e até mesmo comercial, de empresas do setor a que pertencem. E isso é particularmente verdade no setor de telecomunicações, objeto deste livro. De igual maneira, nas fileiras do Estado, recrutam-se esses profissionais para atuar em gestão, regulação, relações internacionais e elaboração e avaliação de políticas públicas de telecomunicações.

Os currículos de engenharia nas academias focam prioritariamente as questões técnicas, deixando de lado tópicos essenciais, como aqueles mencionados antes. Busca-se, neste trabalho, incorporar ao currículo da engenharia conceitos básicos da regulação, necessários para a compreensão plena do setor de telecomunicações. Isso porque, apesar do grande número de iniciativas governamentais no setor de telecomunicações, área que tem aspectos técnicos preponderantes de engenharia, não há um envolvimento proporcional desse ramo acadêmico e profissional no estudo das políticas setoriais. Este trabalho coloca-se como instrumento para preencher a lacuna na formação do engenheiro de telecomunicações típico, no que tange à regulação e às políticas públicas.

Apesar de colher informações em disciplinas tão heterogêneas como ciência política, economia, engenharia, estatística e sociologia, objetiva-se que o texto seja autocontido. Isto é, pretende-se que sua leitura flua de forma independente de consultas a outras fontes.

Recomenda-se a adoção deste material ou seu uso como parte do material didático em cursos de graduação e pós-graduação em engenharia elétrica, engenharia de telecomunicações, engenharia de redes, engenharia da computação, ciência da computação, administração e economia. Este conteúdo é de particular interesse em cursos de especialização em telecomunicações. Em alternativa, pode-se utilizá-lo, em partes, também em cursos preparatórios para concursos públicos da Anatel, Câmara dos Deputados, Senado Federal, Ministério das Comunicações e carreiras do ciclo de gestão do Governo Federal, para áreas que tratam especificamente do assunto.

O texto está divido em duas partes, quais sejam:

I. Organização do Setor de Telecomunicações no Brasil; e

II. Ecossistemas de Governança de Redes de Telecomunicações.

A Parte I trata de situar o leitor em relação a aspectos conceituais da regulação econômica de serviços, para em seguida aprofundar o estudo em questões específicas do caso brasileiro e do setor de telecomunicações. O objetivo é compreender a prestação de serviços de telecomunicações tanto sob a óptica de mercado quanto do ponto de vista do Estado, formulador de políticas setoriais. Encerra-se este trecho com uma análise pormenorizada de iniciativas que objetivam a gestão da qualidade de serviços no país.

A Parte II muda o foco, saindo do âmbito nacional e partindo para o cenário mundial. O intuito é identificar atores e estruturas associados à governança da internet. Uma vez enunciado esse vocabulário básico, passa-se à neutralidade de rede.

A seguir, descrevem-se sucintamente os capítulos do livro.

- *Capítulo 1 – Introdução*

  O livro inicia-se com uma breve motivação, em que se discorre sobre a relevância que as telecomunicações desfrutam na sociedade atual e sobre o papel do engenheiro no debate de políticas públicas setoriais, dentre outros temas.

○ *Parte I* – Organização do Setor de Telecomunicações no Brasil

- *Capítulo 2 – Princípios de Regulação*

  Neste capítulo, apresentam-se os fundamentos teóricos mais influentes no que diz respeito à regulação de serviços públicos, com ênfase aos atinentes a telecomunicações.

- *Capítulo 3 – Histórico e Regulamentação Setorial Brasileira*

  Além do relato das mudanças pelas quais o setor passou, no Brasil, examinam-se algumas das leis e regulamentos que regem a prestação dos serviços no país.

- *Capítulo 4 – Gestão da Qualidade*

  Problemas com a qualidade dos serviços figuram alto entre as preocupações dos usuários. Por esse motivo, destacam-se, neste capítulo, alguns dos modelos de gestão mais empregados, tanto na avaliação da qualidade técnica quanto da qualidade percebida pelo usuário. Reflete-se sobre esta questão em relação ao serviço fixo de telefonia, serviço móvel de voz e dados, acesso fixo banda larga e televisão por assinatura.

○ *Parte II* – Ecossistemas de Governança de Redes de Telecomunicações

- *Capítulo 5 – Histórico e Estruturas de Governança da Internet*

  Busca-se, neste capítulo, identificar os principais conceitos e atores associados à matéria. Isso é feito por meio da narrativa dos marcos mais salientes da trajetória que conduziu a governança das redes de telecomunicações ao estágio atual — em especial a governança da internet.

- *Capítulo 6 – Neutralidade de Rede*

  Exploram-se aqui os principais argumentos deste debate que teve início nos anos 1990, mas que continua ainda importante e polarizado. Tamanho interesse não é sem razão. Afinal, abrange questões como a distribuição de receitas entre as principais empresas da internet e os parâmetros técnicos e econômicos de discriminação no tráfego de informação na rede.

Ao final, espera-se que o leitor, mesmo que disponha ainda apenas de formação básica em engenharia, seja também capaz de compreender os aspectos regulatórios dos serviços de telecomunicações. Além de abrir novas oportunidades profissionais, imagina-se que esses conhecimentos proporcionem ao engenheiro uma participação mais ativa e profícua no debate das políticas públicas do setor.

Sumário

Lista de Figuras

Lista de Acrônimos

Afrinic	Centro de Informações de Rede da África
Aice	Acesso Individual Classe Especial
AIR	Análise de Impacto Regulatório
AM	Amplitude Modulada
ANA	Agência Nacional de Águas (Brasil)
Anatel	Agência Nacional de Telecomunicações (Brasil)
Aneel	Agência Nacional de Energia Elétrica (Brasil)
ANP	Agência Nacional de Petróleo, Gás Natural e Biocombustíveis (Brasil)
ANS	Agência Nacional de Saúde Suplementar (Brasil)
ANSP	*Academic Network at São Paulo*
ANT	Teoria Ator–Rede
Anvisa	Agência Nacional de Vigilância Sanitária (Brasil)
AOL	*America Online*
APC	Associação para Comunicações Progressivas
API	Interface de Programação de Aplicação
Apnic	Centro de Informações de Rede da Região Ásia–Pacífico
AQC	Análise Qualitativa de Conteúdo
ARD	Taxa de Atendimento de Reparo de Telefone de Uso Público/Terminal de Acesso Público em Regiões Remotas
ARI	Taxa de Atendimento de Solicitações de Reparo de Acessos Individuais
Arin	Registro Americano para Números da Internet
Arpa	Agência de Projetos de Pesquisa Avançados (EUA)
ART	Taxa de Atendimento de Reparo de Telefone de Uso Público/Terminal de Acesso Público
ASN	Número de Sistema Autônomo
ASU	Sistemas Automatizados de Gestão
AT&T	Companhia Americana de Telefonia e Telégrafo
ATT	Taxa de Atendimento ao Usuário por Atendente

Autovon	Rede de Voz Automática Continental dos Estados Unidos
BBN	*Bolt, Beranek and Newman*
BBS	Sistema de Quadro de Avisos
BDT	Bureau de Desenvolvimento das Telecomunicações (ONU)
BER	Taxa de Erro de Bit
BIAT	Bureau Internacional de Administrações Telegráficas (ONU)
BR	Bureau de Radiocomunicações (ONU)
BrT	Brasil Telecom
BT	Telecomunicações Britânicas
BTS	Estação Transceptora Base
Cade	Comissão Administrativa de Defesa Econômica (Brasil) ou Conselho Administrativo de Defesa Econômica (Brasil)
Capes	Coordenação de Aperfeiçoamento de Pessoal de Nível Superior (Brasil)
Capre	Comissão de Coordenação das Atividades de Processamento Eletrônico (Brasil)
CBDF	Fluxos de Dados Transfronteiras
CBT	Código Brasileiro de Telecomunicações
CCETT	Centro Comum de Estudos de Televisão e Telecomunicações (França)
CCITT	Comitê Consultivo em Telegrafia e Telefonia Internacional
ccTLD	Domínio de Nível Superior de Código de País
CD	Câmara dos Deputados (Brasil)
CDR	Registro Detalhado de Chamada
Cepinne	Centro Piloto de Serviços de Teleinformática para Aplicações em Ciência e Tecnologia na Região Norte–Nordeste
Cern	Conselho Europeu para a Pesquisa Nuclear ou Organização Europeia para a Pesquisa Nuclear
Ceterp	Centrais Telefônicas de Ribeirão Preto S.A.
cetic.br	Centro Regional de Estudos para o Desenvolvimento da Sociedade da Informação sob os auspícios da Unesco
CF	Constituição Federal
CGI.br	Comitê Gestor da Internet no Brasil
CIGI	Centro para a Inovação Internacional em Governança
CIR	Infraestrutura Crítica da Internet
CIX	Comutação de Internet Comercial
CMDT	Conferência Mundial de Desenvolvimento das Telecomunicações
CNC	Conselho Nacional de Comunicações (Brasil)

CNPq	Conselho Nacional de Desenvolvimento Científico e Tecnológico (Brasil)
CNT	Conselho Nacional de Telecomunicações
CO+RE	*Commercial+Research*
Conar	Conselho Nacional de Autorregulamentação Publicitária
Conin	Conselho Nacional de Informática e Automação (Brasil)
Contel	Conselho Nacional de Telecomunicações
Cotelb	Companhia de Telecomunicações de Brasília
CP	Consulta Pública
CPqD	Centro de Pesquisa e Desenvolvimento em Telecomunicações
CRAN	Rede Compreensiva de Repositório R
CRT	Companhia Riograndense de Telecomunicações
CS-IGC	Frente da Sociedade Civil para a Governança da Internet
CSN	Conselho de Segurança Nacional (Brasil)
CSTD	Comissão de Ciência e Tecnologia para o Desenvolvimento (ONU)
CTB	Companhia Telefônica Brasileira
CTBC	Companhia Telefônica da Borda do Campo
CTBC Telecom	Companhia de Telefones do Brasil Central ou Companhia de Telecomunicações do Brasil Central
CTES	Companhia Telefônica do Espírito Santo
CTMG	Companhia Telefônica de Minas Gerais
CTMR	Companhia Telefônica Melhoramento e Resistência
CTN	Companhia Telefônica Nacional
Darpa	Agência de Projetos de Pesquisa Avançados de Defesa (EUA)
DCA	Agência de Comunicações da Defesa (EUA)
DCE	Número de Documentos de Cobrança com Reclamação de Erro
DDD	Discagem Direta à Distância
DDI	Discagem Direta Internacional
DEC	Corporação de Equipamentos Digitais
Decnet	Arquitetura de Rede Digital
Dentel	Departamento Nacional de Telecomunicações
DGT	Direção Geral de Telecomunicações (França)
DNS	Sistema de Nomes de Domínios
DNT	Departamento Nacional de Telecomunicações (Brasil)
DoD	Departamento de Defesa (EUA)
DOU	Diário Oficial da União
DSL	*Digital Subscriber Line*

DTH	Serviço de Distribuição de Sinais de Televisão e de Áudio por Assinatura via Satélite
EAQ	Entidade Aferidora da Qualidade
EASU	Sistema de Gerenciamento Automático da Economia (URSS)
EC	Emenda Constitucional
Eco-92	Conferência das Nações Unidas sobre o Meio Ambiente e o Desenvolvimento
Ecosoc	Conselho Econômico e Social das Nações Unidas (ONU)
EFF	Fundação da Fronteira Eletrônica
EGSVT	Rede Estatal Unificada de Centros de Computação (URSS)
EIN	Rede Europeia de Informática
Embratel	Empresa Brasileira de Telecomunicações S.A.
EMFA	Estado-Maior das Forças Armadas
END	Taxa de Atendimento das Solicitações de Serviço de Mudança de Endereço
EPSS	Serviço de Comutação de Pacotes Experimental
Ercim	Consórcio Europeu de Pesquisa para Informática e Matemática
ERP	Potência Efetivamente Irradiada
Esnet	Rede de Ciências Energéticas
ESP RadCom	Editais de Seleção Pública
ESS	Sistema de Comunicações Unificado
Etsi	Instituto Europeu de Padronização de Telecomunicações
Faperj	Fundação Carlos Chagas Filho de Amparo à Pesquisa do Estado do Rio de Janeiro
Fapesp	Fundação de Amparo à Pesquisa do Estado de São Paulo
FCC	Comissão Federal de Comunicações (EUA)
Fermilab	Laboratório do Acelerador Nacional Fermi (EUA)
FGV	Fundação Getúlio Vargas
Fistel	Fundo de Fiscalização das Telecomunicações
FIX	Ponto de Troca de Tráfego Internet Federal
FM	Frequência Modulada
FND	Fundo Nacional de Desenvolvimento
Fust	Fundo de Universalização dos Serviços de Telecomunicações
GAC	Comitê Consultivo Governamental
GCIG	Comissão Global sobre Governança da Internet
Gdal	Biblioteca de Abstração de Dados Geoespaciais

GIC	Conselho Global da Internet
GICGM	Painel em Alto Nível sobre a Cooperação Global da Internet e Mecanismos de Governança
GIGF	Fórum de Governança Global da Internet
GIPC	Conselho de Políticas Globais da Internet
Gosbank	Banco Central (URSS)
Goseconmsovet	Conselho Econômico do Estado (URSS)
Gosplan	Comissão de Planejamento Estatal (URSS)
Gossnab	Comissão Estatal de Abastecimento Material e Técnico (URSS)
gTLD	Domínio de Nível Superior Genérico
HDLC	Controle de Enlace de Alto Nível
HF	Alta Frequência
HIV/AIDS	*Human Immunodeficiency Virus/Acquired Immunodeficiency Syndrome*
HTML	*Hypertext Markup Language*
HTTP	Protocolo de Transferência de Hipertexto
Ibase	Instituto Brasileiro de Análises Sociais e Econômicas
IAB	Conselho Consultivo da Internet ou Conselho de Arquitetura da Internet
Iana	Autoridade de Números Atribuídos da Internet
Ibict	Instituto Brasileiro de Informação em Ciência e Tecnologia
IBGE	Instituto Brasileiro de Geografia e Estatística
IBM	*International Business Machines Corporation*
Icann	Corporação da Internet para Designação de Nomes e Números
ICC	Comissão de Comércio Interestadual (EUA)
IDA	Índice de Desempenho no Atendimento
IDQ	Índice de Desempenho na Qualidade
IEPD	Instituições de Educação, Pequisa e Desenvolvimento
IEEE	Instituto de Engenheiros Eletricistas e Eletrônicos
Iesg	Grupo de Direção da Engenharia da Internet
IETF	Força-Tarefa de Engenharia da Internet
IFWP	Fórum Internacional do *White Paper*
iG	*Internet Group*
IGF	Fórum de Governança da Internet (ONU)
IGQO	Índice Geral de Qualidade Operacional
FTC	Comissão Federal de Comércio (EUA)
IIC	Conselho Internacional da Internet

IMT-2020	*International Mobile Telecommunications* 2020
Impa	Instituto de Matemática Pura e Aplicada
Inpe	Instituto Nacional de Pesquisas Espaciais (Brasil)
Intelsat	Organização Internacional de Satélites de Comunicação
INWG	Grupo de Trabalho Internacional de Redes
IP	Protocolo de Internet
IPTO	Escritório de Técnicas de Processamento de Informação (EUA)
IQP	Índice de Qualidade Percebida
IQS	Índice de Qualidade de Serviço
ISI	Instituto de Ciências da Informação (USC)
ISO	Organização Internacional de Padronização
Isoc	Sociedade da Internet
ISST	Imposto sobre Serviços de Telecomunicações
ITRs	Regulações Internacionais de Telecomunicações
ITT	Corporação Internacional de Telefone e Telégrafos
IW3C2	Comitê da Conferência Internacional da Rede Mundial de Computadores
IXP	Ponto de Troca de Tráfego Internet
KPI	Indicador-Chave de Desempenho
KRI	Indicador-Chave de Resultados
Lacnic	Centro de Informações de Rede do Caribe e América Latina
Larc	Laboratório Nacional e Redes de Computadores
LDN	Longa Distância Nacional
LDI	Longa Distância Internacional
LGT	Lei Geral de Telecomunicações
LIR	Registro Local da Internet
LNCC	Laboratório Nacional de Computação Científica (Brasil)
M2M	Comunicação Máquina a Máquina
MAG	Grupo Consultivo Multissetorial (ONU)
MCI	Marco Civil da Internet ou *Microwave Communications, Inc.*
MCT	Ministério de Ciência e Tecnologia (Brasil)
MCTIC	Ministério da Ciência, Tecnologia, Inovações e Comunicações
MDB	Movimento Democrático Brasileiro
Merit	Tríade de Informação, Pesquisa e Educação de Michigan
MF	Média Frequência
Minicom	Ministério das Comunicações (Brasil)

MIT	Instituto de Tecnologia de Massachusetts
MJ	Ministério da Justiça (Brasil)
MMDS	Serviço de Distribuição de Sinais Multiponto Multicanal
NA	Não Disponível
NAC	*Network Analysis Corporation*
Nasa	Administração Nacional Espacial e de Aeronáutica (EUA)
NCE/UFRJ	Núcleo de Computação Eletrônica da Universidade Federal do Rio de Janeiro
NCP	Programa de Controle de Rede
NIC	Centro de Informações de Rede
NIR	Registro Nacional da Internet
NPL	Laboratórico Físico Nacional (Reino Unido)
NSA	Agência Nacional de Segurança (EUA)
NSF	Fundação Nacional de Ciências (EUA)
NSFNET	Rede da Fundação Nacional de Ciências
NTAG	Grupo Consultivo Técnico da Rede
NTIA	Administração de Informações e Telecomunicações Nacionais (EUA)
NWG	Grupo de Trabalho de Rede
OC	Onda Curta
OCDE	Organização para a Cooperação e Desenvolvimento Econômico
ODM	Objetivo de Desenvolvimento do Milênio
ODS	Objetivo de Desenvolvimento Sustentável
OGAS	Sistema Automatizado de Todo o Estado (URSS)
OKC	Taxa de Completamento de Chamadas para o Centro de Atendimento Telefônico
OKI	Taxa de Completamento de Chamadas LDI
OKL	Taxa de Completamento de Chamadas Locais
OKN	Taxa de Completamento de Chamadas LDN
OM	Onda Média
ONG	Organização Não Governamental
ONU	Organização das Nações Unidas
Orece	Organismo de Reguladores Europeus das Comunicações Eletrônicas (UE)
OT	Onda Tropical
OTT	Provedores de Conteúdo, Aplicativos ou Serviços *Over-The-Top*
Pado	Procedimento para Apuração de Descumprimento de Obrigações
Parc	Centro de Pesquisas da Xerox em Palo Alto

Paste	Programa de Recuperação e Ampliação do Sistema de Telecomunicações e do Sistema Postal ou Perspectivas para Ampliação e Modernização do Setor de Telecomunicações
Pavi	Ponto de Acesso Videotex
PBFM	Plano Básico de Distribuição de Canais de Radiodifusão Sonora em Frequência Modulada
PBTV	Plano Básico de Distribuição de Canais de Televisão em VHF e UHF
PBTVD	Plano Básico de Distribuição de Canais de Televisão Digital
PBRTV	Plano Básico de Retransmissão de Televisão em VHF e UHF (PBRTV)
PGA-SMP	Plano Geral de Autorizações do Serviço Móvel Pessoal
PGMC	Plano Geral de Metas de Competição
PGMQ-SMP	Plano Geral de Metas de Qualidade para o Serviço Móvel Pessoal
PGMQ-STFC	Plano Geral de Metas de Qualidade para o Serviço Telefônico Fixo Comutado
PGMQ-STVA	Plano Geral de Metas de Qualidade para os Serviços de Televisão por Assinatura
PGMU	Plano Geral de Metas para a Universalização do Serviço Telefônico Fixo Comutado Prestado no Regime Público
PGO	Plano Geral de Outorgas
PGR	Plano Geral de Atualização da Regulamentação das Telecomunicações no Brasil
PI	Indicador de Desempenho
PIB	Produto Interno Bruto
Pipa	Ato de Proteção do Protocolo de Internet (EUA)
PL	Projeto de Lei
PLC	Projeto de Lei da Câmara
PMM	Período de Maior Movimento
PMM1	Período de Maior Movimento Diurno
PMM2	Período de Maior Movimento Noturno
PMT	Período de Maior Tráfego
PNB	Produto Nacional Bruto
PNBL	Programa Nacional de Banda Larga
PND	Programa Nacional de Desestatização
PNO RadCom	Plano Nacional de Outorga
Pnad	Pesquisa Nacional por Amostra de Domicílios
Pnud	Programa das Nações Unidas para o Desenvolvimento

PoP	Ponto de Presença
PP	Conferência Plenipotenciária da União Internacional de Telecomunicações (ONU)
PPDESS	Preço Público pelo Direito de Exploração de Serviços de Telecomunicações e pelo Direito de Exploração de Satélite
PPDUR	Preço Público pelo Direito de Uso de Radiofrequências
PPP	Prestadora de Pequeno Porte
PSCI	Provedor de Serviço de Conexão à Internet
PST	Posto de Serviços de Telecomunicações
PTI	Identificadores Técnicos Públicos
PTT	*Postes et Télécommunications* (França) ou *Postes, télégraphes et téléphones* (França)
PUC-Rio	Pontifícia Universidade Católica do Rio de Janeiro
QoE	Qualidade da Experiência
QoS	Qualidade de Serviço
Qualinet	Rede Europeia sobre Qualidade da Experiência em Sistemas e Serviços Multimídia
RadCom	Radiodifusão Comunitária
RAI	Número de Solicitações de Reparo de Acessos Individuais
REA	Taxa de Reclamações na Anatel
RED	Taxa de Reclamações nas Modalidades de Longa Distância
REL	Taxa de Reclamações na Modalidade Local
Renpac	Rede Nacional de Comunicação de Dados por Comutação de Pacotes
RFC	Requisição de Comentários
RGQ-SCM	Regulamento de Gestão da Qualidade do Serviço de Comunicação Multimídia
RGQ-SMP	Regulamento de Gestão da Qualidade da Prestação do Serviço Móvel Pessoal
RGQ-STFC	Regulamento de Gestão de Qualidade da Prestação do Serviço Telefônico Fixo Comutado
RI	Indicador de Resultados
RIA	Regimento Interno da Anatel
Rio+20	Conferência das Nações Unidas sobre Desenvolvimento Sustentável (2012)
Ripe NCC	Centro de Coordenação das Redes IP Europeias
RIQ-SMP	Regulamento de Indicadores de Qualidade do Serviço Móvel Pessoal
RIQ-STFC	Regulamento de Indicadores de Qualidade do Serviço Telefônico Fixo

	Comutado
RIR	Registro Regional da Internet
RNP	Rede Nacional de Pesquisa ou Rede Nacional de Ensino e Pesquisa
RNTD	Rede Nacional de Transmissão de Dados
RpTV	Repetição de Televisão
Rqual	Regulamento de Qualidade
RSCM	Regulamento do Serviço de Comunicação Multimídia
RSeAC	Regulamento do Serviço de Acesso Condicionado
RSLP	Regulamento do Serviço Limitado Privado
RSMC	Regulamento do Serviço Móvel Celular
RSMP	Regulamento do Serviço Móvel Pessoal
RSR	Regulamento dos Serviços de Radiodifusão
RST	Rede Sul de Teleprocessamento
RSTFC	Regulamento do Serviço Telefônico Fixo Comutado
RTR	Serviço de Retransmissão de Rádio na Amazônia Legal
RTV	Retransmissão de Televisão
Sage	Ambiente Terrestre Semi-Automático
SAL/MJ	Secretaria de Assuntos Legislativos do Ministério da Justiça (Brasil)
Sarc	Serviços Auxiliares de Radiodifusão e Correlatos
Satnet	Rede de Pacotes por Satélite do Atlântico
SBDC	Sistema Brasileiro de Defesa da Concorrência (Brasil)
SBTVD-T	Sistema Brasileiro de Televisão Digital Terrestre
SCD	Serviço de Comunicação de Dados
SCI	Serviço de Conexão à Internet
SCM	Serviço de Comunicação Multimídia
SDN	Sociedade das Nações
SE	Erro Padrão
SeAC	Serviço de Acesso Condicionado
Seae	Secretaria de Acompanhamento Econômico (Brasil)
SEI	Secretaria Especial de Informática (Brasil)
Seplan	Secretaria de Planejamento (Brasil)
Sercomtel	Serviço de Comunicações Telefônicas de Londrina ou Sercomtel S.A. Telecomunicações
SESu/MEC	Secretaria de Educação Superior do Ministério da Educação (Brasil)
SF	Senado Federal (Brasil)

SI	Sociedade da Informação
SLA	Acordo de Nível de Serviço
SLP	Serviço Limitado Privado
SMC	Serviço Móvel Celular
SMP	Serviço Móvel Pessoal
SMP1	Taxa de Reclamações (PGMQ-SMP e RGQ-SMP)
SMP2	Taxa de Reclamação de Cobertura e de Congestionamento de Canal de Voz por Mil Acessos em Operação (PGMQ-SMP) ou Taxa de Reclamações na Anatel (RGQ-SMP)
SMP3	Taxa de Chamadas Completadas para os Centros de Atendimento (PGMQ-SMP) ou Taxa de Completamento de Chamadas para o Centro de Atendimento Telefônico (RGQ-SMP)
SMP4	Taxa de Atendimento pela Telefonista/Atendente em Sistemas de Auto-Atendimento (PGMQ-SMP) ou Taxa de Completamento (RGQ-SMP)
SMP5	Taxa de Chamadas Originadas Completadas (PGMQ-SMP) ou Taxa de Alocação de Canal de Tráfego (RGQ-SMP)
SMP6	Taxa de Estabelecimento de Chamadas (PGMQ-SMP) ou Taxa de Entrega de Mensagem de Texto (RGQ-SMP)
SMP7	Taxa de Queda de Ligação (PGMQ-SMP) ou Taxa de Queda de Ligações (RGQ-SMP)
SMP8	Taxa de Resposta ao Usuário (PGMQ-SMP) ou Taxa de Conexão de Dados (RGQ-SMP)
SMP9	Taxa de Resposta aos Pedidos de Informação (PGMQ-SMP) ou Taxa de Queda de Conexões de Dados (RGQ-SMP)
SMP10	Taxa de Atendimento Pessoal ao Usuário (PGMQ-SMP) ou Taxa de Transmissão Instantânea Contratada (RGQ-SMP)
SMP11	Taxa de Atendimentos Relativos a Contas por Mil Contas Emitidas (PGMQ-SMP) ou Taxa de Transmissão Média Contratada (RGQ-SMP)
SMP12	Taxa de Recuperação de Falhas/Defeitos (PGMQ-SMP) ou Taxa de Atendimento pela Telefonista/Atendente em Sistemas de Auto-Atendimento (RGQ-SMP)
SMP13	Taxa de Resposta ao Usuário (RGQ-SMP)
SMP14	Taxa de Atendimento Pessoal ao Usuário (RGQ-SMP)

SNA	Arquitetura de Rede Digital
SNC	Secretaria Nacional de Comunicações (Brasil)
SNDE	Secretaria Nacional de Direito Econômico (Brasil)
SNT	Sistema Nacional de Telecomunicações
Sopa	Ato de Interrupção da Pirataria na Rede (EUA)
SPR	Superintendência de Planejamento e Regulamentação (Brasil)
SRC	Superintendência de Relações com Consumidores (Brasil)
SRSSI	Serviços de Radiodifusão Sonora e de Sons e Imagens
STB	Sistema de Telecomunicações Brasileiro
STFC	Serviço Telefônico Fixo Comutado
STM-400	Sistema de Tratamento de Mensagens
STVA	Serviços de Televisão por Assinatura
Subtel	Subsecretaria de Telecomunicações (Chile)
SVA	Serviço de Valor Adicionado
TAP	Terminal de Acesso Público
TCTS	Sistema Telefônico Trans-Canadá
TCP	Protocolo de Controle de Transmissão
TCU	Tribunal de Contas da União (Brasil)
Tdag	Grupo Consultivo de Desenvolvimento das Telecomunicações (ONU)
TDM	Multiplexação por Divisão de Tempo
Telaima	Telecomunicações de Roraima S.A.
Telamazon	Telecomunicações do Amazonas S.A.
Teleacre	Telecomunicações do Acre S.A.
Teleamapá	Telecomunicações do Amapá S.A.
Telebahia	Telecomunicações da Bahia S.A.
Telebras	Telecomunicações Brasileiras S.A.
Telebrasília	Telecomunicações Brasília S.A.
Teleceará	Telecomunicações do Ceará S.A.
Telegoiás	Telecomunicações de Goiás S.A.
Telemat	Telecomunicações do Mato Grosso S.A.
Telemig	Telecomunicações de Minas Gerais S.A.
Telems	Telecomunicações de Mato Grosso do Sul S.A.
Telepar	Telecomunicações do Paraná S.A.
Telepará	Telecomunicações do Pará S.A.
Telepisa	Telecomunicações do Piauí S.A.
Telergipe	Telecomunicações de Sergipe S.A.

Telerj	Telecomunicações do Rio de Janeiro S.A.
Telern	Telecomunicações do Rio Grande do Norte S.A.
Teleron	Telecomunicações de Rondônia S.A.
Telesa	Telecomunicações de Alagoas S.A.
Telesc	Telecomunicações de Santa Catarina S.A.
Telesp	Telecomunicações de São Paulo S.A.
Telest	Telecomunicações do Espírito Santo S.A.
Telma	Telecomunicações do Maranhão S.A.
Telpa	Telecomunicações da Paraíba S.A.
Telpe	Telecomunicações de Pernambuco S.A.
TEP	Número de Solicitações de Reparo de Telefone de Uso Público/Terminal de Acesso Público
TFFM	Força Tarefa sobre Mecanismos de Financiamento
TIC	Tecnologia da Informação e Comunicação
TLD	Domínio de Nível Superior
TPP	Parceria Trans-Pacífico
Transdata	Serviço Digital de Transmissão de Dados via Terrestre
TUP	Telefone de Uso Público
TV	Televisão ou Televisor ou Serviço de Radiodifusão de Sons e Imagens
TVA	Televisão por Assinatura ou Serviço Especial de Televisão por Assinatura
TVC	Serviço de Televisão a Cabo
TVRO	*Television Receive-Only*
TSB	Bureau de Padronização das Telecomunicações (ONU)
UCLA	Universidade da Califórnia em Los Angeles
UE	União Europeia
UFCG	Universidade Federal de Campina Grande
UFMG	Universidade Federal de Minas Gerais
UFPB	Universidade Federal da Paraíba
UFPE	Universidade Federal de Pernambuco
UFRGS	Universidade Federal do Rio Grande do Sul
UFRJ	Universidade Federal do Rio de Janeiro
UIT	União Internacional de Telecomunicações (ONU)
UIT-D	Setor de Desenvolvimento das Telecomunicações (ONU)

UIT-R	Setor de Radiocomunicações (ONU)
UIT-T	Setor de Padronização (ONU)
UMD	Universidade de Maryland
Unesco	Organização das Nações Unidas para a Educação, a Ciência e a Cultura (ONU)
Unesp	Universidade Estadual Paulista
Unicamp	Universidade Estadual de Campinas
URA	Unidade de Resposta Automática
URD	Unidade Receptora Decodificadora
URL	*Uniform Resource Locator*
USC	Universidade do Sul da Califórnia
USP	Universidade de São Paulo
VHF	Muito Alta Frequência
W3C	Consórcio da Rede Mundial de Computadores
WEF	Fórum Econômico Mundial
WGEC	Grupo de Trabalho sobre o Aumento da Cooperação em Questões de Políticas Públicas Relacionadas à Internet (ONU)
WGIG	Grupo de Trabalho sobre Governança da Internet (ONU)
Wsis	Cúpula Mundial sobre a Sociedade da Informação (ONU)
WICANN	Corporação Mundial da Internet para Designação de Nomes e Números
Wsis+10	Reunião de Alto Nível da Assembleia Geral das Nações Unidas sobre a Cúpula Mundial sobre a Sociedade da Informação (ONU)
WWW	Rede Mundial de Computadores
XNS	Serviços de Rede Xerox

"A tecnologia, como a arte, é um grande exercício da imaginação humana."

—*Daniel Bell* [2]

1 | Introdução

A Cúpula do Milênio, promovida pela Organização das Nações Unidas (ONU) em setembro do ano 2000, foi a maior congregação de líderes mundiais até então ocorrida [1]. Após meses de preparação e discussões prévias, chefes de Estado e de Governo firmaram o compromisso de intervir em relação a temas de interesse comum, isto é:

- paz, segurança e desarmamento;
- desenvolvimento e erradicação da pobreza;
- proteção do meio ambiente;
- direitos humanos, democracia e boa governança;
- proteção dos grupos vulneráveis;
- responder às necessidades especiais da África; e
- reforçar a ONU.

Registrou-se essa intenção na Declaração do Milênio das Nações Unidas, que foi renovada na Assembleia Geral de 2010, com a ratificação do documento.

Iniciativas internacionais anteriores, que remontam à década de 1960, tiveram como alvo o crescimento da produção per capita dos países considerados menos desenvolvidos. Em contrapartida, buscava-se na virada do milênio a redução da desigualdade, do desemprego e a melhoria das condições de vida da parcela menos privilegiada da população, o que não fora alcançado com a busca pela elevação do Produto Interno Bruto (PIB).

Visando a alcançar resultados efetivos, traduziram-se esses propósitos gerais em oito objetivos concretos, denominados Objetivos de Desenvolvimento do Milênio (ODMs), a saber:

- *Objetivo 1* – erradicar a extrema pobreza e a fome;
- *Objetivo 2* – universalizar a educação primária;

- *Objetivo 3* – promover a igualdade entre os gêneros e a autonomia das mulheres;
- *Objetivo 4* – reduzir a mortalidade na infância;
- *Objetivo 5* – melhorar a saúde materna;
- *Objetivo 6* – combater o HIV/AIDS, a malária e outras doenças;
- *Objetivo 7* – garantir a sustentabilidade ambiental; e
- *Objetivo 8* – estabelecer uma parceria mundial para o desenvolvimento.

A cada um dos ODMs associaram-se metas, que deveriam ser cumpridas até 2015; e indicadores, com o intuito de aferir o desempenho alcançado nos níveis nacional, regional e global.

Uma das metas do ODM8, meta 8.F, teve por objeto tornar acessíveis os benefícios das novas tecnologias, em especial das Tecnologias da Informação e Comunicação (TICs), em cooperação com o setor privado. Elegeram-se os seguintes indicadores para a avaliação dessa meta:

- *Indicador 8.14* – assinantes de serviço fixo de telefonia[1] por cem habitantes;
- *Indicador 8.15* – assinantes de serviço móvel de telecomunicações[2] por cem habitantes; e
- *Indicador 8.16* – usuários de internet[3] por cem habitantes.

A relação completa dos resultados obtidos pelo Brasil nos ODMs pode ser encontrada em relatórios disponibilizados no sítio na internet[4] da representação em Brasília do Programa das

[1]No Brasil, a Lei Geral de Telecomunicações (LGT) denomina esse serviço de Serviço Telefônico Fixo Comutado (STFC), o único até o momento prestado também em regime público.

[2]No Brasil, esse serviço recebe a designação de Serviço Móvel Pessoal (SMP), com a particularidade de que, além do serviço de voz, pode incluir o acesso banda larga móvel, que serve de suporte ao acesso à internet.

[3]No Brasil, a conexão à internet constitui Serviço de Valor Adicionado (SVA), ou seja, necessita de um serviço de telecomunicações que lhe dê suporte. Usualmente esse é o Serviço de Comunicação Multimídia (SCM, no acesso banda larga fixo ou nomádico) ou o SMP (no acesso banda larga móvel).

[4]Mais que uma questão de linguística ou de estilo, a opção entre retratar a rede mundial de computadores como *internet* ou *Internet* simboliza, em partes, a visão que se tem sobre a rede, o que em certa ocasião chegou a causar um incidente diplomático. Conforme relato de Kurbalija, na Conferência Plenipotenciária de Antalya, em 2006, o embaixador norte-americano David Gross classificou o uso pela União Internacional de Telecomunicações (UIT) da inicial minúscula em *internet* como sinal de que a entidade tentava classificar a rede como apenas mais um sistema de telecomunicações, sujeitando assim a governança da internet à UIT [3, p. 5]. Em entrevista à revista Wired, o técnico do Google, Bob Wyman, defendeu o uso da inicial maiúscula alegando que é necessário diferenciar a rede global de outras redes menores de computadores que compõe essa mesma rede. Também nesse texto, a linguista Susan Herring afirma que há um significado político em se escrever *internet* com inicial maiúscula: dá-se maior relevância à rede. Ressalta, porém, que a tendência prevista pela linguística é que o termo *internet* passe a ser escrito majoritariamente com inicial minúscula, uma transição que ocorreu anteriormente com *telégrafo* e *telefone*, por exemplo [4]. Lemos vai além ao argumentar que a palavra *internet* deixará de ter qualquer relevância na medida em que o próprio conceito de conexão–desconexão perderá o sentido em uma realidade em que não somente as pessoas, mas todos os objetos estarão conectados todo o tempo [5, p. 23]. O jornal Folha de S.Paulo recomenda o

Nações Unidas para o Desenvolvimento (Pnud)[5]. Há também relatórios globais, editados pela ONU. Cabe aqui, no entanto, refletir sobre os números finais alcançados nos indicadores atinentes a TICs.

Ao consultar o número de assinantes de serviço fixo de telefonia por cem habitantes constata-se que, após um acentuado crescimento, a adesão a esse serviço encontra-se estagnada (caso brasileiro) ou em queda (caso da média mundial). A comparação com o serviço móvel não ameniza o cenário lúgubre pelo qual passa a telefonia fixa. Enquanto neste serviço a penetração média mundial caiu de 19,44% em 2005 para 14,33% em 2015, naquele aproxima-se, em 2015, da média de um acesso por habitante.

É certo que um terminal fixo serve a todo um domicílio, enquanto um dispositivo móvel usualmente representa — quando muito — um usuário. No Brasil há mais acessos móveis registrados que habitantes. Isso em razão de que um mesmo usuário é muitas vezes assinante de mais de uma prestadora. Mas também porque, para fins de cálculo da teledensidade, incluem-se os terminais de comunicação máquina a máquina (M2M, sigla em lingua inglesa de *Machine-to-Machine Communications*).

Ainda assim, a tendência demonstrada é sintomática: o serviço de telecomunicações móvel coloca-se como um serviço pessoal, universal, e o acesso à internet ascende — ao menos sob a óptica do cidadão — ao degrau de serviço essencial[6]. Para Turkle, tamanha é a dependência dos dispositivos na sociedade contemporânea que as pessoas são comparáveis a ciborgues — sempre conectadas umas às outras e indissociáveis de seus equipamentos [8, p. 198]. Isso vai ao encontro da previsão de Negroponte, que ainda em 2002 classificou a mobilidade como fator revolucionário e com potencial para um "enorme impacto cultural" [9].

O Indicador 8.16 dos ODMs traz outra dimensão da questão do acesso. Avalia-se nesse índice o número de usuários de internet por cem habitantes, independentemente da plataforma tecnológica utilizada ou da natureza do vínculo com o provedor. Nota-se que o Brasil, em linhas gerais, exibe desempenho superior à média dos países em desenvolvimento[7] e à média mundial, mas mantém

uso da inicial minúscula [6, p. 253]. Se o uso de maiúsculas é métrica para a reverência com que se trata a rede, vale dizer que em alguns dos primeiros documentos emitidos pelo governo brasileiro, sobre internet, escrevia-se o termo com todas as letras maiúsculas. Nesse raciocínio, registra-se que é natural para engenheiros que a internet seja retratada assim, com inicial minúscula, enfatizando a percepção do tema "através do prisma do desenvolvimento de infraestrutura técnica", e tratando a internet, uma rede que é composta por diversas redes interconectadas, com menor deferência, em par com outras redes de comunicações [7, p. 5].

[5]Adotando-se o padrão recomendado pela Folha de S.Paulo, ao longo deste texto, escrevem-se acrônimos e siglas em letras maiúsculas quando devem ser lidos letra a letra ou quando têm três letras ou menos. Para acrônimos e siglas com quatro ou mais letras, quando devem ser lidos normalmente e não letra a letra, escreve-se apenas a primeira letra em maiúscula, salvo exceções. Fica assim registrada sugestão de pronúncia [6].

[6]No Brasil, a rigor, não se pode falar em serviço de telecomunicações universal ou essencial que não seja o STFC, por força da LGT. Assim, refere-se aqui a uma universalização *de facto*, fruto da massificação do acesso. Quanto à essencialidade, telecomunicações consta do rol de atividades assim consideradas na Lei n° 7.783, de 28 de junho de 1987, e o terminal móvel é produto essencial na esfera do direito do consumidor.

[7]Utiliza-se aqui a classificação de *países desenvolvidos/em desenvolvimento* para dar ênfase às diferenças so-

índices significativamente inferiores à média dos países desenvolvidos. Destaca-se que somente em 2013 o país veio a alcançar o patamar logrado, em 2005, pelos países desenvolvidos.

Em 2012, portanto próximo ao fim do prazo de vigência dos ODMs, decidiu-se na Conferência das Nações Unidas sobre Desenvolvimento Sustentável (Rio+20) pela criação de um grupo de trabalho intergovernamental para elaborar a agenda pós-2015. O resultado é uma relação de 17 Objetivos de Desenvolvimento Sustentável (ODSs) e 169 metas, que devem ser atingidos até 2030 [15], nos mesmos moldes dos ODMs.

Um diferencial dos ODSs em relação aos ODMs é a ampla participação dos Estados-membros já na elaboração dos indicadores, o que antes fora restrito a apenas um grupo técnico da ONU. Isso é especialmente relevante considerando-se que os ODSs — ou outra resolução da ONU de igual natureza — não vinculam os países no mesmo sentido em que as leis nacionais subordinam os cidadãos, por exemplo. No plano internacional as sanções e tribunais dão lugar ao consenso, considerando-se os interesses particulares de cada Estado-nação [18, pp. 3–4].

Enunciam-se na Tab. 1.1 os objetivos, metas e indicadores dos ODSs que dizem respeito a TICs. No comparativo com as métricas do período anterior, observa-se que sai de cena o parâmetro relativo à telefonia fixa, dando lugar a uma análise mais rica de diferentes perspectivas do acesso à internet.

De toda sorte, é notável que em meio a metas que endereçam necessidades humanas tão básicas, como são a de reduzir a pobreza extrema e a de eliminar as disparidades entre gêneros no ensino, por exemplo, incluiram-se tanto nos ODMs quanto nos ODSs metas e indicadores sobre o acesso a serviços de telecomunicações.[8] Afinal, por que isso importa? Busca-se responder essa questão na Seção 1.1.

1.1 Sociedade da Informação

São diversas as definições de Sociedade da Informação (SI) registradas na literatura. Katz, por seu turno, aduz que uma SI "tem altos níveis de uso de informação pelas pessoas em suas vidas cotidianas e na maioria das organizações e locais de trabalho; utiliza tecnologia comum ou

---

cioeconômicas existentes entre os países e por ser essa a terminologia adotada usualmente. Todavia, registra-se que há críticas a essa nomenclatura [10], [11]. Nederveen Pieterse, por exemplo, define desenvolvimento como "a intervenção organizada em assuntos coletivos de acordo com um padrão de melhoria", o que deixa implícitas as complexas questões do que seria uma intervenção adequada e qual seria o padrão comparativo [12, p. 3]. Ou conforme questionaram Crewe e Harrison, "desenvolvimento de quem?" [13]. Em nota sobre o tema, a ONU afirmou que "[a]s designações *desenvolvido* e *em desenvolvimento* visam à conveniência estatística e não expressam necessariamente um julgamento sobre o estágio alcançado por um país em particular ou por uma área em processo de desenvolvimento" [14].

[8]Nos debates de políticas públicas, diz-se, usualmente, que as comunicações são compostas por duas áreas distintas: telecomunicações e radiodifusão. Esclarece-se que se trata, neste trabalho, apenas de questões de telecomunicações.

Objetivo	Meta	Indicador
4 Garantir educação inclusiva, equitativa e de qualidade.	**4.a** Construir e melhorar instalações físicas para educação, apropriadas para crianças e sensíveis às deficiências e ao gênero, e que proporcionem ambientes de aprendizagem seguros e não violentos, inclusivos e eficazes para todos.	**4.a.1** Percentual de escolas com acesso a: [...] (b)internet com propósitos didáticos; (c)computadores com propósitos didáticos[...]
5 Alcançar a igualdade de gênero e empoderar todas as mulheres e meninas.	**5.b** Aumentar o uso de tecnologias de base, em particular as tecnologias de informação e comunicação, para promover o empoderamento das mulheres.	**5.b.1** Proporção de indivíduos que possuem um terminal móvel, por sexo.
9 Construir infraestrutura resiliente, promover a industrialização inclusiva e sustentável, e fomentar a inovação.	**9.c** Aumentar significativamente o acesso às tecnologias de informação e comunicação e empenhar-se para procurar ao máximo oferecer acesso universal e a preços acessíveis à internet nos países menos desenvolvidos, até 2020.	**9.c.1** Percentual de população coberta por rede móvel, por tecnologia.
17 Fortalecer os meios de implementação e revitalizar a parceria global para o desenvolvimento sustentável.	**17.6** Melhorar a cooperação Norte-Sul, Sul-Sul e triangular regional e internacional e o acesso à ciência, tecnologia e inovação, e aumentar o compartilhamento de conhecimentos em termos mutuamente acordados, inclusive por meio de uma melhor coordenação entre os mecanismos existentes, particularmente no nível das Nações Unidas, e por meio de um mecanismo de facilitação de tecnologia global.	**17.6.2** Número de acessos banda larga fixos, por velocidade.
	17.8 Operacionalizar plenamente o Banco de Tecnologia e o mecanismo de capacitação em ciência, tecnologia e inovação para os países menos desenvolvidos até 2017, e aumentar o uso de tecnologias de capacitação, em particular das tecnologias de informação e comunicação.	**17.8.1** Proporção de indivíduos utilizando a internet.

Tabela 1.1 – Objetivos, metas e indicadores dos ODSs concernentes a TICs [16], [17].

compatível para uma faixa extensa de atividades pessoais, sociais, educacionais e comerciais; e tem uma habilidade muito difundida de transmitir, receber e trocar dados digitais rapidamente entre diferentes lugares, independentemente da distância"[9] [19, pp. 293–294].

A União Internacional de Telecomunicações (UIT), agência das Nações Unidas especializada

[9]Ao longo deste trabalho, os textos originalmente em língua estrangeira têm tradução nossa, livre, exceto quando assinalado de outra forma nas referências.

em TICs, também identifica três elementos constitutivos da SI [20]: informação e conhecimento; proliferação da informação e das TICs; e acesso e uso de TICs.

De maneira bastante didática, Webster classifica as definições de SI quanto a seis critérios, listados a seguir, segundo os quais seria possível observar que na sociedade atual a informação desfruta de uma relevância *sui generis* [21, caps. 2 e 3]:

- *Tecnológico* – toma-se o expressivo crescimento de tecnologias inovadoras como sinal de uma nova era em que a informação é particularmente significativa. Segundo Webster, isso ocorreu repetidamente nas últimas décadas, inicialmente, com o microcomputador, seguido pela internet e atualmente com as redes sociais. São expoentes desta corrente Friedman [22], [23], Negroponte [24], Piore e Sabel [25], e Shirky [26];

- *Econômico* – Machlup e Porat, conforme citados por Crawford [27], definem SI em termos da relevância relativa de cada setor da economia. Em suas avaliações do caso dos Estados Unidos da América (EUA), esses pesquisadores identificaram que houve, durante o século 19, a transição de uma economia predominantemente baseada na agricultura para uma economia eminentemente industrial. A evolução para uma economia com base em serviços teria ocorrido no pós-guerra, ao passo que o processo de se tornar uma economia da informação estava em curso no início dos anos 1980 [28], [29]. Ainda em relação à SI enquanto fenômeno econômico, Castells acrescenta que o aumento da produtividade é o principal indicador de que vivenciamos uma "nova e eficiente forma de organização da produção, distribuição e gerenciamento" [30, p. 8];

- *Ocupacional* – dá-se ênfase, neste caso, à mudança dos tipos predominantes de funções exercidas pelos trabalhadores. Na perspectiva de Webster, o critério ocupacional distingue-se do tecnológico na medida em que "salienta o poder transformativo da informação por si própria [...], sendo a informação o que advém e é gerado em ocupações ou é incorporado nas pessoas através de sua educação e experiências" [21, p. 17]. O principal teórico do que denomina Sociedade Pós-Industrial é Bell [31], cujo trabalho pode ser classificado alternativamente como uma definição de SI com viés econômico [27];

- *Espacial* – em vez de sublinhar o aumento vertiginoso das TICs, da relevância econômica dos setores intensivos em informação, ou das posições de trabalho na *nova economia*, evidencia-se aqui a ideia de que as redes de telecomunicações, e particularmente a internet, têm "efeitos profundos na organização do tempo e espaço" [21, p. 20]. Esse conceito está incorporado em expressões como *superestrada da informação*, e dá maior importância ao fluxo de informação e a seus consequentes impactos sociais. Destacam-se nesta seara Barney [32], Castells [30] e Goddard [33];

- *Cultural* – observa-se que há uma profusão de informações circulando no meio social, o que serve de evidência da entrada na SI. Webster exemplifica este cenário com o quanto se tornou complexa a forma como as pessoas preparam sua apresentação para o convívio social. A moda faz uso de símbolos que comunicam — cada vez mais — mensagens sobre o indivíduo e assim ocorre em diferentes aspectos culturais [21, p. 22]. Baudrillard [34] e Poster [35] são considerados os principais estudiosos nesta linha; e

- *Qualitativo* – neste enfoque argumenta-se que o conhecimento teórico assumiu relevância sem precedentes, a ponto de ser possível classificar esta como uma era distinta das anteriores. Trata-se de um mudança qualitativa na forma como a informação é utilizada e na influência que exerce, independentemente dos aspectos quantitativos evidenciados em outras definições de SI [21, p. 34]. Roszak [36] e Webster [21] defendem este ponto de vista.

Di Felice, ao examinar a história da comunicação humana, identificou ao menos quatro períodos distintos. Ao primeiro, caracterizado pela preponderância da comunicação oral, sucedeu-se a própria *história*, com o desenvolvimento da escrita. O terceiro período foi fruto de uma inovação tecnológica, a invenção da imprensa, que permitiu pela primeira vez o amplo fluxo de informações. Di Felice definiu a última e quarta etapa como a era da comunicação de massa, período que compreende desde o rádio até a internet, passando por televisão, cinema e outros meios. Apesar de não nomear o contexto atual como Sociedade da Informação, o autor destaca que "as redes digitais introduzem uma forma de arquitetura informativa inovadora", que promove, por meio do diálogo, a própria construção de conhecimento [5, p. 11].

Percebe-se que mesmo dentre os que comungam de linhas gerais dessa ideia, há divergências no uso da expressão SI para identificar esta era, sendo as principais alternativas Sociedade do Conhecimento [21], [28], [37], Sociedade Pós-Industrial [31], Sociedade em Rede [30] e Capitalismo Cognitivo [38]. Para Castells, as expressões SI e Sociedade do Conhecimento são impróprias, haja vista que informação e conhecimento sempre foram centrais em todas as sociedades e momentos históricos — ideia até certo ponto compartilhada por Lévy [39, p. 54]. Sua proposta, Sociedade em Rede, é concebida como "uma estrutura social baseada em redes operadas por TICs, que têm por base microeletrônica e redes digitais de computadores, que geram, processam e distribuem informação a partir do conhecimento acumulado nos nós das redes" [30, pp. 3–4, 7]. Opta-se ao longo deste trabalho pelo emprego de SI, por ser essa a expressão mais amplamente difundida.

Finalmente retomando a pergunta que encerra a Seção 1, em que se questiona o porquê de tamanho interesse pelo acesso a TICs, o que levou à inclusão do tema telecomunicações nos ODMs e ODSs foi, precipuamente, o avanço na agenda internacional de um aspecto social da SI[10]. Já no

[10]Em alternativa, pode-se interpretar o ocorrido sob a óptica da Teoria Ator–Rede (ANT, como é conhecida, na sigla em língua inglesa de *Actor-Network Theory*). Nessa escola do pensamento sociológico, notabilizada por

início do século 21, havia a preocupação de que, apesar de todos serem afetados pela nova organização política e social derivada da existência da internet, nem todos desfrutassem dos dividendos da SI [30, p. 5]. Ou, como colocou Ramos, de que parte da humanidade fosse deixada "Às margens da estrada do futuro" [41]. Isso estaria ocorrendo também no Brasil, onde já se acumulavam indícios da existência de desigualdades no acesso a serviços básicos de telecomunicações [42].

A essa faceta da exclusão social nomeou-se exclusão digital, ou como será endereçada ao longo deste trabalho, hiato digital. A ideia do hiato digital teve início nos anos 1980, tendo como foco a distribuição desigual do acesso a computadores por homens e mulheres. Contudo, o conceito evoluiu para uma atenção à má distribuição do acesso a TICs em geral, com ênfase nas linhas geográfica, racial/étnica, econômica, institucional, etária, educacional, religiosa, deficiência sensorial, intelectual ou física, além de gênero [43], [44, p. 143].

Os pobres em informação são ainda mais marginalizados em sociedades em que habilidades básicas de computação tornaram-se essenciais para o exercício pleno da cidadania [45, loc. 864]. Para reverter os efeitos deletérios do fenômeno do hiato digital, fazem-se necessárias ações do setor público [30, p. 17], seja para organizar e incentivar o investimento em infraestrutura por entidades do setor privado, seja para prestar o serviço com meios próprios.

Nas sociedades democráticas, as intervenções do Estado para a solução de problemas são formuladas como políticas públicas, cuja vertente de telecomunicações o início do século 21 viu se espalhar pelo globo.

1.2 *Policy*, *Politics* e Política

É notória a preeminência norte-americana no estudo de políticas públicas. Em sua análise, Regonini reconhece que, ao menos até o início da década de 1990, os EUA detinham o maior número de publicações sobre a disciplina [46], talvez por esta ter sido fundada naquele país na primeira metade do século 20.

Ainda segundo essa pesquisadora, uma outra vantagem dos EUA (e de outros países anglo-saxões), em relação aos países latinos, é o fato de existirem na língua inglesa dois vocábulos distintos para designar conceitos que denominamos na língua portuguesa, indiscriminadamente, de política: *policy* e *politics*.

Não há consenso entre cientistas sociais, linguistas e lexicógrafos na definição desses termos.

Michel Callon, Bruno Latour e Madelaine Akrich, rejeita-se a ideia de que existam relações estáveis e específicas o suficiente para resultarem em uma *dimensão social*. Segundo Latour, as mudanças que levaram a esse quadro estão fortemente associadas às inovações tecnológicas, de sorte que este paradigma se torna ainda mais relevante na análise do problema em tela [40]. Mesmo assim, é certo que a leitura mais ortodoxa, em que se fala de um *aspecto social* da matéria, é ainda a mais influente; ultrapassando, inclusive, as bairreiras da academia para ser utilizada corriqueiramente.

É possível, no entanto, delinear, dentre as diversas acepções disponíveis, algumas consideradas adequadas ao que se pretende neste trabalho.

Lasswell definiu *politics* de forma bastante concisa como "Quem leva o quê, quando e como" [47], enquanto Regonini refere-se à "atividade de ampliação do consenso e do poder por parte de um grupo, de um partido ou de uma coalizão" [46].

Quanto ao termo *policy*, Birkland o explica como uma declaração por parte do governo de o quê se pretende fazer, sendo que também constitui *policy* o que o governo opta por não fazer, em resposta a um problema [48, p. 9]. Esta última é a chamada *não decisão,* instituída por Dye [49]. Já Regonini estabelece que *policy* consiste nas "linhas de intervenção dos centros de decisão públicos em um determinado setor" [46].

É o termo *policy* e a expressão *public policy* que se traduzem na língua portuguesa como política pública, conquanto exista uma ligação estreita entre *politics* e *policy* [50], [51].

1.2.1 Políticas Públicas e a Engenharia

O estudo de políticas públicas é tido frequentemente como uma tarefa multidisciplinar, o que pode ser ilustrado pelas seleções de deLeon [52, p. 40] e Birkland [48, p. 15] de disciplinas em que habitualmente se conduzem esses estudos. São elas antropologia, administração pública, ciências políticas, direito, economia, história, políticas públicas, psicologia, saúde pública e sociologia.

Não obstante o grande número de iniciativas governamentais nas áreas de transportes, saneamento, energia, telecomunicações e outras com aspectos técnicos preponderantes de engenharia, não há um envolvimento proporcional desse ramo acadêmico e profissional no estudo das políticas setoriais. Uma justificativa para tanto reside no argumento de que a mescla de princípios que governa a matéria e as habilidades necessárias à análise não são de domínio do engenheiro típico. Ressalte-se, contudo, que há grande controvérsia mesmo na questão de se existe ou não, de fato, esse conjunto coeso de princípios [48, p. 7], [53, cap. 1].

Conforme colocou Norris, pesquisar sobre internet implica integrar resultados de diferentes áreas do conhecimento [45, loc. 494]. Em tempos de *Big Data*, são cada vez mais úteis, em variadas aplicações, técnicas avançadas de engenharia e de estatística para análise de dados [54]. Paulatinamente, passa-se ainda a esperar que a produtividade e as inovações vistas no setor privado tenham reflexos também no setor público [55, cap. 8].

Nessa mesma linha, registra-se na literatura a conjectura de que o ofício de engenheiro restringir-se-ia às atividades de projeto e construção associadas à tecnologia. Davis considera isso um equívoco, dentre outros motivos, porque "Alguns engenheiros simplesmente inspecionam, alguns escrevem regulamentações, alguns avaliam patentes, alguns tentam reconstruir falhas de equipamentos, alguns vendem equipamentos complexos, alguns ensinam engenharia, e assim por diante". Em sua avaliação, essas não são somente funções "frequentemente exercidas por engenheiros", mas sim o que alguns "devem fazer como engenheiros." Em última instância, o que define que rol de atividades constitui a profissão de engenheiro, ou que disciplinas são consideradas como integrantes da engenharia, é um processo histórico de autosseleção [56].

Pode-se também explorar a possibilidade de contribuições normativas da engenharia para o tema. Se os argumentos positivos são aqueles baseados em evidências empíricas e que têm como objetivo a descrição, os argumentos normativos, em oposição, têm por base valores e crenças e visam à prescrição [48, p. 9], [57, p. 28]. Nesse sentido, contribuições normativas buscariam influenciar como *deveriam ser* as políticas, com fundamento em "crenças basilares e pressupostos, os quais geralmente não são articulados ou questionados" [58]. O ponto chave é que, mais que um código de ética, há uma ética própria da profissão, que exige que os engenheiros busquem "servir seus ideais morais por meio da definição de padrões [...] que requerem mais dos engenheiros que o definido em lei, pelo mercado, pela moralidade e pela opinião pública" [56, p. 73]. Isso porque "a engenharia tem seus próprios valores hegemônicos" [59].

Portanto, partindo-se dessas definições, é legítimo concluir que, mesmo que a abordagem mais positiva do estudo de políticas públicas de telecomunicações não dependa em essência das técnicas normalmente associadas à engenharia, o debate sobre como *deveriam ser* essas políticas — este eminentemente normativo — seria, seguramente, menos rico caso fossem excluídos os posicionamentos da escola de engenharia. Não se trata de um retrocesso ao que Goodin chamou de "esperanças altamente modernistas" [60, p. 4], ou mesmo à perspectiva tecnocrática de Weber. Mas sim de opção pelo pluralismo, por uma visão holística, tão adequada à democracia.

Como disse Turnbull à Real Academia de Engenharia, no Reino Unido, a "engenharia não é orientada a tecnologia e nem deveria ser. Tecnologia é fonte de poder e é o componente-chave na caixa de ferramentas, mas não é a razão pela qual somos engenheiros: nossa motivação real é social, porque queremos melhorar a qualidade de vida na comunidade" [61, p. 34]. O que se equivale, até certo ponto, à interpretação de Davis do ideal moral da engenharia, que seria a melhoria das condições materiais da sociedade [56, p. 73].

1.3 A Seguir

Ao avaliar a relação entre tecnologia e sociedade, Lévy advertiu que "o mundo humano é, ao mesmo tempo, técnico" [62, p. 22]. Isto é, não haveria uma relação de causa e efeito entre tecnologia e sociedade. Também não caberia dizer que a tecnologia tem certo *impacto* na sociedade, considerando que, a seu ver, a tecnologia é moldada pela sociedade ao mesmo tempo em que a cultura atribui significado à tecnologia, por meio de diversos mecanismos. Assim, tecnologia e cultura seriam indissociáveis.

Nota-se que, segundo Lévy, não se podem excluir da tecnologia questões como "projetos sociais, utopias, interesses econômicos, estratégias de poder, toda a gama dos jogos dos homens em sociedade" [62, p. 24].

Na Parte I, a seguir, busca-se explicitar a forma com que a sociedade brasileira organizou a exploração dos serviços de telecomunicações, de maneira a munir-se da infraestrutura técnica necessária — com maior ou menor grau de sucesso. Inicialmente, no Capítulo 2, apresentam-se os princípios teóricos associados à regulação econômica desses serviços.

Parte I

Organização do Setor de Telecomunicações no Brasil

"Há muito que temos de deixar, goste-se ou não, para o método narrativo, a-'científico', do historiador profissional"

—*Norbert Wiener* [69, p. 164]

2 | Princípios de Regulação

2.1 Estado e Sociedade Civil

Disciplinas inteiras devotam-se ao estudo do Estado e de suas relações com a sociedade, de maneira que não se pretende esgotar o tema nesta breve disposição de conceitos. Ainda assim, este capítulo é indispensável, considerando-se que trata-se de um texto introdutório.

Para os fins de interesse deste trabalho, adotam-se os significados conferidos aos termos *Estado* e *Sociedade* por Bobbio [63], Poggi [64], Roskin et al. [65] e Turner [66], conforme sintetizados em seguida.

Bobbio atribui à obra *O Príncipe*, de Maquiavel, a popularização de *Estado*, ou de seu sinônimo *Estado Moderno*, no sentido hoje difundido de país soberano [67]. Contudo, essa ideia vinha sendo gestada pelos pensadores da filosofia política desde Aristóteles [68]. Dos primeiros filósofos até Hegel, o Estado era tido como a associação de pessoas, em geral. Associações mais restritas, por exemplo, a família, eram consideradas como partes do todo, então representado pelo Estado. Essa situação somente inverteu-se após o fim da Idade Média. Com a preponderância das cidades, cuja emergência deve-se ao aumento da relevância do comércio, passou-se a identificar o Estado como uma das diversas instituições que fazem parte da sociedade. Já no século 19, período em que surgiu a sociologia, sobressaiu-se a percepção da relação entre Estado e sociedade como um binômio demanda–resposta. Como em um sistema, a sociedade alimenta o Estado com suas demandas, que são, então, processadas por este. O Estado, em seguida, emite suas respostas. Forma-se, assim, um ciclo em que a sociedade interpreta a resposta recebida e emite novas demandas a serem supridas pelo Estado [63, cap. 3].

Ainda segundo Bobbio, essa relação pode ser interpretada, por um lado, como *o primado do privado sobre o público,* no sentido de que a sociedade organiza-se e faz-se representar frente ao Estado, que nessa demanda específica age de acordo com os interesses privados de uma parcela da sociedade. Por outro lado, os entes singulares da sociedade vêem-se confrontados, compelidos, ou mesmo coagidos, a proceder conforme requer o bem maior da sociedade como um todo, o que corresponde ao *primado do público sobre o privado* [63, p. 33].

De forma concisa, Bobbio define *Estado* como a situação que configura "posse permanente e exclusiva de um território e de comando sobre seus respectivos habitantes" [63, p. 87]. Roskin et al. acrescentam ao termo o sentido de aparato governamental, em oposição a *nação,* que seria "uma população com um certo senso de si próprio, uma coesão, uma história e cultura compartilhadas, e frequentemente (mas não sempre) uma língua comum" [65, p. 59].

Em um momento inicial da história do pensamento político, a expressão *sociedade civil* teve por significado Estado, no sentido de sociedade civilizada, aquela que se opõe à sociedade primitiva, à família e à sociedade religiosa. Hoje, ao contrário, a sociedade civil é o espaço público onde desenvolvem-se as demandas que devem ser resolvidas pelo Estado [63, cap. 2]. Muito em razão da evolução tecnológica e difusão das TICs, a esfera pública, em que ocorre o debate entre as opiniões das diferentes vertentes da sociedade civil, transmutou-se dos meios de comunicação concentrados, como o jornal impresso e a televisão, para diversas vertentes da difusão de ideias na internet [66], [70], [71].

Sob o ponto de vista sociológico, o elo de poder entre o Estado e os cidadãos está no cerne do Estado moderno. Evidência disso é a característica de que o legítimo monopólio do uso da violência é conferido somente ao Estado. Nesta perspectiva, os cidadãos agrupam-se e formam um Estado em razão de interesses e características compartilhadas e recebem deste um corpo coerente de leis, instituições e políticas públicas. Se tudo parece muito harmonioso neste quadro é porque resta, ainda, salientar que grande parte do empenho do poder público destina-se à defesa da propriedade privada e ao cumprimento dos contratos, notoriamente atividades de interesse dos detentores do poder econômico e político [64], [63, p. 88], [72].

Para Aragão, o "Estado é um instrumento de organização da sociedade, ao passo que o bem-estar desta é o objeto do Estado" [73, p. 206]. Assim, dispõe de certo grau de liberdade na organização de suas instituições.

2.2 Histórico da Regulação

Partindo-se da filosofia política e sociologia para a história das instituições, da teoria para a prática, nota-se que o embate público/privado, Estado/sociedade está relacionado ao conflito político contemporâneo entre os adeptos do Estado do bem-estar social e os do estado mínimo [63, pp. 29–31].

Micklethwait e Wooldrige dividem a história política ocidental recente em quatro períodos sucessivos [55]:

- *Século 17* – neste período diferentes feudos agruparam-se e passaram a ser governados por um só rei, formando Estados pela primeira vez.
- *Fim do século 18 e século 19* – seu início é marcado pelas revoluções Francesa e dos EUA,

tendo como principais características a meritocracia e a prestação de contas por parte do Estado aos cidadãos.

• *Século 20* – o terceiro período identificado por esses autores é o do Estado do bem-estar social.

• *Fim do século 20* – por fim, destacam neste período as iniciativas não exitosas, com início nos anos 1980, de refrear o Estado do bem-estar social, diminuindo as atribuições — e despesas — a cargo do Estado.

Sob a óptica de Forgioni, nunca houve um período em que a economia fosse completamente ausente de regramentos [74, p. 34]. Sempre considerando especificamente a regulação como tutela da concorrência, esta pesquisadora opta por dividir a história em três estágios.

Em uma primeira fase, que abrange desde a antiguidade até o fim do século 19, identifica ações isoladas visando à solução de problemas particulares. Forgioni enumera, por exemplo, registros da antiguidade grega que evidenciam a existência de ações para o controle de monopólios, do aumento injustificado de preços e da manipulação da oferta de produtos [74, pp. 37–40].

Já na Roma Antiga, observa a instituição e regulação tanto de monopólios estatais quanto particulares. Contudo, frisa que essas eram ainda ações meramente casuísticas, visando a angariar fundos para o Império e a disciplinar condutas pontuais dos agentes econômicos [74, pp. 40–41].

Aragão expõe que a fragmentação do poder, com a queda do império romano, fez com que as instituições e normas tivessem alcance limitado ao poder pessoal exercido pelo senhor feudal. Estavam sempre conexos os poderes econômico, político e militar [73, pp. 44–47]. Em um segundo momento da Idade Média, com o aumento da produtividade agrícola, sobressaem dois grupos, os quais ensejam diferentes reações regulatórias. Por um lado, tem-se as corporações de ofício, associações de pequenos comerciantes e artesãos, tendo por finalidade a proteção mútua e a obtenção de benefícios de interesse comum. Essas instituições buscavam, muitas vezes, mitigar a efetiva concorrência entre seus agremiados, que deviam, por sua vez, seguir extensos regulamentos. Por outro lado, este período comporta a gênese de grandes corporações particulares. Esses entes detinham contratos de exploração de determinada rota comercial ou produto. Em relação a este período, Forgioni noticia respostas regulatórias na forma da limitação de lucro, estabelecimento de preços e proibição da exportação de determinados produtos, por exemplo [74, pp. 42–50]. Para Aragão, merece destaque a fragilidade das instituições com a falta de diferenciação entre o que era público e o que era privado [73, p. 48].

Segundo Forgioni, é somente no estágio do Mercantilismo que passou-se a tratar o monopólio como um mal em si mesmo. Porém, isso não impediu o estabelecimento de monopólios. Na prática, passou-se a considerar determinadas condutas comerciais como monopólios legais ou ilegais, a depender da decisão do governante responsável. Trata-se do período em que predominava a exploração de colônias ultramarinas, por parte das metrópoles europeias. Em razão disso, a autora dá destaque à lógica, vigente à época, de outorgar monopólios de exploração de certos mercados para determinadas companhias. Em troca dessa prerrogativa, as companhias agraciadas retribuíam à metrópole por meio de fartos tributos. Essa prática de tolerar determinados monopólios somente seria contestada de forma consistente, pela via judicial, no final do século 16, na Inglaterra [74, pp. 50–53]. Nota-se que, ainda que o poder institucional estivesse mais concentrado, seu exercício ocorria ainda de maneira personalista e patrimonialista [73, p. 48].

A segunda fase tem início com a Revolução Industrial, período em que a disciplina da regulação da concorrência conquistou uma nova posição. A produção em massa desestabilizou os mercados fechados, baseados nas corporações de ofício. Com a abertura desses mercados, a regulação passou a desempenhar o papel de induzir a concorrência. Segundo Forgioni, a regulação atinge, então, o patamar de "correlata a um modelo de organização do mercado" [74, p. 55]. Aragão identifica os seguintes pilares teóricos inovadores da organização do Estado neste período: os Poderes Judiciário e Executivo somente podiam realizar aquilo que fosse definido pelo Poder Legislativo, sendo este o cerne do poder político; respeito por parte do Estado aos direitos e garantias individuais [73, pp. 51–52].

As regras antitruste com embasamento jurídico mais refinado, que aparecem neste período, vêm com o objetivo de manter os mercados operando conforme os ditames do liberalismo econômico. Sem essa intervenção, haveria o risco de que as grandes corporações acabassem por inviabilizar o próprio modo de produção, impedindo a livre-iniciativa [74, pp. 55–65].

A terceira e última fase delimitada por Forgioni sobre a regulação econômica ocorre no século 20. Em primeiro lugar, a intervenção do Estado na economia deixa, definitivamente, de ser casuística, passando a ser sistemática [74, p. 77].

No entanto, mais relevante do que o quantitativo de normas é a nova postura que o Estado passa a adotar frente às repetidas crises econômicas e guerras. A tarefa de direcionar a economia passa a fazer parte do rol de atribuições do Estado. Em alguns momentos estimulando, valendo-se de ideias da escola econômica keynesiana, em outros atuando diretamente no mercado competitivo e em outros, ainda, definindo as regras e disciplinando os atores. Observa-se que a linha comum das diferentes ações do Estado junto à economia, nesta terceira etapa, é o fim que se almeja. Além de serem sistematizadas, estas atuações ocorrem no contexto de determinada política pública [74, pp. 76–79].

Aragão chama este terceiro período de Regulação no Estado Democrático de Direito, devido às características particulares que o sufrágio universal tiveram sobre as instituições [73, pp. 59–72].

2.2.1 Regulação no Brasil

A história econômica brasileira pouco lembra a dos países europeus e norte-americanos — países que ditaram em grande parte o pensamento político e econômico do ocidente nos últimos séculos. Essas diferenças podem ser percebidas, também, nos papéis exercidos pelas instituições governamentais brasileiras junto à economia.

Para Forgioni, salvo raras exceções, desde o início da exploração brasileira por parte de Portugal, houve forte interferência econômica da metrópole junto à colônia. Para ela, a história da intervenção estatal na economia brasileira pode ser dividida em 11 fases, sumarizadas em seguida [74, cap. 2].

À primeira fase, abrangendo o período de 1500 até 28 de janeiro de 1808, denomina de fiscalista. Isso em razão de que, até a *abertura dos portos às nações amigas*, vigorou a política de exportação monopolística de matérias primas, visando unicamente a maximizar a arrecadação aos cofres portugueses. Sem concorrência também no comércio de mercadorias vindas da Europa para a colônia, a pouca intervenção com viés regulatório identificada restringe-se a proteger os habitantes do país frente a aumentos descomedidos de preços e à carência de produtos [74, pp. 85–88].

A segunda fase consiste no período em que o monarca português D. João VI, então príncipe regente, transferiu-se com parte de sua corte para o Brasil, fugindo da invasão de Portugal pelos exércitos de França e Espanha. Mesmo com a legalização de manufaturas no país e com a abertura do mercado interno a outros fornecedores que não os portugueses, este período transcorreu sem grande crescimento de produção nacional. O mercado interno não ofereceu rivalidade aos produtos ingleses, de sorte que o liberalismo econômico cresceu no país apenas em tese, divulgado por intermédio dos trabalhos do Visconde de Cairu [74, pp. 89–92].

Nem mesmo a independência do Brasil alterou significativamente esse quadro. Forgioni argumenta que neste terceiro período, que vai do primeiro reinado até o início da Era Vargas, há poucas iniciativas substanciais de industrialização do país. Logo de início, o comércio interno teve êxito em estabelecer novamente a navegação de cabotagem, mas tanto os comerciantes quanto seus produtos tinham, ainda em sua maioria, origem estrangeira. Sendo a produção brasileira eminentemente agrícola, a burguesia liberal urbana, ligada ao comércio, não conseguiu ter seus interesses protecionistas atendidos junto à administração. Prova disso é que o Estado tratava de estabelecer as tarifas alfandegárias de maneira a beneficiar-se da exportação de produtos agrícolas, pouco ocupando-se de regular as relações comerciais internas [74, pp. 92–95].

Na década de 1930, muito em consequência da grande depressão, ou crise econômica de 1929, cristalizou-se no Brasil, nas Constituições Federais (CFs), e também em lei, a ideia de que era franqueado ao Estado intervir *na* e *sobre* a economia. Segundo o ordenamento aprovado nessa década, passou-se, por um lado, a intervir casuisticamente, buscando-se solucionar falhas como aquelas que levaram à crise. Por outro lado, cabia também ao Estado intervir de forma a ditar o direcionamento da economia nacional, tanto por meio de estímulos quanto pela atuação direta nos mercados. Não obstante, em determinados setores da economia nacional, percebeu-se uma diminuição da interferência por parte do Estado. Forgioni destaca em relação a este quarto período que aprovou-se, em 1938, a primeira lei antitruste. Frisa, no entanto, que tinha por objetivo basilar a defesa do consumidor [74, pp. 95–102].

De 1938 a 1945, período de consolidação das primeiras regras antitruste, tratou-se do tema com viés protecionista e nacionalista. Isso em consequência da guinada ao fascismo vivida pelo governo brasileiro, amparando-se, inclusive, na CF de 1937 [74, pp. 102–104].

Ainda em 1945 — e com vigência somente de alguns meses — instituiu-se a Lei Malaia, nome dado ao Decreto-Lei nº 7.666, de 22 de junho de 1945. Neste documento consolidaram-se e sistematizaram-se iniciativas dispersas do controle antitruste no país. O mercado recebeu este diploma, contudo, como a consolidação de ideias nacionalistas, com viés protecionista, que permeavam a política brasileira naquele momento do governo Vargas. Na prática, o documento instituiu a criação da Comissão Administrativa de Defesa Econômica (Cade), responsável por sancionar abusos do poder econômico e autorizar previamente atos restritivos da concorrência [74, pp. 104–107].

Apesar da revogação precoce da Lei Malaia, a CF de 1946 consagrou a ideia de um sistema antitruste que não fosse mais dedicado simplesmente ao amparo de direitos do consumidor. No entanto, coube à Lei nº 4.137, de 10 de setembro de 1962, a regulamentação da contenção do abuso do poder econômico. Se a Lei Malaia criava uma *comissão,* a lei de 1962 instituiu a criação do *Conselho* Administrativo de Defesa Econômica (Cade). Forgioni chama a atenção à distinção da Lei Malaia em relação à Lei nº 4.137/1962 no que diz respeito à punibilidade nesta somente de ações efetivamente prejudiciais e não somente com potencial prejuízo à concorrência [74, pp. 107–120].

Com a Lei nº 8.158, de 8 de janeiro de 1991, pretendia-se uma maior liberalização da economia, em sintonia com a corrente neo-liberal que se mostrava presente aqui no país já no início dos anos 1990. Com a revogação da Lei nº 4.137/1962 o Cade passa o funcionar no âmbito da Secretaria Nacional de Direito Econômico (SNDE), criada nesta mesma lei. Forgioni atribui a este período uma significativa melhoria na qualidade técnica das decisões emanadas pelo Cade devido à nova estrutura física e de pessoal proporcionada pela SNDE. Lamenta, todavia, o papel dado pelo governo de Fernando Collor ao Cade de utilizar o novo marco legal para a perseguição de setores da economia que estivessem em descompasso com o governo [74, pp. 120–121].

Este décimo período, segundo enumeração de Forgioni, diz respeito à aprovação da Lei nº 8.884, de 11 de junho de 1994, que transforma o Cade em Autarquia, portanto, com maior independência orçamentária e institucional [74, pp. 121–123].

A mais recente reformulação do sistema antitruste brasileiro se deu pela Lei nº 12.529, de 30 de novembro de 2011, com a qual reestruturou-se o Sistema Brasileiro de Defesa da Concorrência [74, pp. 123–125].

2.3 Atividades do Regulador e Classificações

Vê-se que a economia é um tema extremamente relevante para os Estados e sociedades atuais. Mas não poderia ser diferente após o surgimento do Estado liberal-burguês. Neste contexto, regulação nada mais é que a intervenção por parte do Estado na economia. Formalmente, regulação estatal da economia é "o conjunto de medidas legislativas, administrativas, convencionais, materiais ou econômicas, abstratas ou concretas, pelas quais o Estado, de maneira restritiva da autonomia empresarial ou meramente indutiva, determina, controla ou influencia o comportamento dos agentes econômicos, evitando que lesem os interesses sociais definidos no marco da Constituição e os orientando em direções socialmente desejáveis." [73, p. 40]. Do ponto de vista da economia, regulação é simplesmente "o uso do poder governamental para restringir as decisões dos agentes econômicos" [75, p. 65]. Para Stiegler, sob a óptica de Dudley, a regulação está inserida no processo de políticas públicas em que certos setores da sociedade tentam redistribuir a riqueza em seu favor [76, pp. 15–16].

A captura do regulador ocorreria, segundo a teoria da regulação, quando o regulador governamental passa a atuar em favor de determinados setores da sociedade em detrimento de outros. Essa é considerada uma falha grave por parte do regulador [76, p. 15]. Segundo Aragão, são três os objetivos de uma intervenção regulatória [73, p. 27].

O primeiro é o de disciplinar os monopólios. Segundo uma corrente da teoria econômica, alguns monopólios se não são inevitáveis, são desejáveis. É o caso dos monopólios naturais. O exemplo típico são as linhas férreas e rodovias. O Estado e a sociedade podem entender que a construção de duas vias paralelas é uma redundância indesejável com prejuízos ao meio ambiente e aos próprios cidadãos, que se veriam obrigados, de algum modo, a financiar a infraestrutura adicional. Nesse caso o papel do regulador é imprimir ao monopólio características típicas da competição. Esta é a situação em que a competição não é considerada um fim em si mesmo, mas tão somente um meio, que pode ou não ser o mais adequado à disciplina Estatal do mercado. Uma visão mais geral dessa noção é a teoria do interesse público, que considera que os mercados são mais eficientes na alocação dos recursos, mas que por questões normativas pode-se entender que o Estado deve intervir em falhas de mercado. São consideradas falhas de mercado quando este não tem competição perfeita, de maneira que são condições para a competição perfeita [76, p. 12]:

- decisões privadas não alteram o bem-estar de outros atores;

- bens privados;
- participantes do mercado são os tomadores de preço;
- informação perfeita.

Por esse motivo, são quatro os tipos de falha de mercado [76, pp. 12–13]:

- *Externalidades* – a ação de um ator tem reflexos em outros agentes do mercado;
- *Bens públicos* – têm custo alto para se retirar um beneficiário e custo negligenciável para incluir mais um beneficiário. É o caso da segurança pública, por exemplo.
- *Poder de monopólio* – a empresa monopolista pode definir com seus próprios critérios o preço de seus produtos.
- *Assimetria de informação* – determinados agentes no mercado têm maior informação sobre a qualidade e preços dos produtos disponíveis.

O segundo e mais corriqueiro motivo de se regular é o de promover a concorrência. Esta, sim, seria a situação típica do atual Estado de direito, que ficaria incumbido de promover como política pública o pleno funcionamento dos mercados. Isso mesmo se o Estado participa desse mercado ativamente por meio de uma estatal, tendo em vista que a gestão das empresas estatais não caracteriza regulação [73, p. 38].

O terceiro e último objetivo é assegurar parâmetros mínimos de qualidade e universalidade de serviços públicos, a preços justos. Segundo a linha mais ampla do direito, um serviço público é simplesmente aquele feito pelo Estado. Há quem entenda que esse conceito é muito geral e nesse sentido Di Pietro define serviço público como "toda atividade material que a lei atribui ao Estado para que exerça diretamente ou por meio de seus delegados, com o objetivo de satisfazer concretamente às necessidades coletivas, sob regime jurídico total ou parcialmente público." [77]. Segundo Aragão, na medida em que o Estado deixa de atuar diretamente como agente *na* economia e passa a delegar atividades consideradas públicas a terceiros, ele passa a agir com menos profundidade, mas com mais capilaridade, ampliando o rol de serviços considerados públicos, que deverão ter, então, sua qualidade, universalidade, competição ou modicidade de tarifa ou preço controlados. Importante salientar que para esse autor o conceito de poder de polícia difere de regulação apenas porque não abrange a regulação dos serviços públicos [73, p. 38].

Stiegler, por sua vez, suscita outras duas justificativas para a intervenção governamental. Sendo uma o fato de que os agentes econômicos nem sempre são racionais, havendo inclusive desvios sistêmicos da racionalidade. A outra justificativa decorre de que o mercado eficiente pode não conseguir alcançar objetivos de uma distribuição mínima de renda [78].

São atividades típicas de um regulador — os meios para chegar aos citados objetivos [73, pp. 26–27]:

- elaborar regras;
- fiscalizar o cumprimento das regras; e
- punir os infratores.

Nota-se, quanto à regulação de telecomunicações no Brasil, que estas três atividades são realizadas pela Anatel que elabora regulamentos aprovados por meio de resoluções do conselho diretor, fiscaliza o cumprimento dessas regras e pune eventuais infrações por meio processo administrativo próprio, o Procedimento para Apuração de Descumprimento de Obrigações (Pado).

Outra classificação importante diz respeito às modalidades da regulação da economia. São elas [73, p. 35]:

- *Regulação estatal* – aquela feita pelos próprios entes estatais;
- *Regulação pública não estatal* – ocorre quando os órgãos do Estado delegam a terceiros, parte da sociedade, a atividade de regulação;
- *Autorregulação* – regulação concebida e executada pelas próprias entidades sujeitas a essas regras. O exemplo mais comum é o Conselho Nacional de Autorregulamentação Publicitária (Conar); e
- *Desregulação* – Ausência de qualquer outra forma de regulação formal, inclusive autorregulação.

Quanto à natureza dos instrumentos utilizados, Aragão identifica as seguinte hipóteses [73, p. 39]:

- *Regulações diretas* – Fazem uso de instrumentos puramente jurídico-coercitivos; e
- *Regulações indiretas* – Quando exercidas por meio de mecanismos consensuais, econômicos.

Percebe-se que as regulações diretas exigem por parte do regulador de ferramentas de coerção, enquanto que as indiretas operam com base em incentivos. Segundo Aragão, a regulação hoje trata mais de direcionar o mercado e menos de controlar suas ações [73, p. 29].

É relevante também a classificação quanto à finalidade da regulação [73, p. 39]:

- regulação social *lato sensu*, considerada mediata; e
- regulação imediata.

A regulação social é composta pelas atividades de regulação que dizem respeito à saúde, como a vigilância sanitária, à segurança e à proteção ambiental [76].

Para Marques Neto, segundo Aragão, há ainda outro tipo de classificação [73, p. 40]:

- regulações setoriais; e
- regulações transversais

São exemplos de regulação setorial aquela realizada pela Agência Nacional de Energia Elétrica (Aneel) e Anatel e consideram-se como exemplos de regulação transversal aquela exercida pelos órgãos públicos de defesa do consumidor e pelo Cade.

Por fim, é preciso registrar que não discorre-se aqui sobre a *teoria da regulação*. Enunciada pela Escola de Paris, uma linha heterodoxa da economia e sociologia, essa teoria tem por principal objetivo estudar a dinâmica conflituosa inerente ao modo de produção capitalista [79].

2.4 Agências Reguladoras

Em um movimento contrário àquele ocorrido com a concentração do poder em um único mandatário, ocorrido ainda na idade média, recentemente, é notório que os Estados tendem a distribuir suas funções em unidades descentralizadas ou desconcentradas, com vistas a melhorar sua eficiência e economicidade [73, cap. 6].

As agências reguladoras emergiram no Brasil em um momento na história em que o Estado deixou de prover diretamente certos serviços, delegando sua prestação a entes privados. Essas agências surgiram, portanto, com o objetivo de assegurar com que esses terceiros prestariam o serviço com determinado nível de qualidade e a preços ou tarifas justos. Nos EUA, no entanto, país de tradição liberal, as agências reguladoras independentes surgiram em um período de aumento da atividade reguladora do Estado. A primeira agência foi a norte-americana Comissão de Comércio Interestadual (ICC, na sigla em língua inglesa para *Interstate Commerce Commission*) [73, p. 231], mas lá diversas agências reguladoras despontaram-se durante o *New Deal* e ao longo dos anos 1980. No Brasil, a primeira agência foi a Anatel, criada pela LGT em 1997 (art. 8º).

Uma característica importante nesse tipo de entidade é a autonomia que seus dirigentes devem ter, de forma que os regramentos mantenham-se estáveis, com independência em relação aos rumos que a vida política do país tome. Por esse motivo é comum que os dirigentes de agências reguladoras tenham tempo fixo de mandato, uma vez nomeados. Outra medida é a independência administrativa que devem ter em relação ao restante das estruturas governamentais. Por exemplo, uma agência é apenas vinculada a um ministério, não tendo qualquer relação de hierarquia entre as partes.

No processo de políticas públicas fica mais clara a divisão de atribuições: o ministério, parte do governo, do Poder Executivo, é incumbido de *formular* as políticas, na prática ditando os rumos que o setor deverá tomar. As agências reguladoras independentes ficam responsáveis por *implementar* essas políticas e por gerir os contratos com os prestadores do serviço público.

No caso específico da Anatel, esta é também responsável por outorgar permissões, autorizações e concessões dos serviços de telecomunicações. Vê-se que são três as formas de delegação no âmbito das telecomunicações. Uma permissão tem caráter precário, podendo ser cancelada a qualquer tempo. A autorização é a delegação de serviços prestados no regime privado, competitivo. Por fim, a concessão é a delegação de serviço público, essencial, que deve ter sua continuidade e universalização asseguradas. Até o momento apenas o STFC prestado em regime público teve concessões outorgadas.

Legalmente, no Brasil, as agências são consideradas *autarquias especiais* [73, p. 278]. Ou seja, são unidades efetivamente descentralizadas, com personalidade jurídica própria, com a particularidade de que têm maior autonomia, a exemplo das universidades públicas federais.

Se o independente em *agências reguladoras independentes* diz respeito ao fato de que seus dirigentes não podem ser depostos por mera conveniência do governante, o outro fator que distingue as agências é o poder de emitir regulamentações que vinculam os entes regulados.

Há, ainda, o poder quase-judiciário exercido por meio da mediação de conflitos, tarefa também típica do regulador. Quanto à relação entre agências reguladoras e o Poder Judiciário, o consenso é de que este, via de regra, limita sua ação a rever questões técnicas, como por exemplo avaliar se os procedimentos e prazos foram observados, evitando entrar no mérito das decisões das agências [73, p. 238].

Essa maior autonomia das agências, considerada por muitos como uma vantagem do modelo, é considerada por outros como uma falha. Acontece que nas democracias o poder *emana do povo*, que tem o direito/dever de escolher seus governantes por meio do sufrágio universal, de maneira que um dirigente que não pode ser deposto pelos governantes eleitos soa aos dissidentes demasiado tecnocrático. Para remediar este problema, as agências reguladoras no Brasil são dirigidas por um corpo colegiado de conselheiros, escolhidos pelo presidente da República e aprovados por sabatina no Senado Federal. O cronograma de mandatos destes dirigentes é programado de tal forma que em um só mandato presidencial não é possível escolher todo o conselho colegiado.

Considerando os exemplos brasileiros, Aragão define agências reguladoras como sendo "autarquias de regime especial, dotadas de considerável autonomia frente à Administração centralizada, incumbidas do exercício de funções regulatórias [...] e dirigidas por colegiado cujos membros são nomeados por prazo determinado pelo Presidente da República, após prévia aprovação pelo Senado Federal, vedada a exoneração *ad nutum*[1]" [73, p. 281].

[1]Decisão tomada unilateralmente por uma das partes [80].

Em relação às agências reguladoras brasileiras, pode-se fazer uma série de classificações [73, pp. 305–306]:

- *Especialização setorial* – nota-se que as agências reguladoras federais atêm-se a um único setor da economia, enquanto que grande parte das agências estaduais e municipais tratam de diversos temas em uma única autarquia;

- *Autonomia organizacional* – enquanto o conselho da Anatel e a diretoria colegiada da Agência Nacional de Vigilância Sanitária (Anvisa) podem aprovar seus próprios Regimentos Internos, Aneel e Agência Nacional de Petróleo, Gás Natural e Biocombustíveis (ANP) têm seus regimentos aprovados pelo ministério vinculado;

- *Referência constitucional* – consta da CF que compete à União "explorar, diretamente ou mediante autorização, concessão ou permissão, os serviços de telecomunicações, nos termos da lei, que disporá sobre a organização dos serviços, a criação de um órgão regulador e outros aspectos institucionais" (CF, art. 21, IX), caso semelhante ao que ocorre com o setor de petróleo e gás. Contudo, todas as demais agências reguladoras têm apenas previsão legal; e

- *Atividade regulada* – há agências reguladoras de serviços públicos, como é o caso da Anatel; agências reguladoras da exploração de monopólios públicos, caso da ANP; agências reguladoras da exploração de bens públicos, caso da Agência Nacional de Águas (ANA); e agências reguladoras de atividades econômicas privadas, caso da Agência Nacional de Saúde Suplementar (ANS).

2.5 Regulação Antitruste

Todas as agências reguladoras têm, dentre outros, o objetivo de promover a concorrência. No entanto, suas competências não se confundem com as atribuições conferidas ao Sistema Brasileiro de Defesa da Concorrência (SBDC) pela Lei nº 12.529/2011 [73, p. 308].

O SBDC é composto por duas entidades, o Cade e a Secretaria de Acompanhamento Econômico (Seae), sendo esta um órgão do Ministério da Justiça (MJ). No tocante à defesa da concorrência, todavia, todas as competências são do Cade, com a exceção da *advocacia da concorrência* que cabe, portanto, à Seae [74, p. 127].

Três órgãos compõe o Cade [74, pp. 127–129]:

- *Tribunal Administrativo de Defesa Econômica* – órgão colegiado cujos membros possuem mandatos fixos de maneira a se manter maior independência do Poder Executivo (a exemplo do visto para as agências reguladoras);

- *Superintendência-Geral* – cabe à Superintendência-Geral investigar infrações ao regramento antitruste e instruir os processos de atos de concentração econômica (fusões e aquisições); e

- *Departamentos de Estudos Econômicos* – órgão eminentemente técnico que realiza análises econômicas.

Aragão entende que as decisões de uma agência reguladora de *serviços públicos* deve prevalecer sobre as decisões do Cade. Contudo, admite que as decisões do Cade devem sobressair-se às decisões de uma agência reguladora de *atividades econômicas*. Tudo isso caso não haja disposição legal ou celebração de acordo entre as instituições envolvidas em sentido contrário. Para ele, os serviços prestados em regime público têm objetivos que, por vezes, opõem-se à questão concorrencial, como é o caso de metas de universalização e preservação da continuidade do serviço público [73, pp. 308–310].

A Procuradoria-Geral do Cade também manifestou-se recentemente quanto a isso, registrando que as atuações de Cade e agências reguladoras devem ser complementares. Nesse entendimento, nos casos em que assim dispõe a legislação, caberia às agências reguladoras a elaboração de uma análise, mas a decisão final sobre questões concorrenciais seria de responsabilidade do órgão antitruste.

2.5.1 Práticas Anticompetitivas

No Brasil, por meio da Lei nº 12.529/2011, art. 36, definiu-se que, para que seja considerada como infração, basta que uma ação tenha por objetivo ou que possa produzir os efeitos de prejudicar a livre concorrência, dominar mercado relevante, aumentar arbitrariamente os lucros, ou exercer abusivamente a posição dominante.

As ações anticompetitivas classificam-se em três vertentes distintas [74, p. 129]:

- *Acordos* – podem ser horizontais ou verticais. Um acordo é horizontal quando as empresas envolvidas atuam no mesmo mercado relevante geográfico e de produto. Quando o acordo abrange empresas que atuam em mercados relevantes distintos, que abarque uma indústria e um varejista de determinado produto, por exemplo, diz-se que se trata de acordo vertical;

- *Abuso de posição dominante* – considera-se que um ator tenha posição dominante se ele puder agir como se não houvesse competidores. Contudo, a existência da posição dominante por si só não é condição suficiente para caracterizar a infração. É necessário que haja efetivamente uma vantagem auferida em razão desta posição; e

- *Concentrações* – trata-se da aglutinação, em suas diversas formas, do poder econômico em determinadas empresas. As concentrações podem ser verticais, horizontais ou conglomeradas, a depender do papel que esses atores desempenhem no mercado. Pelo art. 90 da Lei nº

12.529/2011, tem-se um ato de concentração quando duas ou mais empresas fundem-se, quando uma ou mais empresas adquirem o controle ou parte de outras empresas, quando uma ou mais empresas incorporam outra empresa ou quando duas ou mais empresas celebram qualquer forma de contrato associativo.

O mercado relevante, conceito essencial para a análise da competição, tem duas dimensões. O mercado relevante *geográfico* diz respeito à região geográfica em que ocorrem as transações em estudo. Por exemplo, um pequeno provedor de acesso banda larga à internet que disponha de infraestrutura para prestar o serviço em um determinado bairro terá por mercado relevante geográfico apenas essa área. O mercado relevante de *produto ou serviço*, também conhecido por mercado relevante material, está relacionado aos bens ou serviços que competem entre si em um dado mercado. Considere novamente aquele pequeno provedor de acesso à internet. A depender do comportamento dos consumidores daquele bairro, o mercado relevante de produto pode ser acesso banda larga à internet, em geral, ou acesso *fixo* à internet em banda larga. A definição de qual efetivamente é o mercado relevante de produto depende de um estudo econométrico para determinar se o acesso *móvel* à internet em banda larga é complementar ou concorrente com o acesso fixo promovido pelo pequeno provedor, naquele mercado relevante geográfico.

No Brasil, os atos de concentração envolvendo empresas de grande porte, conforme definição constante da Lei nº 12.529/2011, art. 88, devem ser submetidos à análise prévia do Cade, que poderá estabelecer condições para a efetivação da operação.

2.6 A Seguir

Uma vez munidos dos princípios teóricos da regulação econômica de serviços públicos, busca-se no capítulo seguinte, em primeiro lugar, apresentar os principais marcos históricos da regulação de telecomunicações no país, para depois abordar os pontos mais relevantes da regulamentação específica do setor.

"Quanto mais tempo uma árvore levar para crescer, mais cedo você deve plantá-la"

—*Michel Godet* [83, p. 7]

3 | Histórico e Regulamentação Setorial Brasileira

3.1 Telecomunicações no Brasil

Apesar da entrada precoce do Brasil no universo das telecomunicações, o desenvolvimento desses serviços ocorreu de forma bastante lenta no país. A primeira linha de telégrafo em território nacional data de 1852. Já em 1877, o imperador Dom Pedro II instalou a primeira conexão telefônica, fixando um terminal no Palácio de São Cristóvão, no Rio de Janeiro. Consta que foi um presente de Alexandre Graham Bell ao imperador [81]. Não obstante, do Império até o final da Segunda Guerra, o serviço seguiu com baixos investimentos e sem uma política pública específica que servisse de incentivo [82, pp. 23–24].

Acerca do modelo de exploração do serviço nesses primeiros momentos, Crossetti registra [82, p. 24]:

> "Desde os tempos do primeiro telefone um princípio norteou a exploração dos serviços: o Estado é o proprietário das redes, mas a exploração pertence à iniciativa privada através de concessões; a intervenção do governo deveria ser apenas normativa."

3.1.1 Telecomunicações nas Constituições Brasileiras

Atendo-se às constituições nacionais, nota-se que a primeira a tratar do tema foi a segunda na cronologia das cartas brasileiras, a Constituição da República dos Estados Unidos do Brasil, de 24 de fevereiro de 1891. Estabeleceram-se nessa, que é a primeira constituição republicana, as competências para a exploração de linhas telegráficas:

> "Art 9º — É da competência exclusiva dos Estados decretar impostos:
>
> [...]
>
> §4º — Fica salvo aos Estados o direito de estabelecerem linhas telegráficas entre os diversos pontos de seus territórios, entre estes e os de outros Estados, que se não acharem servidos por linhas federais, podendo a União desapropriá-las quando for de interesse geral."

Veja-se que não havia, ainda, menções a redes telefônicas, mas apenas telegráficas. A questão de telecomunicações que sobressalta na constituição de 1891 é justamente a divisão de atribuições entre União, por um lado, e estados federativos, por outro lado.

A Constituição da República dos Estados Unidos do Brasil, de 16 de julho de 1934, permitia tanto a exploração direta pelo Estado quanto a delegação da prestação dos serviços de telecomunicações a terceiros:

> "Art 5º — Compete privativamente à União:
>
> [...]
>
> VIII — explorar ou dar em concessão os serviços de telégrafos, radiocomunicação e navegação aérea, inclusive as instalações de pouso, bem como as vias-férreas que liguem diretamente portos marítimos a fronteiras nacionais, ou transponham os limites de um Estado;
>
> [...]
>
> §2º — Os Estados terão preferência para a concessão federal, nos seus territórios, de vias-férreas, de serviços portuários, de navegação aérea, de telégrafos e de outros de utilidade pública, e bem assim para a aquisição dos bens alienáveis da União. Para atender às suas necessidades administrativas, os Estados poderão manter serviços de radiocomunicação.
>
> [...]
>
> §4º — As linhas telegráficas das estradas de ferro, destinadas ao serviço do seu tráfego, continuarão a ser utilizadas no serviço público em geral, como subsidiárias da rede telegráfica da União, sujeitas, nessa utilização, às condições estabelecidas em lei ordinária."

Manteve-se a mesma linha na edição seguinte, a Constituição dos Estados Unidos do Brasil, de 10 de novembro de 1937:

> "Art 15 — Compete privativamente à União: [...]
>
> VII — explorar ou dar em concessão os serviços de telégrafos, radiocomunicação e navegação aérea, inclusive as instalações de pouso, bem como as vias férreas que liguem diretamente portos marítimos a fronteiras nacionais ou transponham os limites de um Estado;
>
> [...]
>
> Art 16 — Compete privativamente à União o poder de legislar sobre as seguintes matérias:
>
> [...]
>
> X - correios, telégrafos e radiocomunicação;"

Consta da Constituição dos Estados Unidos do Brasil, de 18 de setembro de 1946, a mesma orientação, agora mencionado-se expressamente a telefonia:

"Art 5º - Compete à União:

[...]

XII – explorar, diretamente ou mediante autorização ou concessão, os serviços de telégrafos, de radiocomunicação, de radiodifusão, de telefones interestaduais e internacionais, de navegação aérea e de vias férreas que liguem portos marítimos a fronteiras nacionais ou transponham os limites de um Estado;"

A Constituição da República Federativa do Brasil, de 24 de janeiro de 1967, foi bastante sucinta quanto ao tema. Manteve-se, no entanto, a ideia de que se permitia delegar a prestação do serviço a terceiro, ou a prestação do serviço diretamente por ente estatal:

"Art 8º — Compete à União:

[...]

XV - explorar, diretamente ou mediante autorização ou concessão:

a) os serviços de telecomunicações;"

Inicialmente, à época da promulgação, lia-se na carta hoje vigente no Brasil, a Constituição da República Federativa do Brasil, de 5 de outubro de 1988:

"Art. 21. Compete à União:

[...]

XI — explorar, diretamente ou mediante concessão a empresas sob controle acionário estatal, os serviços telefônicos, telegráficos, de transmissão de dados e demais serviços públicos de telecomunicações, assegurada a prestação de serviços de informações por entidades de direito privado através da rede pública de telecomunicações explorada pela União."

Nessa mesma carta, tomou-se para o nível federal a competência legislativa sobre a matéria:

"Art. 22. Compete privativamente à União legislar sobre:

[...]

IV — águas, energia, informática, telecomunicações e radiodifusão;"

Posteriormente, por via da Emenda Constitucional (EC) nº 8, de 15 de agosto de 1995, alterou-se o art. 21, XI:

"XI — explorar, diretamente ou mediante autorização, concessão ou permissão, os serviços de telecomunicações, nos termos da lei, que disporá sobre a organização dos serviços, a criação de um órgão regulador e outros aspectos institucionais;"

Diz-se que a EC nº 8/1995 foi o marco inicial do processo de liberalização das telecomunicações no Brasil. Contudo, como demonstrar-se-á adiante, esse processo levaria ainda alguns anos até que fosse colocado em prática.

3.1.2 Das Redes Municipais ao Código Brasileiro de Telecomunicações

Em 1965, estima-se que havia, no Brasil, entre 800 e mil concessionárias que exploravam os serviços de telecomunicações mediante delegações municipais. Nesse cenário, destacavam-se as filiais brasileiras de companhias internacionais do ramo, como a Companhia Telefônica Brasileira (CTB), afiliada da empresa canadense *Brazilian Traction Light and Power,* e a Companhia Telefônica Nacional (CTN), vinculada à norte-americana Corporação Internacional de Telefone e Telégrafos (ITT, na sigla em língua inglesa de *International Telephone and Telegraph Corporation*) [82, p. 24].

Fundada em 1916 como *Rio de Janeiro and São Paulo Telephone Company,* a CTB ganhou o nome de *Brazilian Telephone Company* em 1923, para finalmente passar a se chamar CTB em 1956. Enquanto a CTB concentrava suas atividades na Região Sudeste, desde a primeira metade do século XX, ainda sob o nome de ITT, a CTN atendia a diversos municípios do Rio Grande do Sul e do Paraná [84].

Essa profusão de pequenas operadoras inviabilizava qualquer iniciativa de padronização, seja em relação a tarifas e outras características do modelo de exploração comercial, seja em relação a características tecnológicas. A falta de um padrão tecnológico era especialmente insidiosa, considerando-se que impedia a interconexão das diferentes redes. Nos grandes centros, já em 1960, havia mais demanda por linhas telefônicas do que essas pequenas empresas eram capazes de disponibilizar. Crossetti registra que em São Paulo, por exemplo, nesse ano, havia 260 mil telefones em operação e 230 mil solicitações pendentes de atendimento [82, pp. 24–25].

Desde 1949, os militares já se atentavam à importância estratégica da existência de uma rede de telecomunicações coesa, abrangendo todo o país. A construção de Brasília, no final dos anos 1950, tornou ainda mais evidente a necessidade de integração, o que poderia ser auxiliado pela construção de redes nacionais de telecomunicações. Em 1959, uma comissão, da qual fazia parte o Estado-Maior das Forças Armadas (EMFA), propôs a criação do Conselho Nacional de Telecomunicações (Contel), do Sistema Nacional de Telecomunicações (SNT) e da Empresa Brasileira de Telecomunicações (Embratel). Todavia, naquele momento, a proposta não foi bem recebida pelo governo [82, p. 27].

A criação dessas instituições viria a ocorrer apenas no governo de João Belchior Marques Goulart, com a aprovação da Lei nº 4.117, de 27 de agosto de 1962, Código Brasileiro de Telecomunicações (CBT) e do Decreto nº 52.026, de 20 de maio de 1963. Aquela lei regulava não somente a exploração dos serviços de telecomunicações, mas também a radiodifusão.

Segundo dispunha a Lei nº 4.117/62, o Contel, criado inicialmente pelo Decreto nº 50.666, de 30 de maio de 1961, era composto:

- pelo diretor do Departamento dos Correios e Telégrafos;

- por três membros indicados, respectivamente, pelos ministros da Guerra, Marinha e Aeronáutica;

- por um membro indicado pelo chefe do EMFA;

- por quatro membros indicados, respectivamente, pelos ministros da Justiça e Negócios Interiores, da Educação e Cultura, das Relações Exteriores e da Indústria e Comércio;

- por três representantes dos maiores partidos políticos, segundo a respectiva representação na Câmara dos Deputados;

- pelo diretor da empresa pública encarregada da exploração dos troncos do SNT; e

- pelo diretor Geral do Departamento Nacional de Telecomunicações (DNT).

Estabeleceram-se nos art. 10 e 11, da Lei nº 4.117/62, as competências da União:

> "Art. 10. Compete privativamente à União:
>
> I — manter e explorar diretamente:
>
> a) os serviços dos troncos que integram o Sistema Nacional de Telecomunicações, inclusive suas conexões internacionais;
>
> b) os serviços públicos de telégrafos, de telefones interestaduais e de radiocomunicações, ressalvadas as exceções constantes desta lei, inclusive quanto aos de radiodifusão e ao serviço internacional;
>
> II — fiscalizar os Serviços de telecomunicações por ela concedidos, autorizados ou permitidos.
>
> Art. 11. Compete, também, à União: fiscalizar os serviços de telecomunicações concedidos, permitidos ou autorizados pelos Estados ou Municípios, em tudo que disser respeito a observância das normas gerais estabelecidas nesta lei e a integração desses serviços no Sistema Nacional de Telecomunicações."

Atribuiu-se ao Conselho Nacional de Telecomunicações (CNT), por meio do art. 29, da Lei nº 4.117/62, as tarefas de elaborar e revisar periodicamente o Plano Nacional de Telecomunicações (PNT) e de estabelecer normas técnicas para a integração dos serviços no SNT, dentre outras.

Acerca dos serviços de telecomunicações, registrou-se no CBT:

> "Art. 30. Os serviços de telégrafos, radiocomunicações e telefones interestaduais estão sob a jurisdição da União, que explorará diretamente os troncos integrantes do Sistema Nacional de Telecomunicações, e poderá explorar diretamente ou através de concessão, autorização ou permissão, as linhas e canais subsidiários.

> §1º Os troncos que constituem o Sistema Nacional de Telecomunicações serão explorados pela União através de emprêsa pública, com os direitos, privilégios e prerrogativas do Departamento dos Correios e Telégrafos, a qual avocará todos os serviços processados pelos referidos troncos, à medida que expirarem as concessões ou autorizações vigentes ou que se tornar conveniente a revogação das autorizações sem prazo determinado.
>
> §2º Os serviços telefônicos explorados pelo Estado ou Município, diretamente ou através de concessão ou autorização, a partir do momento em que se ligarem direta ou indiretamente a serviços congêneres existentes em outra unidade federativa, ficarão sob fiscalização do Conselho Nacional de Telecomunicações, que terá poderes para determinar as condições de tráfego mútuo, a redistribuição das taxas daí resultante, e as normas e especificações a serem obedecidas na operação e instalação dêsses serviços, inclusive para fixação das tarifas."

Ou seja, mantiveram-se as delegações a prestadoras municipais apenas para redes locais. Passou-se à União a responsabilidade pelas redes interurbanas e internacionais. Veja-se também que se registrou, com o art. 30, §1º, a intenção de criar-se a empresa pública que viria a ser a Embratel.

A forma encontrada para o financiamento do SNT foi pela criação do Fundo Nacional de Telecomunicações (FNT), conforme art. 51 do CBT. Padronizaram-se também os critérios para cálculo de taxas e tarifas, o que serviu de incentivo para novos investimentos no setor.

Também em 1963, aprovou-se o PNT, por meio do Decreto nº 52.859, de 18 de novembro de 1963. Com os acontecimentos na política nacional em 1964, foi somente a partir de 1965 que se colocou em prática muito do definido no CBT. Foi quando se criou a Embratel e adquiriu-se a CTB, por exemplo.

Pela legislação, a gestão do FNT ficaria a cargo do Contel, contudo, de forma a evitar que os recursos caíssem no orçamento público, os recursos ficaram sob a guarda da Embratel. Nesse período houve investimentos em importantes projetos de redes de longa distância. É o caso do Tronco-Sul, que, em 1969, conectou Porto Alegre a São Paulo. Em 1972, finalizaram-se os 20 mil quilômetros do SNT, composto principalmente por enlaces de micro-ondas. De 1975 a 1979, no entanto, esse quadro mudou e os recursos passaram a ser utilizados em outras áreas do governo, justamente como se temia [82, pp. 32–33].

A criação da Embratel e os investimentos realizados levaram a um grande crescimento no mercado de chamadas telefônicas interurbanas e interestaduais. Uma das inovações trazidas pela empresa foi a introdução da Discagem Direta à Distância (DDD), em 1969. Estima-se que, em 1980, completaram-se 300 milhões de chamadas interestaduais no país [82, p. 33].

Em relação às chamadas internacionais, sabe-se que o país associou-se ao consórcio Organização Internacional de Satélites de Comunicações (Intelsat, no acrônimo em língua inglesa de *International Telecommunications Satellite Organization*) em 1966, alugando seu primeiro *transponder* em 1974, e que inaugurou a estação de Tanguá em 1969. Em 1973, a Embratel inaugurou um cabo submarino ligando a América do Sul à Europa. A segunda antena de Tanguá seria inaugurada em 1975, mesmo ano em que se colocou em prática a Discagem Direta Internacional (DDI). Em 1977, entraram em operação estações de telecomunicações por satélite na Região Norte e em 1978 o país interligou-se ao Paraguai e à Argentina por rotas de micro-ondas [82, pp. 33–34], [84].

3.1.3 Criação do Ministério das Comunicações e da Telebras

Em 1962, o governador do Rio Grande do Sul, Leonel Brizola, promoveu a cassação das concessões de telefonia da CTN no estado e a desapropriação de seus bens, passando-os à Companhia Riograndense de Telecomunicações (CRT) [84].

Face aos baixos índices de qualidade que apresentava e em meio a campanha nacionalista, a CTB sofreu intervenção do governo federal em 1963. Prevista inicialmente para durar pelo período de seis meses, a intervenção foi renovada por sucessivas vezes, até que em 1966, optou-se pela aquisição do controle acionário da empresa, por U$ 92 milhões, que passou a integrar o patrimônio da Embratel. Inicialmente, coube ao próprio quadro de funcionários da CTB a sua gestão. No entanto, posteriormente, em 1969, o recém criado Ministério das Comunicações (Minicom) destacou uma equipe que teria a difícil missão de reestruturar a empresa e de melhorar a qualidade do serviço prestado, nos moldes da administração da Embratel [82, p. 34], [84].

Em outro movimento nesse mesmo sentido, o governo federal também adquiriu a seção paranaense da CTN, em 1967 [84].

O plano do Minicom teve êxito já em 1970, o que levou o governo a voltar-se para outro problema do setor, a larga espera por novos terminais. Foi quando lançou-se o *Plano de um milhão de telefones*. A consequência prática da aquisição da CTB foi a grande concentração de terminais telefônicos em empresas com controle estatal, chegando-se a dois terços da planta do país [82, p. 35].

Conforme mencionado, criou-se o Minicom no fim dos anos 1960, por meio do Decreto-Lei nº 200, de 25 de fevereiro de 1967, documento que sedimentou a reforma administrativa promovida pelo presidente Humberto de Alencar Castello Branco. Nomeou-se Carlos Simas como o primeiro ministro titular do órgão, seguido pelo militar Higino Corsetti, em outubro de 1969.

Também por meio do Decreto-Lei nº 200/1967, o governo de Castello Branco vinculou o CNT ao Minicom e alterou sua composição. Após a Lei nº 5.396, de 26 de fevereiro de 1968, ficaria assim formado o conselho:

> "I — Presidente, o Secretário-Geral do Ministério das Comunicações;
>
> II — Representante do maior partido de oposição no CONGRESSO NACIONAL;
>
> III — Representante do Ministério da Educação e Cultura.
>
> IV — Representante do Ministério da Justiça.

V — Representante do maior partido que apóia o Govêrno no CONGRESSO NACIONAL;

VI — Representante do Ministério da Indústria e Comércio.

VII — Representante dos Correios e Telégrafos.

VIII — Representante do Departamento Nacional de Telecomunicações.

IX — Representante da Emprêsa Brasileira de Telecomunicações.

X — Representante das Emprêsas Concessionárias de Serviços de Telecomunicações.

XI — Representante do Ministério da Marinha;

XII — Representante do Ministério do Exército;

XIII — Representante do Ministério da Aeronáutica."

Ainda, o DNT passaria a integrar o Minicom e o Departamento dos Correios e Telégrafos poderia passar a ser entidade da Administração Indireta.

Com o Decreto nº 70.568, de 18 de maio de 1972, extinguiu-se o Contel, instituindo-se, em seu lugar, o Conselho Nacional de Comunicações (CNC). Sua finalidade era de "assessorar diretamente o Ministro das Comunicações em assuntos concernentes a Serviços Postais e de Telecomunicações". Constituíam o CNC os seguintes membros, sendo o Secretário-Geral do Minicom seu presidente [85]:

"I – Secretário-Geral do Ministério das Comunicações

II – Diretor-Geral do Departamento Nacional de Telecomunicações

III – Representante do Ministério das Relações Exteriores

IV – Representante do Ministério da Indústria e do Comércio

V – Representante do Ministério do Planejamento e Coordenação Geral

VI – Representante do Estado-Maior das Forças Armadas

VII – Representante da Empresa Brasileira de Correios e Telégrafos

VIII – Representante da Empresa de Telecomunicações que for designado pelo Ministro das Comunicações."

Por meio da Lei nº 5.792, de 11 de julho de 1972, sancionada por Emílio Garrastazu Médici, autorizou-se a criação da Telecomunicações Brasileiras S.A. (Telebras).[1] Estabeleceram-se as seguintes finalidades para a empresa:

[1] A empresa autodenomina-se, atualmente, *Telebras*, sem o acento agudo adotado inicialmente, quando chamava-se *Telebrás*.

"I — planejar os serviços públicos de telecomunicações, de conformidade com as diretrizes do Ministério das Comunicações;

II — gerir a participação acionária do Governo Federal nas empresas de serviços públicos telecomunicações do país;

III — promover medidas de coordenação e de assistência administrativa e técnica às empresas de serviços públicos de telecomunicações e aquelas que exerçam atividades de pesquisas ou industriais, objetivando a redução de custos operativos, a eliminação de duplicações e, em geral a maior produtividade dos investimentos realizados;

IV — promover a captação em fontes internas e externas, de recursos a serem aplicados pela Sociedade ou pelas empresas de serviços públicos de telecomunicações, na execução de planos e projetos aprovados pelo Ministério das Comunicações;

V — promover, através de subsidiárias ou associadas, a implantação e exploração de serviços públicos de telecomunicações, no território nacional e no exterior.

VI —promover e estimular a formação e o treinamento de pessoal especializado, necessário às atividades das telecomunicações nacionais;

VII —executar outras atividades afins, que lhe forem atribuídas pelo Ministério das Comunicações."

Também por definição constante da Lei nº 5.792/72, autorizou-se a Embratel a passar a ser uma sociedade de economia mista e subsidiária da Telebras. Criou-se ainda o Centro de Pesquisas de Desenvolvimento Tecnológico (CPDT) [81].

Crosseti identifica quatro principais motivos para a criação da *holding* [82, pp. 36–37]:

- a existência de centenas de concessionárias causava inúmeras dificuldades de ordens técnica e financeira;
- dificuldades na fiscalização conduzida pelo Departamento Nacional de Telecomunicações (Dentel);
- a dificuldade de coordenação do controle exercido por estados, municípios e União;
- a falta de uma política tarifária uniforme.

No Minicom, Euclides Quandt de Oliveira, o oficial da Marinha que viria a ser o primeiro presidente da Telebras, foi o responsável por conduzir o debate em que se consideraram também as hipóteses de ter a CTB ou a Embratel como *holding*. Evidentemente, no fim prevaleceu a estrutura do Sistema de Telecomunicações Brasileiro (STB) em que a Telebras seria a *holding*, responsável por planejar a expansão e os investimentos, a Embratel seria responsável pela comunicação de longa distância e empresas estaduais ficariam a cargo da operação local. Nesse quadro, o ministério passaria a ser o responsável pela gestão do FNT, o que fez com que a Embratel tivesse que passar a operar com as próprias receitas do mercado em que atuava. Inicialmente, eram quatro as empresas controladas pela Telebras e uma associada: Embratel, CTB, Companhia Telefônica de Minas Gerais (CTMG), Companhia Telefônica do Espírito Santo (CTES) e Companhia de Telecomunicações de Brasília (Cotelb). No entanto, pouco a pouco, à medida em que encerravam-se os contratos das empresas privadas, o Estado assumia a prestação do serviço, firmando a visão do Minicom de que somente um monopólio estatal poderia levar o acesso à telefonia a zonas de baixo interesse comercial [82, pp. 37–38], [84].

Uma exceção no processo de consolidação foi a CRT, empresa que, embora estivesse associada ao Sistema Telebras, permaneceu controlada pelo governo do Rio Grande do Sul. Outra foi a Companhia Telefônica da Borda do Campo (CTBC) que permaneceu como subsidiária da Telesp. As únicas empresas a manterem-se verdadeiramente independentes foram a Companhia de Telefones do Brasil Central (CTBC Telecom), de capital privado; a Centrais Telefônicas de Ribeirão Preto (Ceterp) e a Serviço de Comunicações Telefônicas de Londrina (Sercomtel), ambas controladas por suas respectivas prefeituras [84].

Das finalidades estabelecidas na Lei nº 5.792/72, vê-se que se estabeleceu uma ampla gama de papeis, por vezes conflitantes, para a Telebras. A corporação deveria, dentre outros propósitos, servir como instrumento de fomento à política industrial do setor, colocar em prática políticas públicas estabelecidas pelo Minicom, gerar lucros e coordenar técnica e economicamente as atividades de dezenas de empresas.

Após a consolidação, que chegou praticamente à totalidade das empresas do setor já no início de 1975, a *holding* passou a empreender seus esforços na padronização e controle das empresas estaduais, na prática, isolando-as do Minicom. Isso chegou a gerar conflitos com Embratel e Telesp, empresas que dispunham, anteriormente, de notada autonomia [82, pp. 40–41].

Os bons resultados alcançados pelo setor no período devem-se mais a uma boa gestão técnica, resultado dos ganhos proporcionados pela consolidação e padronização de procedimentos, que a uma capacidade da estatal de articular-se junto ao governo federal na obtenção de recursos. Era nítido que o setor de telecomunicações era preterido, nos investimentos de recursos governamentais, frente ao de siderurgia e ao de energia [82, p. 42].

Quando o país passou a enfrentar uma crise, essa falta de desenvoltura política cobrou seu preço e a Telebras foi incapaz de defender seus interesses junto à Secretaria de Planejamento (Seplan). A solução buscada visava ao reajuste das tarifas, ao aumento dos investimentos estatais e à aplicação do FNT novamente no próprio setor de telecomunicações. O fundo passara a ser controlado pelo órgão do Ministério do Planejamento em 1974, com a criação do Fundo Nacional de Desenvolvimento (FND) [82, p. 43].

Sem sucesso em seus pleitos, a Telebras viu, em 1982, o término do FND e com isso os recursos do FNT passaram a ir diretamente para os cofres do Tesouro. Sem o financiamento dos fundos, em 1984, criou-se um novo e pesado imposto sobre os serviços de telecomunicações no país, o Imposto sobre Serviços de Telecomunicações (ISST). Este somente viria a ser eliminado com a CF de 1988 [82, p. 44], [84].

A partir de 1977, as tarifas passaram a ser fixadas pela Seplan, o que fez com que passassem a ser mais um instrumento a serviço da política de controle inflacionário do governo brasileiro. Com o passar dos anos foi marcante o decréscimo na capacidade de investimento e até mesmo na receita operacional das empresas do Sistema Telebras, que mais do que nunca pleiteavam uma política tarifária que remunerasse adequadamente as empresas do setor [82, p. 45].

Em relação aos investimentos, sabe-se que cresceram de 1973 a 1976. Eram os dias do chamado *milagre econômico* que fez com que se projetasse a meta de alcançar dez milhões de terminais telefônicos instalados até 1980. Entre 1974 e 1982, o número de terminais em serviço, no Brasil, passou de 2,4 milhões para 9,3 milhões. Então vieram os cortes, as revisões dos planos de investimentos e a necessidade de contratar empréstimos. A dívida se aprofundou com as desvalorizações da moeda brasileira no mercado internacional [82, pp. 46–47], [84].

3.1.4 Consolidação e Dissolução do Sistema Telebras

Como visto, o Sistema Telebras nasceu da intenção de integrar, por meio das comunicações, as diferentes regiões do Brasil e da concepção de que somente um monopólio seria capaz de dotar as regiões mais afastadas do país de uma moderna rede de telefonia. De seu início, até o final dos anos 1970, passou-se de uma coleção de redes locais ao sistema composto pela *holding*, responsável pela padronização, coordenação e planejamento; pela Embratel, responsável pelas comunicações de longa distância nacional e internacional; por 27 empresas estaduais, responsáveis pelas redes de telefonia locais e intraestaduais; e pelo Centro de Pesquisa e Desenvolvimento em Telecomunicações (CPqD), responsável pelo desenvolvimento tecnológico.

Todavia, a ingerência estatal sobre as tarifas e sobre o fundo setorial fez com que o sistema chegasse a 1980 com baixa capacidade de investimento e significativo endividamento. Em 1975, instituiu-se uma fonte alternativa de recursos, o autofinanciamento. Nesse modelo, o usuário que adquiria uma linha telefônica comprava também ações da companhia [84].

Com a centralização das aquisições de equipamentos de telecomunicações por uma única *holding*, resultado da consolidação das empresas do setor, fez-se possível não somente maior poder de negociação com fornecedores internacionais, como também colocar em prática uma política industrial de produção nacional dos equipamentos necessários. O CPqD, fundado em 1976 e propriamente instalado em Campinas, São Paulo, em 1980, foi instrumental nesse sentido [84].

Levando em conta as altas despesas do Sistema Telebras com o consórcio Intelsat, nas comunicações por satélite, o governo do presidente João Baptista de Oliveira Figueiredo decidiu, em 1981, que o Brasil disporia de seus próprios satélites de comunicação. Viram-se os primeiros resultados concretos do plano em fevereiro de 1985, quando lançou-se o satélite Brasilsat A1. Adicionalmente, lançou-se o satélite Brasilsat A2 em março de 1986 [84].

Os principais investimentos em comunicações de dados, no começo dos anos 1980, ficaram a cargo da Embratel, que lançou o Serviço Especializado de Comunicação de Dados em 1980 e a Rede Nacional de Comunicação de Dados por Comutação de Pacotes em 1984 [84].

No campo internacional, dois eventos tiveram grande impacto no ambiente político e regulatório do setor de telecomunicações do Brasil. Em 1984, nos EUA, obrigou-se a empresa privada Companhia Americana de Telefonia e Telégrafo (AT&T, na sigla em língua inglesa de *American Telephone and Telegraph Company*) a romper seu monopólio, dividindo-se em sete companhias regionais. O outro acontecimento foi a privatização da Telecomunicações Britânicas (BT, na sigla em língua inglesa de *British Telecom*), ocorrida em 1982.

O tema da privatização emergiu, no Brasil, durante a Assembleia Constituinte, no final dos anos 1980 e do governo militar, quando houve forte defesa da liberalização do setor. Por fim, como visto, prevaleceu o monopólio estatal da telefonia, transmissão de dados e outros serviços. Dentre as inovações, destaca-se a autorização para a prestação de serviços de informação por entidades privadas, utilizando-se da rede pública de telecomunicações [84].

Nesse mesmo período, retomaram-se os investimentos. Fazendo-se uso da capacidade satelital ociosa, buscou-se levar os serviços de telecomunicações a novas localidades, até então desprovidas. Surpreendentemente, até mesmo um projeto de telefonia móvel teve início, em 1989, no Rio de Janeiro. Ainda assim, permaneciam as longas filas de espera por linhas telefônicas e o lucrativo mercado secundário. O sistema não era capaz de suprir a demanda [84].

Já em abril de 1990, ou seja, nos primeiros dias de seu governo, o presidente Fernando Affonso Collor de Melo colocou em movimento sua promessa de campanha de promover a abertura econômica e a privatização de empresas do Estado. Foi quando promulgou a Lei nº 8.031, de 12 de abril de 1990, por meio da qual criou o Programa Nacional de Desestatização (PND) e a Lei nº 8.028, de 12 de abril de 1990, responsável pela reforma administrativa do governo federal. A reforma ministerial promovida por esta última lei incluiu a extinção do Minicom. O tema comunicações passou a ser tratado no âmbito da Secretaria Nacional de Comunicações (SNC), do Ministério da Infraestrutura [84].

Sob o comando de Ozires Silva, o Ministério da Infraestrutura emitiu, em novembro de 1990, uma série de portarias, com o intuito de promover, no setor de telecomunicações, a desestatização buscada no PND. Por meio da Portaria nº 881, de 7 de novembro de 1990, aprovou-se a Norma nº 3/90, em que se disciplinou a participação financeira dos promitentes-assinantes nos investimentos das concessionárias para a expansão e melhoramento dos serviços. Com a Portaria nº 882, de 8 de novembro de 1990, por um lado, revogou-se a Portaria nº 109, de 25 de janeiro de 1979, do extinto

Minicom, e em decorrência disso revogou-se a Norma nº 1/79. Por outro lado, estabeleceu-se que a SNC deveria, em 60 dias:

> "I – rever os regulamentos e as normas técnicas que disciplinam a prestação de serviços de telecomunicações, com o objetivo de eliminar as restrições ao acesso da iniciativa privada à prestação dos mesmos serviços, conforme as normas constitucionais e legais em vigor.
>
> II – estabelecer as condições necessárias à utilização da rede pública de telecomunicações como suporte para prestação dos serviços previstos nas alíneas "b" a "f" do art. 6º da Lei nº 4.117, de 1962."

Com a interpretação de que o Serviço Móvel Celular (SMC) enquadrava-se na classificação de serviço público restrito, ou seja, na alínea "b", do art. 6º, do CBT, por meio da Portaria nº 883, de 8 de novembro de 1990, o ministro da Infraestrutura resolveu:

> "I – Determinar ao Secretário Nacional de Comunicações que, no prazo de trinta dias, conclua os estudos necessários à fixação de critérios e procedimentos para a outorga, mediante licitação, do Serviço de Radiocomunicação Móvel Terrestre Restrito Celular/SMC."

Por meio da Portaria nº 884, de 8 de novembro de 1990, propôs-se a implantação de redes públicas locais de telecomunicações por comunidades não incluídas em planos de expansão de concessionárias de serviços públicos de telecomunicações. Isso dependeria apenas de regras que seriam editadas pela SNC, do Ministério da Infraestrutura.

Na Portaria nº 885, de 8 de novembro de 1990, registraram-se definições quanto a Telefones de Uso Público (TUPs). Trata-se de um perfil de obrigação que se define hoje nas metas de universalização do STFC, por decreto presidencial. Extrai-se da portaria ministerial:

> "Art. 1º As empresas concessionárias dos serviços públicos de telecomunicações deverão destinar parcela mínima equivalente a 5% (cinco por cento) dos valores auferidos com a tomada de assinaturas, para implantação de telefones de uso público.
>
> Art. 2º As instalações deverão ser realizadas de modo a que, em pelo menos 85% (oitenta e cinco por cento) da área de Tarifa Básica, qualquer pessoa não tenha necessidade de deslocar-se mais de 500 (quinhentos) metros para ter acesso ao serviço telefônico público.
>
> Art. 3º Fica estabelecido como objetivo a ser alcançado na área de atuação de cada concessionária, uma densidade de pelo menos 2,5 telefones públicos por cada 1.000 habitantes."

A última portaria dessa série emitida pelo Ministério da Infraestrutura é a Portaria nº 886, de 8 de novembro de 1990. Essa trouxe outras definições quanto à implantação de redes públicas locais de telecomunicações, por parte de comunidades não incluídas em planos de expansão de concessionárias.

Dentre essas portarias do Ministério da Infraestrutura, a que causou maior furor foi, sem dúvida, a Portaria nº 882/1990. Sua interpretação de que o SMC enquadrava-se no rol de serviços públicos restritos, de acordo com a classificação do CBT, serviu de base para a proposta de que se reservasse parte das faixas de radiofrequências disponibilizadas para o serviço, a chamada Banda A, para prestadoras públicas, enquanto que se disponibilizaria outra parte, a Banda B, para prestadoras privadas. Contudo, naquele momento, a proposta não prosperou, em razão de que o Supremo Tribunal Federal (STF), em setembro de 1991, não reconheceu o poder normativo da portaria. O edital de licitação da Banda B chegou a ser publicado, no ano seguinte, mas interrompeu-se seu trâmite em razão do processo de *impeachment* instaurado contra o presidente da República [84].

Ainda no governo Collor, emitiu-se o Decreto nº 177, de 17 de julho de 1991, que aprovou o Regulamento dos Serviços Limitados de Telecomunicações. Com esse regulamento, viabilizou-se a delegação a pessoas físicas ou jurídicas, por permissão, da prestação de Serviços Limitados de Telecomunicações. Na prática, a Embratel perdeu, assim, o monopólio na prestação do serviço [84].

Com a Lei nº 8.422, de 13 de maio de 1992, Collor sancionou alteração na composição dos ministérios. Assim, o tema das telecomunicações passou a ser tratado pelo Ministério dos Transportes e das Comunicações, que tinha a seguinte estrutura:

> "I – Secretaria Nacional dos Transportes;
>
> II – Secretaria Nacional de Comunicações."

Afonso Camargo, titular da nova pasta, assinou acordo com o Banco Mundial em que se comprometeu a reformar o setor de telecomunicações no Brasil, em especial, privatizando a Telebras. Logo em seguida, no entanto, Collor deixou o governo e o memorando de entendimento firmado ficou comprometido [84].

Enquanto era ainda oficialmente vice-presidente da República, mas já no exercício do cargo de presidente, Itamar Augusto Cautiero Franco promoveu nova reforma ministerial. Por meio da Lei nº 8.490, de 19 de novembro de 1992, recriou o Minicom, estabelecendo as seguintes competências:

> "a) telecomunicações, inclusive administração, outorga, controle e fiscalização da utilização do espectro de radiofreqüências;
>
> b) serviços postais."

O Minicom de Itamar Franco contava com os seguintes órgãos:

> "a) Conselho Nacional de Comunicações;
>
> b) Secretaria de Fiscalização e Outorga;
>
> c) Secretaria de Administração de Radiofreqüências;
>
> d) Secretaria de Serviços de Comunicações."

Durante o governo de Itamar Franco, aumentaram-se os investimentos, com crescimento significativo nas comunicações móveis e no setor de satélites. Resultado de uma parceria entre CPqD e Instituto Nacional de Pesquisas Espaciais (Inpe), lançou-se, em 1993, o primeiro satélite construído e projetado no Brasil. Nos anos seguintes, lançaram-se os satélites de comunicações Brasilsat B1 e Brasilsat B2 [84].

Houve também intensos debates pela alteração constitucional necessária para a quebra do monopólio das telecomunicações, mas, ao final, não se aprovaram mudanças [84].

Fernando Henrique Cardoso assumiu a Presidência da República em janeiro de 1995, nomeando, de imediato, para o cargo de ministro das Comunicações, o engenheiro Sérgio Roberto Vieira da Motta. Cardoso elegeu-se com uma agenda liberalizante que incluía, em seu cerne, a quebra do monopólio dos serviços de telecomunicações. Como mencionado, essa mudança demandava uma alteração constitucional, o que exigiria do novo governo forte articulação junto ao Congresso Nacional [84].

Segundo o disposto na Medida Provisória nº 813, de 1º de janeiro de 1995, eram as seguintes as competências do Minicom de Cardoso:

> "a) política nacional de telecomunicações, inclusive administração, outorga, controle e fiscalização da utilização do espectro de radiofreqüências;
>
> b) serviços postais;"

Ainda de acordo com o mesmo documento, assim definiu-se a estrutura da pasta:

> "a) Conselho Nacional de Comunicações;
>
> b) Secretaria de Fiscalização e Outorga;
>
> c) Secretaria de Administração de Radiofreqüências;
>
> d) Secretaria de Serviços de Comunicações."

A Emenda Constitucional nº 8, sancionada em 15 de agosto de 1995, tramitou no Congresso Nacional já a partir de fevereiro daquele ano. Como resultado de sua aprovação, registrou-se na CF que a exploração dos serviços públicos de telecomunicações não estava mais limitada a empresas sob o controle acionário estatal:

> "Art. 21. Compete à União:
>
> [...]
>
> XI – explorar, diretamente ou mediante autorização, concessão ou permissão, os serviços de telecomunicações, nos termos da lei, que disporá sobre a organização dos serviços, a criação de um órgão regulador e outros aspectos institucionais;
>
> [...]

> XII – explorar, diretamente ou mediante autorização, concessão ou permissão:
>
> a) os serviços de radiodifusão sonora, e de sons e imagens;
>
> [...]"

Vê-se que desde de esse primeiro momento, em que a CF deixou de vedar a exploração dos serviços de telecomunicações por entes privados, desenhava-se o modelo em que o setor passaria a contar com um órgão regulador para supervisionar a atividade privada. Optou-se também pela definição de três possíveis mecanismos de delegação: autorização, concessão e permissão. Ficaria a cargo de uma nova lei, a ser discutida no Congresso Nacional, a organização dos serviços e outros aspectos.

Por meio do Decreto nº 1.719, de 28 de novembro de 1995, aprovou-se o Regulamento de Outorga e Concessão ou Permissão para Exploração de Serviços de Telecomunicações em Base Comercial. Com ele, adotou-se a seguinte classificação dos serviços:

> "I — GRUPO "A" — comporta serviços cuja implantação requeira a utilização de sistemas de baixa complexidade tecnológica ou que são prestados em áreas de pequena população ou, ainda, cuja exploração requeira poucos recursos em infra-estrutura e suporte técnico-administrativo.
>
> II — GRUPO "B" — comporta serviços cuja implantação requeira a utilização de sistemas que apresentam média complexidade tecnológica ou que são prestados em áreas medianamente povoadas ou, ainda, cuja exploração requeira um nível médio de recursos em infra-estrutura e organização técnico-administrativa.
>
> III — GRUPO "C" — comporta serviços cuja implantação requeira a utilização de sistemas que apresentam avançada tecnologia ou que são prestados em áreas muito populosas ou, ainda, cuja exploração exija recursos significativos em infra-estrutura e organização técnico-administrativa."

Nota-se que o SMC e o Serviço de Radiocomunicação Aeronáutica classificavam-se no Grupo C, segundo a definição do decreto.

Após estudos realizados pelo Minicom, propôs-se ao Congresso Nacional, em novembro de 1995, o que viria a ser a Lei nº 9.295 — Lei Mínima, de 19 de julho de 1996. Por meio dessa lei e em conjunto com o CBT, com a Lei nº 8.987, de 13 de fevereiro de 1995 e com a Lei nº 9.074, de 7 de julho de 1995, regulamentou-se a exploração do SMC, do Serviço Limitado, do Serviço de Transporte de Sinais de Telecomunicações por Satélite e a prestação de SVAs com o uso da rede pública de telecomunicações.

A percepção do governo era de que a lei geral, descrita na EC nº 8/1995, teria uma extensa discussão no Congresso Nacional. Por isso, imaginou-se que seria uma boa estratégia a imediada inclusão do setor privado em alguns mercados do setor de telecomunicações, o que se fez com a Lei Mínima [84].

Com a Lei Mínima, transformaram-se em concessões do SMC as permissões então vigentes do Serviço de Radiocomunicação Móvel Terrestre Público-Restrito. Obrigou-se, também, que as empresas do Sistema Telebras constituíssem empresas subsidiárias ou associadas para assumir a exploração do SMC. As novas entrantes seriam selecionadas por licitação, com delegação por concessão, pelo prazo de 15 anos, renovável por iguais períodos. Somente poderiam explorar o SMC e o Serviço de Transporte de Sinais de Telecomunicações por Satélite empresas constituídas segundo as leis brasileiras, com sede e administração no país, com pelo menos 51% de capital votante pertencente a brasileiros.

Apesar de tantas inovações, a Lei Mínima manteve vigente o Fundo de Fiscalização das Telecomunicações (Fistel). Criara-se esse fundo com a Lei nº 5.070, de 7 de julho de 1966, com o objetivo de "prover recursos para cobrir despesas feitas pelo Governo Federal na execução da fiscalização de serviços de telecomunicações, desenvolver os meios e aperfeiçoar a técnica necessária a essa execução".

Com o Decreto nº 2.056, de 4 de novembro de 1996, aprovou-se o Regulamento do Serviço Móvel Celular (RSMC). Nota-se, no RSMC, que a intenção era promover a competição no serviço móvel. Veja-se, por exemplo, o que se dispunha em seu art. 10.

> "Art. 10. Em licitação para outorga de concessão para exploração do Serviço Móvel Celular, serão desconsideradas propostas, para uma mesma área de concessão, de pessoas jurídicas que:
>
> I – consorciadas, participem por intermédio de mais de um consórcio ou também isoladamente;
>
> II - sejam coligadas a outra participante;
>
> III - sejam exploradoras do Serviço Móvel Celular em área ou parte de área de concessão objeto da licitação; ou
>
> IV – sejam coligadas, controladoras ou controladas de entidade exploradora de Serviço Móvel Celular em área ou parte de área de concessão objeto da licitação.
>
> §1º Para os fins deste Regulamento, uma pessoa jurídica será considerada coligada a outra se uma detiver, direta ou indiretamente, pelo menos, vinte por cento de participação no capital votante da outra, ou se o capital votante de ambas for detido, direta ou indiretamente, em, pelo menos, vinte por cento por uma mesma pessoa natural ou jurídica. Caso haja participação de forma sucessiva em várias pessoas jurídicas, deve-se calcular o valor final da participação por intermédio da composição das frações percentuais de controle em cada pessoa jurídica da linha de encadeamento.

> §2º O Ministério das Comunicações poderá estabelecer, em normas complementares ou em edital de licitação, outras condições para participação em processo de outorga de concessão para exploração do Serviço Móvel Celular."

Por via da Portaria nº 2.512, de 30 de dezembro de 1996, o Minicom decidiu pela realização do leilão da Banda B do SMC. Elencaram-se dez áreas de exploração do serviço, discriminadas na Tab. 3.1.

Área	Região Geográfica
1	Municípios de Alumínio, Araçariguama, Arujá, Atibaia, Barueri, Biritiba-Mirim, Bom Jesus dos Perdões, Bragança Paulista, Cabreúva, Caieiras, Cajamar, Campo Limpo Paulista, Carapicuíba, Cotia, Diadema, Embu, Embu-Guaçú, Ferraz de Vasconcelos, Francisco Morato, Franco da Rocha, Guararema, Guarulhos, Igaratá, Itapecerica da Serra, Itapevi, Itaquaquecetuba, Itatiba, Itu, Itupeva, Jandira, Jarinu, Joanópolis, Jundiaí, Juquitiba, Mairinque, Mairiporã, Mauá, Mogi das Cruzes, Morungaba, Nazaré Paulista, Osasco, Pedra Bela, Pinhalzinho, Piracaia, Pirapora do Bom Jesus, Poá, Ribeirão Pires, Rio Grande da Serra, Salesópolis, Salto, Santa Izabel, Santana de Parnaíba, Santo André, São Bernardo do Campo, São Caetano do Sul, São Lourenço da Serra, São Paulo, São Roque, Suzano, Taboão da Serra, Tuiuti, Vargem, Vargem Grande Paulista e Várzea Paulista, no estado de São Paulo
2	Estado de São Paulo, excluídos os municípios contidos na Área 1 anterior
3	Estados do Rio de Janeiro e Espírito Santo
4	Estado de Minas Gerais
5	Estados do Paraná e Santa Catarina
6	Estado do Rio Grande do Sul
7	Estados de Goiás, Tocantins, Mato Grosso do Sul, Mato Grosso, Rondônia, Acre e Distrito Federal
8	Estados do Amazonas, Roraima, Amapá, Pará e Maranhão
9	Estados da Bahia e Sergipe
10	Estados do Piauí, Ceará, Rio Grande do Norte, Paraíba, Pernambuco e Alagoas

Tabela 3.1 – Áreas de prestação do SMC na Banda B.

Publicou-se o edital de licitação da Banda B do SMC em 10 de janeiro de 1997 [86]. Licitaram-se as seguintes faixas de radiofrequências:

- *Transmissão da Estação Móvel* – 835 a 845 MHz, 846,5 a 849 MHz; e
- *Transmissão da Estação Rádio-Base* – 880 a 890 MHz, 891,5 a 894 MHz.

O consórcio liderado pela subsidiária da empresa norte-americana BellSouth venceu a concorrência na Área 1, enquanto que Americel foi a única concorrente na Área 7. Não houve interessados para a Área 8. Ao todo, arrecadaram-se US$7,613 bilhões, em valores da época [84].

Passou-se então à etapa seguinte do processo de privatização dos serviços de telecomunicações no Brasil. Em dezembro de 1996, o Minicom enviou ao presidente da República o projeto da LGT. Acompanhou o documento a extensa Exposição de Motivos nº 231/MC, de 10 de dezembro de 1996, firmada pelo ministro Sérgio Motta.

Preparando o cenário para a LGT, com os decretos nº 2.195, nº 2.196 e nº 2.197, todos de 8 de abril de 1997, o presidente Fernando Henrique Cardoso aprovou o Regulamento do Serviço de Transporte de Sinais de Telecomunicações por Satélite, o Regulamento de Serviços Especiais e o Regulamento de Serviço Limitado, respectivamente.

Sancionou-se a LGT em 16 de julho de 1997. No tocante à desestatização, a lei relacionou diversas definições. Mais relevantemente, autorizou-se a "promover a reestruturação e a desestatização" das empresas do Sistema Telebras, incluindo-se as subsidiárias exploradoras do SMC, conforme art. 187.

Na sequência, por meio do Decreto nº 2.338, de 7 de outubro de 1997, o presidente da República aprovou o Regulamento da Anatel. São duas as fontes de receitas identificadas para a Agência em seu regulamento:

> "I – as dotações orçamentárias e os créditos adicionais que lhe venham a ser consignados;
>
> II – os recursos do FISTEL, o qual passa à sua administração exclusiva, com os saldos nele existentes, exceto os que estejam provisionados ou bloqueados para crédito, incluídas as receitas que sejam produto da cobrança pelo direito de exploração dos serviços de telecomunicações e pelo uso de radiofreqüências."

Já no mês seguinte, a Agência iniciou seus trabalhos, em Brasília, tendo como presidente o engenheiro Renato Navarro Guerreiro, que era, até o momento, secretário-executivo do Minicom. Os demais membros do conselho inaugural da Anatel foram:

- *Antônio Carlos Valente da Silva* – Engenheiro eletricista, foi assessor especial do ministro das Comunicações e exerceu diversas funções no Sistema Telebras;
- *José Leite Pereira Filho* – Doutor em engenharia de telecomunicações, lecionou na Pontifícia Universidade Católica do Rio de Janeiro (PUC-Rio) e ocupou diversas posições na Marinha do Brasil e Embratel;

- *Luiz Francisco Tenório Perrone* – Engenheiro eletrônico, atuou no Dentel, Embratel, Intelsat, Hispamar e Telebrasil; e

- *Mário Leonel Neto* – Engenheiro de produção e eletrônico, foi vice-presidente da Intelsat.

Os anos de 1995 a 1997 foram de grandes investimentos no setor. Somente em 1996, investiram-se R$ 6,8 bilhões em telecomunicações no país. Afinal, uma licitação de sucesso dependia da demonstração pública da boa saúde financeira das estatais. Para isso, promoveu-se a revisão da política tarifária, até então utilizada como ferramenta de controle inflacionário. Os investimentos seguiram o Programa de Recuperação e Ampliação do Sistema de Telecomunicações e do Sistema Postal (Paste), que posteriormente passou a se chamar Perspectivas para Ampliação e Modernização do Setor de Telecomunicações (Paste).

Além do Minicom, a consultoria norte-americana McKinsey & Company e as empresas Kleinwort Benson e Lehman Brothers participaram ativamente da construção do modelo de reestruturação e privatização dos serviços de telecomunicações no Brasil. Firmaram-se os contratos com essa consultoria e com essas empresas por meio de convênio de cooperação internacional entre o ministério e a UIT [84].

As reformas no âmbito da Telebras encorajaram também a privatização da CRT, pelo governo do Rio Grande do Sul, ocorrida em dezembro de 1996 [84].

Em fevereiro de 1997, escolheu-se o BNDES como o responsável pelos procedimentos operacionais necessários à venda dos ativos [84].

Com o Decreto nº 2.534, de 2 de abril de 1998, Cardoso aprovou o primeiro Plano Geral de Outorgas (PGO), proposto pela Anatel e encaminhado pelo Minicom. Veja-se que, segundo definido no inciso II, do art. 18, da LGT, cabe ao poder executivo, por meio de decreto, aprovar o PGO de serviço prestado no regime público[2].

O primeiro PGO estabeleceu o modelo de competição desenhado para o STFC no Brasil, naquele momento. Por um lado, dividiu-se o país em quatro regiões, detalhadas na Tab. 3.2.

Ademais, subdividiram-se essas regiões do PGO em 34 setores, enumerados nas tabelas 3.3 a 3.5, a seguir.

Eram, portanto, 35 Contratos de Concessão do STFC, no primeiro PGO. Identificam-se as prestadoras, modalidade de serviço e área geográfica de prestação nas tabelas 3.6 a 3.9.

Logo após a aprovação do PGO, por meio do Decreto nº 2.546, de 14 de abril de 1998, Cardoso chancelou também o modelo de reestruturação e desestatização proposto pelo Minicom. Com a determinação, cindiu-se parcialmente a Telebras, constituindo-se 12 empresas. Ademais, autorizou-se a instituição de fundação privada para incorporar o CPqD [84].

[2]Rever-se-ia esse primeiro PGO apenas com o Decreto nº 6.654, de 20 de novembro de 2008, quando viabilizou-se a operação entre Brasil Telecom (BrT) e Oi.

Região	Área Geográfica
I	Estados do Rio de Janeiro, Minas Gerais, Espírito Santo, Bahia, Sergipe, Alagoas, Pernambuco, Paraíba, Rio Grande do Norte, Ceará, Piauí, Maranhão, Pará, Amapá, Amazonas e Roraima
II	Distrito Federal e estados do Rio Grande do Sul, Santa Catarina, Paraná, Mato Grosso do Sul, Mato Grosso, Goiás, Tocantins, Rondônia e Acre
III	Estado de São Paulo
IV	Nacional

Tabela 3.2 – Regiões do primeiro PGO.

Com a morte inesperada de Motta, aos 57 anos, em 19 de abril de 1998, assumiu o Minicom Luís Carlos Mendonça de Barros, que estava, até então, à frente do BNDES. Em maio, efetivou-se o desmembramento da Telebras em quatro operadoras da telefonia fixa, atendendo-se às definições de regiões do PGO. Estabeleceram-se, assim, Telesp, Tele Centro Sul, Tele Norte Leste e Embratel como as quatro concessionárias do STFC no país [84], [87].

Criaram-se também oito *holdings* de autorizadas do SMC com direitos de uso de radiofrequências na Banda A, atendendo-se ao definido no Decreto nº 2.546/1998:

- *Áreas 1 e 2* – Telesp Celular:
  1. Telesp Celular S.A.
- *Área 3* – Tele Sudeste Celular:
  1. Telerj Celular S.A.; e
  2. Telest Celular S.A.
- *Área 4* – Telemig Celular:
  1. Telemig Celular S.A.
- *Áreas 5 e 6* – Tele Celular Sul:
  1. Telepar Celular S.A.;
  2. Telesc Celular S.A.; e
  3. CTMR Celular S.A.
- *Área 7* – Tele Centro Oeste Celular:

Setor	Área Geográfica
1	Estado do Rio de Janeiro
2	Estado de Minas Gerais, excetuados os municípios integrantes do Setor 3
3	Municípios de Araporã, Araújo, Campina Verde, Campo Florido, Campos Altos, Canápolis, Capinópolis, Carmo do Paranaíba, Carneirinhos, Centralina, Comendador Gomes, Conceição das Alagoas, Córrego Danta, Cruzeiro da Fortaleza, Delta, Frutal, Gurinhatã, Ibiraci, Igaratinga, Iguatama, Indianópolis, Ipiaçú, Itapagipe, Ituiutaba, Iturama, Lagamar, Lagoa Formosa, Lagoa Grande, Limeira D'Oeste, Luz, Maravilhas, Moema, Monte Alegre de Minas, Monte Santo de Minas, Nova Ponte, Nova Serrana, Papagaios, Pará de Minas, Patos de Minas, Pedrinópolis, Pequi, Perdigão, Pirajuba, Pitangui, Planura, Prata, Presidente Olegário, Rio Paranaíba, Santa Juliana, Santa Vitória, São Francisco de Sales, São José da Varginha, Tupaciguara, Uberaba, Uberlândia, União de Minas e Vazante, no estado de Minas Gerais
4	Estado do Espírito Santo
5	Estado da Bahia
6	Estado de Sergipe
7	Estado de Alagoas
8	Estado de Pernambuco
9	Estado da Paraíba
10	Estado do Rio Grande do Norte
11	Estado do Ceará
12	Estado do Piauí
13	Estado do Maranhão
14	Estado do Pará
15	Estado do Amapá
16	Estado do Amazonas
17	Estado de Roraima

Tabela 3.3 – Setores da região I do primeiro PGO.

1. Telebrasília Celular S.A.;
2. Telems Celular S.A.;
3. Telegoiás Celular S.A.;

Setor	Área Geográfica
18	Estado de Santa Catarina
19	Estado do Paraná, exceto os municípios integrantes do Setor 20
20	Municípios de Londrina e Tamarana, no estado do Paraná
21	Estado de Mato Grosso do Sul, exceto o município integrante do Setor 22
22	Município de Paranaíba, no estado de Mato Grosso do Sul
23	Estado de Mato Grosso
24	Estados do Tocantins e de Goiás, exceto os municípios integrantes do Setor 25
25	Municípios de Buriti Alegre, Cachoeira Dourada, Inaciolândia, Itumbiara, Paranaiguara e São Simão, no estado de Goiás
26	Distrito Federal
27	Estado de Rondônia
28	Estado do Acre
29	Estado do Rio Grande do Sul, exceto os municípios integrantes do Setor 30
30	Municípios de Pelotas, Capão do Leão, Morro Redondo e Turuçu, no estado do Rio Grande do Sul

Tabela 3.4 – Setores da região II do primeiro PGO.

4. Telemat Celular S.A.;
5. Teleron Celular S.A.; e
6. Teleacre Celular S.A.

- *Área 8* – Tele Norte Celular:
  1. Teleamazon Celular S.A.;
  2. Teleaima Celular S.A.;
  3. Telepará Celular S.A.;
  4. Teleamapá Celular S.A.; e
  5. Telma Celular S.A.
- *Área 9* – Tele Leste Celular:
  1. Telebahia Celular S.A.; e

Setor	Área Geográfica
31	Estado de São Paulo, exceto os municípios integrantes dos setores 32, 33 e 34
32	Municípios de Guatapará e Ribeirão Preto, no estado de São Paulo
33	Municípios de Altinópolis, Aramina, Batatais, Brodosqui, Buritizal, Cajuru, Cássia dos Coqueiros, Colômbia, Franca, Guaíra, Guará, Ipuã, Ituverava, Jardinópolis, Miguelópolis, Morro Agudo, Nuporanga, Orlândia, Ribeirão Corrente, Sales de Oliveira, Santa Cruz da Esperança, Santo Antônio da Alegria e São Joaquim da Barra, no estado de São Paulo
34	Municípios de Cubatão, Mogi das Cruzes, Santo André, São Bernardo do Campo, São Caetano do Sul, Diadema, Mauá, Ribeirão Pires, Rio Grande da Serra e Suzano, no estado de São Paulo

Tabela 3.5 – Setores da região III do primeiro PGO.

2. Telergipe Celular S.A.

- *Área 10* – Tele Nordeste Celular:

1. Telasa Celular S.A.;
2. Telpe Celular S.A.;
3. Telpa Celular S.A.;
4. Telern Celular S.A.;
5. Teleceará Celular S.A.; e
6. Telepisa Celular S.A.

Recorda-se que as áreas de prestação do SMC eram aquelas definidas na Portaria nº 2.512/1996, assim como no Anexo I do Edital da Concorrência nº 1/96 — Secretaria de Fiscalização e Outorga do Ministério das Comunicações.

Com preço mínimo estipulado em R$13,47 bilhões, divulgaram-se as regras do leilão de privatização das concessionárias do STFC e do SMC do Sistema Telebras em 10 de junho de 1998. Afinal, realizou-se o leilão em 29 de julho de 1998, com arrecadação de R$22,057 bilhões e alienação de todas as ações ordinárias pertencentes à União das 12 *holdings* colocadas à venda [84].

No modelo desenhado, ao menos inicialmente, haveria um duopólio na prestação dos serviços, tanto no que diz respeito ao STFC quanto no que diz respeito ao SMC. As concessionárias enfrentariam a concorrência das empresas espelho, que prestariam o mesmo serviço, sob o regime de

Item	Prestadora	Modalidade de Serviço	Área Geográfica
1	Telecomunicações do Rio de Janeiro S.A. (Telerj)	Local e Longa Distância Nacional intra-regional	Setor 1
2	Telecomunicações de Minas Gerais S.A. (Telemig)	Local e Longa Distância Nacional intra-regional	Setor 2
3	Companhia de Telecomunicações do Brasil Central (CTBC Telecom)	Local e Longa Distância Nacional intra-regional	Setor 3
4	Telecomunicações do Espírito Santo S.A. (Telest)	Local e Longa Distância Nacional intra-regional	Setor 4
5	Telecomunicações da Bahia S.A. (Telebahia)	Local e Longa Distância Nacional intra-regional	Setor 5
6	Telecomunicações de Sergipe S.A. (Telergipe)	Local e Longa Distância Nacional intra-regional	Setor 6
7	Telecomunicações de Alagoas S.A. (Telesa)	Local e Longa Distância Nacional intra-regional	Setor 7
8	Telecomunicações de Pernambuco S.A. (Telpe)	Local e Longa Distância Nacional intra-regional	Setor 8
9	Telecomunicações da Paraíba S.A. (Telpa)	Local e Longa Distância Nacional intra-regional	Setor 9
10	Telecomunicações do Rio Grande do Norte S.A. (Telern)	Local e Longa Distância Nacional intra-regional	Setor 10
11	Telecomunicações do Ceará S.A.(Teleceará)	Local e Longa Distância Nacional intra-regional	Setor 11
12	Telecomunicações do Piauí S.A. (Telepisa)	Local e Longa Distância Nacional intra-regional	Setor 12
13	Telecomunicações do Maranhão S.A. (Telma)	Local e Longa Distância Nacional intra-regional	Setor 13
14	Telecomunicações do Pará S.A. (Telepará)	Local e Longa Distância Nacional intra-regional	Setor 14
15	Telecomunicações do Amapá S.A. (Teleamapá)	Local e Longa Distância Nacional intra-regional	Setor 15
16	Telecomunicações do Amazonas S.A. (Telamazon)	Local e Longa Distância Nacional intra-regional	Setor 16
17	Telecomunicações de Roraima S.A. (Telaima)	Local e Longa Distância Nacional intra-regional	Setor 17

Tabela 3.6 – Contratos de Concessão da Região I do primeiro PGO.

Item	Prestadora	Modalidade de Serviço	Área Geográfica
18	Telecomunicações de Santa Catarina S.A. (Telesc)	Local e Longa Distância Nacional intra-regional	Setor 18
19	Telecomunicações do Paraná S.A. (Telepar)	Local e Longa Distância Nacional intra-regional	Setor 19
20	Sercomtel S.A. Telecomunicações (Sercomtel)	Local e Longa Distância Nacional intra-regional	Setor 20
21	Telecomunicações de Mato Grosso do Sul S.A. (Telems)	Local e Longa Distância Nacional intra-regional	Setor 21
22	Companhia de Telecomunicações do Brasil Central (CTBC Telecom)	Local e Longa Distância Nacional intra-regional	Setor 22
23	Telecomunicações de Mato Grosso S.A. (Telemat)	Local e Longa Distância Nacional intra-regional	Setor 23
24	Telecomunicações de Goiás S.A. (Telegoiás)	Local e Longa Distância Nacional intra-regional	Setor 24
25	Companhia de Telecomunicações do Brasil Central (CTBC Telecom)	Local e Longa Distância Nacional intra-regional	Setor 25
26	Telecomunicações Brasília S.A. (Telebrasília)	Local e Longa Distância Nacional intra-regional	Setor 26
27	Telecomunicações de Rondônia S.A. (Teleron)	Local e Longa Distância Nacional intra-regional	Setor 27
28	Telecomunicações do Acre S.A. (Teleacre)	Local e Longa Distância Nacional intra-regional	Setor 28
29	Companhia Riograndense de Telecomunicações (CRT)	Local e Longa Distância Nacional intra-regional	Setor 29
30	Companhia Telefônica Melhoramento e Resistência (CTMR)	Local e Longa Distância Nacional intra-regional	Setor 30

Tabela 3.7 – Contratos de Concessão da Região II do primeiro PGO.

autorização, na mesma área de prestação. No SMC, os detentores de empresas prestando o serviço na Banda B não puderam participar do leilão da Banda A [84].

Segundo o BNDES, o ágio com o leilão de 29 de julho de 1998, sobre o preço mínimo estipulado, foi de 63%. Incluem-se, na Tab. 3.10, os resultados dos leilões de telecomunicações, promovidos pelo BNDES entre 1991 e 2002.

Nota-se que, em valores da época, ao todo, obtiveram-se cerca de 31 milhões de dólares com leilões de telecomunicações entre 1991 e 2002. A maior contribuição veio com os leilões de telefonia

Item	Prestadora	Modalidade de Serviço	Área Geográfica
31	Telecomunicações de São Paulo S.A. (Telesp)	Local e Longa Distância Nacional intra-regional	Setor 31
32	Centrais Telefônicas de Ribeirão Preto S.A. (Ceterp)	Local e Longa Distância Nacional intra-regional	Setor 32
33	Companhia de Telecomunicações do Brasil Central (CTBC Telecom)	Local e Longa Distância Nacional intra-regional	Setor 33
34	Companhia Telefônica da Borda do Campo (CTBC)	Local e Longa Distância Nacional intra-regional	Setor 34

Tabela 3.8 – Contratos de Concessão da Região III do primeiro PGO.

Item	Prestadora	Modalidade de Serviço	Área Geográfica
35	Empresa Brasileira de Telecomunicações S.A. (Embratel)	Longa Distância Nacional e Longa Distância Internacional	Setores 1 a 34

Tabela 3.9 – Contratos de Concessão da Região IV do primeiro PGO.

Empresa	Resultado dos Leilões	Dívidas Transferidas	Resultado Geral
1. Empresas Federais:	19.237	2.125	21.362
– Telefonia Fixa e Serviços de Longa Distância	11.970	2.125	14.095
– Telefonia Celular (Banda A)	6.974	—	6.974
– Oferta Empregados	293	—	293
2. Concessões:	9.813	—	9.813
– Telefonia Celular (Banda B)	7.613	—	7.613
– Telefonia Celular (Banda D)	1.334	—	1.334
– Telefonia Celular (Sobras Banda D)	18	—	18
– Telefonia Celular (Banda E)	482	—	482
– Telefonia Celular (Sobras Banda E)	238	—	238
– Empresas Espelho	128	—	128
Total	29.050	2.125	31.175

Tabela 3.10 – Leilões de Telecomunicações, 1991–2002. Valores em milhões de dólares americanos.

fixa e serviços de longa distância em que obtiveram-se cerca de 21 milhões de dólares.

Na Tab. 3.11, detalham-se os valores dos leilões de telefonia fixa e serviços de longa distância.

Da Tab. 3.11, nota-se que a empresa mais valoriada foi a Telesp, arrematada por US$4.967 milhões. Incluem-se, na Tab. 3.12, os resultados dos leilões das empresas de telefonia celular da Banda A.

Empresa	Resultado dos Leilões
Telesp	4.967
Tele Centro Sul	1.778
Tele Norte Leste	2.949
Embratel	2.276
Total	11.970

Tabela 3.11 – Leilões de telefonia fixa e serviços de longa distância. Valores em milhões de dólares americanos.

Empresa	Resultado dos Leilões
Telesp Celular	3.082
Tele Sudeste Celular	1.168
Telemig Celular	649
Tele Celular Sul	601
Tele Nordeste Celular	567
Tele Leste Celular	368
Tele Centro Oeste Celular	378
Tele Norte Celular	161
Total	6.974

Tabela 3.12 – Leilões de telefonia móvel da Banda A. Valores em milhões de dólares americanos.

A exemplo do que ocorreu nos leilões da telefonia fixa, a Telesp Celular, empresa de telefonia celular da Banda A, em São Paulo, foi a mais valorizada em seu leilão. Passando-se ao próximo leilão, agora da Banda B da telefonia móvel, exibem-se seus resultados na Tab. 3.13.

Conforme viu-se anteriormente, a Área 1 do leilão da Banda B congregava diversos municípios do estado de São Paulo, incluindo-se a capital paulista e por isso foi a mais valorizada no leilão, arrematada por US$2.453 milhões. Na Tab. 3.14, exibem-se os valores reportados pelo BNDES em relação ao leilão da Banda D da telefonia móvel no Brasil.

Na Tab. 3.15, incluem-se os valores obtidos com o leilão de telefonia móvel da Banda E.

Por fim, na Tab. 3.16, exibem-se os valores obtidos com o leilão das empresas espelho da telefonia fixa.

Uma vez concluído o relato histórico do processo de liberalização do setor, passa-se, agora, à descrição das principais normas vigentes, aplicáveis aos serviços de telecomunicações no Brasil.

Empresa	Resultado dos Leilões
Área 1	2.453
Área 2	1.223
Área 3	1.327
Área 4	457
Área 5	729
Área 6	315
Área 7	314
Área 8	51
Área 9	232
Área 10	512
Total	7.613

Tabela 3.13 – Leilões de telefonia móvel da Banda B. Valores em milhões de dólares americanos.

Empresa	Resultado dos Leilões
Área 1	556,2
Área 2	274,1
Área 2 (Sobras)	18,7
Área 3	503,2
Total	1.352,2

Tabela 3.14 – Leilões de telefonia móvel da Banda D. Valores em milhões de dólares americanos.

Empresa	Resultado dos Leilões
Área 1	481,7
Área 1 (Sobras)	65,9
Área 2 (Sobras)	53,4
Área 3 (Sobras)	118,5
Total	719,5

Tabela 3.15 – Leilões de telefonia móvel da Banda E. Valores em milhões de dólares americanos.

3.2 Regulamentação Setorial Brasileira

Com a Portaria nº 927, de 5 de novembro de 2015, da Anatel, aprovou-se o processo de regulamentação no âmbito da agência. São estas as etapas do processo que é coordenado, internamente, pela Superintendência de Planejamento e Regulamentação (SPR):

Empresa	Resultado dos Leilões
Região I (Tele Norte Leste)	45,5
Região II (Tele Centro Sul)	0,1
Região III (Telesp)	41,1
Região IV (Embratel)	41,7
Total	128,4

Tabela 3.16 – Leilões das empresas espelho da telefonia fixa. Valores em milhões de dólares americanos.

1. Identificação e aprovação do projeto de regulamentação;
2. Agenda Regulatória;
3. Constituição de equipe de projeto;
4. Elaboração da Análise de Impacto Regulatório (AIR);
5. Elaboracão de proposta de regulamentação;
6. Consultas internas e à sociedade; e
7. Deliberação pelas autoridades competentes.

Uma importante etapa da regulamentação promovida na agência, incorporada recentemente, é a AIR. Assim define-se esse tipo de análise: "aplicação de métodos e técnicas voltadas a identificar e medir os possíveis benefícios, custos e efeitos de ações regulatórias, de forma a subsidiar a tomada de decisão e monitorar os resultados dela decorrentes".

Por meio da Resolução nº 73, de 25 de novembro de 1998, aprovou-se o Regulamento dos Serviços de Telecomunicações.

Segue síntese dos principais temas abordados na regulamentação brasileira de telecomunicações, assim como dos normativos associados aos serviços de telecomunicações de maior relevância no cenário nacional.

3.2.1 Agenda Regulatória

Com o objetivo de aumentar a transparência e previsibilidade do processo regulatório, a Anatel tem publicado periodicamente sua Agenda Regulatória, que consiste nos principais itens a serem endereçados na regulamentação setorial no próximo biênio. A elaboração e atualização da Agenda Regulatória da Anatel é de responsabilidade da SPR, consoante Portaria nº 927/2015. Aprovou-se sua última iteração, relativa ao biênio 2019–2020, por meio da Portaria nº 542, de 26 de março de 2019, da Anatel. São, ao todo, 48 iniciativas associadas aos seguintes temas e subtemas:

- Prestação dos Serviços de Telecomunicações
  - Modelo de prestação e ampliação do acesso;
  - Regras gerais de prestação de serviços;
  - Direito dos consumidores; e
  - Qualidade.
- Fiscalização Regulatória
- Gestão Econômica da Prestação
  - Promoção da competição e resolução de conflitos; e
  - Preços e tarifas.
- Recursos à Prestação
  - Certificação e homologação;
  - Outorga de serviços e licenciamento de estações;
  - Numeração; e
  - Espectro de radiofrequências.
- Finanças e Arrecadação
- Gestão Interna
- Simplificação e Transparência Regulatória
- Dados Setoriais

A Agenda Regulatória alinha-se ao Plano Estratégico da Anatel, aprovado pela Portaria nº 174, de 11 de fevereiro de 2015, que abrange o período de 2015–2024.

3.2.2 Gestão do Espectro

Limites Máximos de Quantidade de Espectro

Com vistas a proporcionar maior competição, principalmente no SMP, por vezes é importante impor limites à quantidade de espectro que uma mesma operadora dispõe em determinada faixa de radiofrequências. Os chamados *spectrum caps* podem ser utilizados também como ferramenta para proporcionar maior eficiência no uso do recurso escasso.

Em um estudo recente, abrangendo 20 países europeus, Kronegger identificou que todos haviam utilizado *spectrum caps* ao menos uma vez nos últimos cinco anos. Sete dos países estudados definiram regras de caráter permanente[3] enquanto que 12 adotaram a restrição apenas no período de licitação.[4] A excessão foi a República Tcheca que adotou as duas vertentes em diferentes ocasiões, no período [88].

Por meio da Resolução nº 703, de 1º de novembro de 2018, da Anatel, estabeleceram-se os limites máximos de quantidade de espectro de radiofrequências no Brasil. São os seguintes os limites impostos a prestadoras de serviço de telecomunicações de interesse coletivo, em um mesmo município, em caráter primário:

- Para faixas de radiofrequências abaixo de 1 GHz: até 35% do somatório do espectro das subfaixas listadas na Tab. 3.17, podendo estender-se tal limite até 40%, mediante condicionamentos da Anatel de ordem concorrencial e que visem ao uso eficiente do espectro; e

- Para faixas de radiofrequências entre 1 GHz e 3 GHz: até 30% do somatório do espectro das subfaixas listadas na Tab. 3.18, podendo estender-se tal limite até 40%, mediante condicionamentos da Anatel de ordem concorrencial e que visem ao uso eficiente do espectro.

Faixa	Subfaixa	Total [MHz]
450 MHz	451–458 MHz / 461–468 MHz	14
700 MHz	703–748 MHz / 758–803 MHz	90
850 MHz	806–821 MHz / 851–866 MHz 824–849 MHz / 869–894 MHz	80
900 MHz	898,5–901 MHz / 943,5–946 MHz 907,5–915 MHz / 952,5–960 MHz	20
	Somatório das subfaixas abaixo de 1 GHz	204

Tabela 3.17 – Limites de espectro impostos para faixas de radiofrequências abaixo de 1 GHz.

Salienta-se que editais de licitação podem adotar limites de espectro mais restritivos do que aqueles estabelecidos na Res. nº 703/2018, inclusive quanto a faixas de radiofrequências acima de 3 GHz.

[3]Bélgica, Eslováquia, Eslovênia, Espanha, França, República Tcheca, Romênia e Suíça.

[4]Alemanha, Áustria, Dinamarca, Finlândia, Holanda, Hungria, Irlanda, Itália, Polônia, Portugal, Reino Unido, República Tcheca e Suécia.

Faixa	Subfaixa	Total [MHz]
1,8 GHz	1710–1785 MHz 1805–1850 MHz 1850-1880- MHz	150
2,1 GHz	1885–1900 MHz 1920–1980 MHz 2110–2170 MHz	135
2,3 GHz	2300–2400 MHz	100
2,5 GHz	2500–2690 MHz	190
	Somatório das subfaixas entre 1 GHz e 3 GHz	575

Tabela 3.18 – Limites de espectro impostos para faixas de radiofrequências entre 1 GHz e 3 GHz.

3.2.3 Serviço Telefônico Fixo Comutado

O STFC classifica-se, quanto à sua abrangência, como serviço de telecomunicações de interesse coletivo. Pode ser prestado tanto em regime público quanto em regime privado.

Sua prestação pode ser delegada a terceiro, pelo Estado, por três mecanismos: concessão, permissão ou autorização. A concessão vincula o prestador a obrigações de universalização e continuidade, enquanto que a autorização visa a promover a competição no STFC. A permissão é a forma de delegação mais precária, que ocorre, no STFC, apenas em situações bastante particulares, como o caso em que um determinado prestador do serviço não possa honrar com seus compromissos contratuais.

Com a Resolução nº 678, da Anatel, de 6 de junho de 2017, aprovou-se o modelo do contrato de concessão para a prestação do STFC atualmente vigente.

Aprovou-se o Regulamento do Serviço Telefônico Fixo Comutado (RSTFC) com a Resolução nº 426, da Anatel, de 9 de dezembro de 2005.

Segundo Plano Geral de Outorgas

Conforme mencionado anteriormente, na Seção 3.1.4, aprovou-se o segundo PGO por meio do Decreto nº 6.654, de 20 de novembro de 2008. Verifica-se, pelas informações contantes da Tab. 3.19, que não houve alterações na divisão do país em regiões, comparando-se essas regiões com as do primeiro PGO.

Enumeram-se, nas tabelas 3.20 a 3.22, os 31 setores do segundo PGO.

Região	Área Geográfica
I	Estados do Rio de Janeiro, Minas Gerais, Espírito Santo, Bahia, Sergipe, Alagoas, Pernambuco, Paraíba, Rio Grande do Norte, Ceará, Piauí, Maranhão, Pará, Amapá, Amazonas e Roraima
II	Distrito Federal e estados do Rio Grande do Sul, Santa Catarina, Paraná, Mato Grosso do Sul, Mato Grosso, Goiás, Tocantins, Rondônia e Acre
III	Estado de São Paulo
IV	Nacional

Tabela 3.19 – Regiões do segundo PGO.

Continuidade na Prestação do Serviço Telefônico Fixo Comutado em Regime Público

Como viu-se anteriormente, definiu-se no art. 207, §1°, da LGT, que os primeiros contratos de concessão do STFC teriam vigência até 31 de dezembro de 2005. Contudo, esses contratos seriam renováveis, por uma única vez, a título oneroso, por 20 anos. Firmados os contratos, em dezembro de 2005, previram-se revisões quinquenais até seu término, em 2025.

No art. 63, parágrafo único, da LGT, atribuiu-se ao serviço delegado em regime público a peculiaridade de que a própria União deveria garantir o acesso universal e a continuidade em sua prestação. Registrou-se no art. 64, parágrafo único, da LGT, que o único serviço a ser prestado nesse regime jurídico seria o STFC, em suas diferentes modalidades.

Definem-se obrigações de continuidade no art. 79, §1°, da LGT, como "as que objetivam possibilitar aos usuários dos serviços sua fruição de forma ininterrupta, sem paralisações injustificadas, devendo os serviços estar à disposição dos usuários, em condições adequadas de uso."

A forma desenhada na LGT e nos contratos de concessão, para assegurar que esse serviço não sofresse descontinuidade nesse período crítico que é o fim de uma concessão e o início da subsequente, foi por meio da instituição dos chamados bens reversíveis. Define-se no art. 86, III, da LGT, que se deve assegurar a existência de mecanismos de controle desses bens. Da mesma forma, conforme art. 93, XI, da LGT, caso existam bens reversíveis, devem-se identificá-los no respectivo contrato de concessão.

Destaca-se dos modelos de contratos de concessão aprovados pela Resolução n° 678, de 6 de junho de 2017:

> "**Cláusula 21.1.** Quando da extinção da concessão reverterão automaticamente à Anatel todos os bens vinculados à concessão definidos do Capítulo XX, resguardado à Concessionária o direito às indenizações previstas na legislação e neste Contrato.
>
> **Parágrafo único.** Até 180 (cento e oitenta) dias após o advento da extinção da concessão

Setor	Área Geográfica
1	Estado do Rio de Janeiro
2	Estado de Minas Gerais, excetuados os municípios integrantes do Setor 3
3	Municípios de Araporã, Araújo, Campina Verde, Campo Florido, Campos Altos, Canápolis, Capinópolis, Carmo do Paranaíba, Carneirinhos, Centralina, Comendador Gomes, Conceição das Alagoas, Córrego Danta, Cruzeiro da Fortaleza, Delta, Frutal, Gurinhatã, Ibiraci, Igaratinga, Iguatama, Indianópolis, Ipiaçú, Itapagipe, Ituiutaba, Iturama, Lagamar, Lagoa Formosa, Lagoa Grande, Limeira D'Oeste, Luz, Maravilhas, Moema, Monte Alegre de Minas, Monte Santo de Minas, Nova Ponte, Nova Serrana, Papagaios, Pará de Minas, Patos de Minas, Pedrinópolis, Pequi, Perdigão, Pirajuba, Pitangui, Planura, Prata, Presidente Olegário, Rio Paranaíba, Santa Juliana, Santa Vitória, São Francisco de Sales, São José da Varginha, Tupaciguara, Uberaba, Uberlândia, União de Minas e Vazante, do estado de Minas Gerais
4	Estado do Espírito Santo
5	Estado da Bahia
6	Estado de Sergipe
7	Estado de Alagoas
8	Estado de Pernambuco
9	Estado da Paraíba
10	Estado do Rio Grande do Norte
11	Estado do Ceará
12	Estado do Piauí
13	Estado do Maranhão
14	Estado do Pará
15	Estado do Amapá
16	Estado do Amazonas
17	Estado de Roraima

Tabela 3.20 – Setores da Região I do segundo PGO.

será procedida uma vistoria dos bens que a integram e lavrado um Termo de Devolução e Reversão dos Bens, com indicação detalhada do estado de conservação dos mesmos, facultado o acompanhamento por representante(s) da Concessionária.

Setor	Área Geográfica
18	Estado de Santa Catarina
19	Estado do Paraná, exceto os municípios integrantes do Setor 20
20	Municípios de Londrina e Tamarana, no estado do Paraná
21	Estado de Mato Grosso do Sul, exceto o município integrante do Setor 22
22	Município de Paranaíba, no estado de Mato Grosso do Sul
23	Estado de Mato Grosso
24	Estados do Tocantins e de Goiás, exceto os municípios integrantes do Setor 25
25	Municípios de Buriti Alegre, Cachoeira Dourada, Inaciolândia, Itumbiara, Paranaiguara e São Simão, no estado de Goiás
26	Distrito Federal
27	Estado de Rondônia
28	Estado do Acre
29	Estado do Rio Grande do Sul

Tabela 3.21 – Setores da Região II do segundo PGO.

Setor	Área Geográfica
31	Estado de São Paulo, exceto os municípios integrantes do Setor 33
33	Municípios de Altinópolis, Aramina, Batatais, Brodosqui, Buritizal, Cajuru, Cássia dos Coqueiros, Colômbia, Franca, Guaíra, Guará, Ipuã, Ituverava, Jardinópolis, Miguelópolis, Morro Agudo, Nuporanga, Orlândia, Ribeirão Corrente, Sales de Oliveira, Santa Cruz da Esperança, Santo Antônio da Alegria e São Joaquim da Barra, no estado de São Paulo

Tabela 3.22 – Setores da Região III do segundo PGO.

Cláusula 21.2. A Concessionária se obriga a entregar os bens reversíveis em perfeitas condições de operacionalidade, utilização e manutenção, sem prejuízo do desgaste normal resultante do seu uso.

Parágrafo único. Os bens reversíveis serão transferidos à Anatel livres de quaisquer ônus ou encargos, observada a hipótese do §2º da cláusula seguinte."

É este, portanto, o regime de reversão: devem-se devolver todos os bens necessários à prestação do serviço, automaticamente, à Anatel, ao final dos contratos de concessão. A agência, por sua vez, delegará o serviço público a outra entidade, a quem se confiará a guarda dos bens. Assim, o novo concessionário disporá, de pronto, dos meios necessários à prestação do serviço, o que evitaria qualquer descontinuidade na experiência do usuário. Ao menos era essa a intenção quando da edição da LGT.

Nesse ponto, é oportuno consultar a Seção III, da LGT:

> "**Seção III**
>
> **Dos bens**
>
> Art. 100. Poderá ser declarada a utilidade pública, para fins de desapropriação ou instituição de servidão, de bens imóveis ou móveis, necessários à execução do serviço, cabendo à concessionária a implementação da medida e o pagamento da indenização e das demais despesas envolvidas.
>
> Art. 101. A alienação, oneração ou substituição de bens reversíveis dependerá de prévia aprovação da Agência.
>
> Art. 102. A extinção da concessão transmitirá automaticamente à União a posse dos bens reversíveis.
>
> Parágrafo único. A reversão dos bens, antes de expirado o prazo contratual, importará pagamento de indenização pelas parcelas de investimentos a eles vinculados, ainda não amortizados ou depreciados, que tenham sido realizados com o objetivo de garantir a continuidade e atualidade do serviço concedido."

Veja-se que, ao longo do contrato, condiciona-se a alienação, oneração ou substituição de bens reversíveis à anuência prévia da Anatel. Por meio da Portaria nº 530, de 27 de junho de 2013, o Conselho Diretor da Anatel delegou essa atribuição ao superintendente de Controle de Obrigações. Antes disso, conforme Portaria nº 1.263, de 29 de novembro de 2010, o responsável era o superintendente de Serviços Públicos.

À medida em que se aproxima o fim do contrato, ganha evidência, também, o disposto no parágrafo único, do art. 102, da LGT. Definiu-se, ali, que os bens empregados no STFC em regime público que não pudessem ser amortizados ou depreciados até 2025 deveriam ter seus valores ressarcidos pela União à prestadora. No entanto, condiciona-se essa indenização à reversão do bem e à anuência prévia da Agência, como pode-se verificar nos modelos de contratos de concessão:

> "**Cláusula 21.3.** A reversão dos bens de que trata este Capítulo, ao final do prazo contratual, será feita sem indenização, ressalvado o disposto nesta cláusula.
>
> **§1º** Somente caberá indenização em favor da Concessionária caso existam, ao final da concessão, bens ainda não integralmente amortizados, cuja aquisição tenha sido previamente

autorizada pela Anatel, com o objetivo de garantir a continuidade e a atualidade do serviço concedido.

§2º Alternativa ou supletivamente à indenização disposta no parágrafo anterior, a Anatel poderá admitir a transferência de bens que tenham sido dados em garantia do seu próprio financiamento, sub-rogando-se na parcela financiada ainda inadimplida.

Cláusula 21.4. Ao final da concessão, a Anatel procederá à avaliação dos bens referidos na cláusula 20.1, podendo recusar a reversão de bens que considere prescindíveis ou inaproveitáveis para aplicação na exploração do serviço, garantido o direito da Concessionária ao contraditório, inclusive por meio da elaboração e apresentação, às suas expensas, de laudos ou estudos demonstradores da necessidade de reversão.

Parágrafo único. Caso a Concessionária não concorde com a decisão da Anatel quanto ao disposto nesta cláusula admitir-se-á o recurso ao processo de solução de divergências prescrito neste Contrato. "

A obrigação de continuidade constitui ônus para a prestadora, que deverá remunerar seu capital ao longo do contrato e que não poderá contar com o valor residual dos bens utilizados na prestação do serviço, ao final do período do contrato de concessão. Contudo, a obrigação de continuidade constitui também ônus para o Estado, que deverá tomar para si a tarefa de prestar o serviço caso uma operadora do STFC em regime público, por qualquer motivo, seja incapaz de fazê-lo.

Conforme consta do art. 82, da LGT, o "descumprimento das obrigações relacionadas à universalização e à continuidade ensejará a aplicação de sanções de multa, caducidade ou decretação de intervenção, conforme o caso." Essas são algumas das penas mais severas que se podem impor a operadoras de telecomunicações no Brasil, de maneira que reforça a mensagem de que se considera o STFC em regime público com particular relevância. Ou seja, ao menos à época da criação da LGT, pensava-se que tamanha seria a importância do serviço de telefonia fixa que ele deveria estar disponível a todos, de maneira equânime e sem descontinuidades.

Há quem queira aplicar ao cenário das delegações de telecomunições, no Brasil, conceitos da Lei nº 8.987, de 13 de fevereiro de 1995, conhecida como Lei das Concessões. No entanto, recomenda-se prudência ao fazê-lo, em razão de que a LGT, em seu art. 210, afasta seu uso neste caso, explicitamente.

Esse modelo de tratamento da continuidade do STFC e a forma como a Anatel aborda o tema enfrentam, atualmente, intensas críticas, por variados setores do governo e da sociedade em geral [89]. O Tribunal de Contas da União (TCU), por exemplo, registrou diversas recomendações à Anatel, sobre bens reversíveis, no Relatório de Auditoria TC nº 024.646/2014-8, de 15 de setembro de 2014.

3.2.4 Serviço de Comunicação Multimídia

Por meio da Resolução nº 614, de 28 de maio de 2013, da Anatel, aprovou-se o Regulamento do Serviço de Comunicação Multimídia (RSCM).

Com a entrada em vigor do Regulamento sobre Equipamentos de Radiocomunicação de Radiação Restrita, aprovado pela Resolução nº 680, de 27 de junho de 2017, da Anatel, empresas com menos de 5 mil acessos do SCM em serviço e que façam uso apenas de equipamentos de radiocomunicação de radiação restrita e/ou meios confinados ficaram dispensadas de autorização para a prestação do serviço.

3.2.5 Serviço Móvel Pessoal

Com a Resolução nº 477, de 7 de agosto de 2007, da Anatel, aprovou-se o Regulamento do Serviço Móvel Pessoal (RSMP).

Plano Geral de Autorizações do Serviço Móvel Pessoal

Aprovou-se o Plano Geral de Autorizações do SMP (PGA-SMP) por meio da Resolução nº 321, de 27 de setembro de 2002, da Anatel. Nele, estabeleceu-se que nenhuma autorização para a prestação do SMP terá área de prestação que ultrapasse os limites geográficos definidos nas regiões constantes da Tab. 3.23.

Região	Área Geográfica
I	Estados do Rio de Janeiro, Espírito Santo, Minas Gerais, Amazonas, Roraima, Amapá, Pará, Maranhão, Bahia, Sergipe, Piauí, Ceará, Rio Grande do Norte, Paraíba, Pernambuco e Alagoas
II	Estados do Paraná, Santa Catarina, Rio Grande do Sul, Goiás, Tocantins, Mato Grosso do Sul, Mato Grosso, Rondônia, Acre e Distrito Federal
III	Estado de São Paulo

Tabela 3.23 – Regiões do PGA-SMP.

A autorização de uso de radiofrequência associada à autorização de SMP será outorgada pelo prazo de 15 anos, prorrogável uma única vez, por igual período.

3.2.6 Serviços de Radiodifusão Sonora e de Sons e Imagens

Os Serviços de Radiodifusão Sonora e de Sons e Imagens (SRSSI) têm amparo no art. 21, XII, a, da CF de 1988, que atribui à União a exploração desses serviços diretamente ou mediante autorização, concessão ou permissão. De maneira geral, a prestação desses serviços é disciplinada pelo Regulamento dos Serviços de Radiodifusão (RSR), aprovado pelo Decreto nº 52.795, de 31 de outubro de 1963, que desde então sofreu inúmeras alterações.

Segundo consta do RSR, são cinco as classificações dos serviços de radiodifusão:

1. Quanto ao tipo de transmissão:
   (a) De sons (radiodifusão sonora); e
   (b) De sons e imagens (televisão).
2. Quanto à área de serviços:
   (a) Local;
   (b) Regional; e
   (c) Nacional.
3. Quanto ao tipo de modulação:
   (a) Amplitude Modulada (AM); e
   (b) Frequência Modulada (FM).
4. Quanto ao tempo de funcionamento:
   (a) De horário limitado; e
   (b) De horário ilimitado.
5. Quanto à faixa de frequência e comprimento das ondas radioelétricas: Conforme Tab. 3.24.

Segundo dispõe-se no art. 7º, do RSR, são competentes para a execução de serviços de radiodifusão:

- A União;
- Os estados;
- Os municípios;
- As universidades;
- Sociedades anônimas ou de responsabilidade limitada; e
- As fundações.

Faixa de Frequência	Banda de Frequência	Subdivisão Métrica das Ondas	Classificação Popular
535 a 1.605 kc/s	Média Frequência (MF)	Onda Hectométrica	Onda Média
2.300 a 2.490 kc/s	Média Frequência (MF)	Onda Hectométrica	Onda Tropical
3.200 a 3.400 kc/s	Alta Frequência (HF)	Onda Decamétrica	Onda Tropical
4.750 a 4.995 kc/s	Alta Frequência (HF)	Onda Decamétrica	Onda Tropical
5.005 a 5.060 kc/s	Alta Frequência (HF)	Onda Decamétrica	Onda Tropical
5.950 a 21.750 kc/s	Alta Frequência (HF)	Onda Decamétrica	Onda Curta
30 a 300 Mc/s	Muito Alta Frequência (VHF)	Onda Métrica	Onda Muito Curta
300 a 3.000 Mc/s	Muito Alta Frequência (VHF)	Onda Decimétrica	Onda Ultra Curta

Tabela 3.24 – Classificações dos serviços de radiodifusão quanto à faixa de frequência e comprimento das ondas radioelétricas.

No que diz respeito à regulação dos serviços de radiodifusão, a competência da Anatel limita-se à regulamentação técnica, à gestão dos planos básicos de distribuição de canais e a procedimentos pós-outorga. Lê-se no art. 211, da LGT, que a "outorga dos serviços de radiodifusão sonora e de sons e imagens fica excluída da jurisdição da agência, permanecendo no âmbito de competências do Poder Executivo, devendo a agência elaborar e manter os respectivos planos de distribuição de canais, levando em conta, inclusive, os aspectos concernentes à evolução tecnológica".

Delegou-se à Anatel parte dessas competências por meio do Acordo de Cooperação Técnica n° 2/2012, celebrado entre Minicom e Anatel em 29 de junho de 2012. Particularmente, atribuiu-se à agência competência para:

- Receber solicitações e instaurar, instruir e decidir sobre processos técnicos de engenharia atinentes à fase de pós-outorga;
- Demandar às concessionárias, permissionárias, autorizatárias e consignatárias a apresentação de documentos e informações complementares;
- Emitir licenças e outros atos referentes à conclusão dos processos;
- Publicar no DOU os atos emitidos no exercíco da competência delegada, quando houver previsão legal nesse sentido;
- Indeferir requerimentos formulados pelas solicitantes, quando tecnicamente inviáveis ou contrários ao disposto na legislação ou regulamentação em vigor; e

- Elaborar informe, em caso de interposição de recurso, para posterior encaminhamento ao Minicom, para decisão.

Contudo, o Minicom definiu que apenas os seguintes assuntos são objeto do referido acordo de cooperação técnica:

- Licenciamento de estações;
- Alteração de local de instalação de estações;
- Alteração de frequência ou canal de operação;
- Alteração de características técnicas;
- Mudança de transmissor e/ou sistema irradiante;
- Alteração do local do estúdio;
- Enquadramento em novas características de plano básico;
- Aumento de potência; e
- Mudança de classe.

As alterações de características técnicas de operação das emissoras dos SRSSI que resultem em mudança de classe e de grupo de enquadramento regem-se pela Portaria nº 231, do Minicom, de 7 de agosto de 2013. Em radiodifusão, a definição de classe leva em conta a "maior distância do Contorno Protegido do serviço, estimada com base em um conjunto de parâmetros que influenciam o alcance do sinal irradiado pela sua estação transmissora e a intensidade de campos elétrico mínima para a recepção do serviço". Sendo que o Contorno Protegido é "o lugar geométrico dos pontos onde o valor de intensidade de campo é aquele tomado como referência de sinal desejado e para o qual é assegurada a relação mínima, definida pela razão entre sinal desejado e sinal interferente, estipulada para o serviço".

São as seguintes as modalidades dos SRSSI:

- Serviço de Radiodifusão de Sons e Imagens (TV);
- Frequência Modulada (FM);
- Radiodifusão Comunitária (RadCom);
- Onda Média (OM);
- Onda Curta (OC);

- Onda Tropical (OT);
- Retransmissão de Televisão (RTV);
- Repetição de Televisão (RpTV);
- Serviço de Retransmissão de Rádio na Amazônia Legal (RTR);
- Serviços Auxiliares de Radiodifusão e Correlatos (Sarc); e
- Retransmissores Auxiliares.

Serviço de Radiodifusão de Sons e Imagens

Esta é a modalidade de serviço de radiodifusão destinada à transmissão de sons e imagens, pelo espectro radioelétrico. No Brasil, o serviço de TV está limitado à transmissão terrestre. Recentemente, colocou-se em prática, em diversas praças, a transmissão digital de televisão.[5]

A recepçao de TV digital faz uso de transmissão, recepção e processamento digitais, tornando necessário, para a recepção, pelo usuário, o uso de equipamento televisor digital ou de aparelho analógico acoplado a uma Unidade Receptora Decodificadora (URD).[6] Com o Regulamento Técnico para a Prestação do Serviço de Radiodifusão de Sons e Imagens e do Serviço de Retransmissão de Televisão, aprovado pela Resolução nº 284, da Anatel, de 7 de dezembro de 2001, e de suas alterações, disciplinou-se a prestação do serviço.

Por meio do Decreto nº 5.820, 29 de junho de 2006, o presidente Luiz Inácio Lula da Silva estabeleceu as diretrizes para que se colocasse em prática o Sistema Brasileiro de Televisão Digital Terrestre (SBTVD-T).

Em relação a TV, há ainda dois conjuntos de planos básicos. O primeiro é o Plano Básico de Distribuição de Canais de Televisão Digital (PBTVD), aprovado pela Resolução nº 407, de 10 de junho de 2005, enquanto que o segundo é composto pelos Planos Básicos de Distribuição de Canais de Televisão em VHF e UHF (PBTV) e de Retransmissão de Televisão em VHF e UHF (PBRTV), aprovados pela Resolução nº 291, de 13 de fevereiro de 2002.

As estações de TV são classificadas em Classe Especial, A, B ou C, de acordo com os valores máximos de Potência Efetivamente Irradiada (ERP, na sigla em língua inglesa de *Effective Radiated Power*), segundo o especificado na Tab. 3.25.

---

[5]Para questões associadas às políticas públicas de televisão digital, veja-se, por exemplo, Cardoso [90].
[6]Também conhecida como *set-top box* [91].

Frequência Modulada

Esta é a modalidade dos SRSSI que trata da transmissão de sinais sonoros, operando na faixa de radiofrequências de 87,4 MHz a 108 MHz, com modulação em frequência. O Conselho Diretor da Anatel aprovou o Regulamento Técnico para Emissoras de Radiodifusão Sonora em Frequência Modulada por meio da Resolução nº 67, de 12 de novembro de 1998, contudo, esse documento vem sofrendo frequentes alterações. Constam do regulamento elaborado pela agência quesitos técnicos como a canalização, em que se definem 103 canais, cujas portadoras estão separadas de 200 kHz.

Cabe à Anatel a aprovação do Plano Básico de Distribuição de Canais de Radiodifusão Sonora em Frequência Modulada (PBFM), o que ocorreu, inicialmente, por meio da Resolução nº 125, de 5 de maio de 1999.

Radiodifusão Comunitária

Esta também é uma modalidade de serviço de radiodifusão sonora operando em FM. Contudo, estipulam-se restrições como a operação em baixa potência, com cobertura restrita e outorga apenas a fundações e associações comunitárias, sem fins lucrativos, com sede na localidade de prestação do serviço. Intituiu-se o RadCom pela Lei nº 9.612, de 19 de fevereiro de 1998. O presidente Fernando Henrique Cardoso aprovou o Regulamento do Serviço de Radiodifusão Comunitária por meio do Decreto nº 2.615, de 3 de junho de 1998. No entanto, posteriormente, com a Lei nº 10.597, de 11 de dezembro de 2002, alterou-se o prazo de outorga de RadCom para dez anos.

Mais recentemente, o Minicom emitiu a Portaria nº 4.334, de 17 de setembro de 2015, alterada pela Portaria nº 1.909, do MCTIC, de 5 de abril de 2018, por meio da qual buscou disciplinar o serviço de RadCom. A outorga do serviço pode seguir dois fluxos distintos. Por um lado, o MCTIC divulgará, periodicamente, o Plano Nacional de Outorga (PNO RadCom). Por outro lado, para atendimento a comunidades ribeirinhas, quilombolas, indígenas, assentamentos rurais, de matriz africana e colônias agrícolas, além de outras consideradas tradicionais, e municípios onde não haja entidades autorizadas, o MCTIC poderá promover a seleção por meio de Editais de Seleção Pública (ESP RadCom).

Com a Resolução nº 60, da Anatel, de 24 de setembro de 1998, a agência regulamentou a designação de canal para utilização do RadCom. Este usualmente é o canal 200 do PBFM, que vai de 87,8 MHz a 88 MHz.

Onda Média

Trata-se da modalidade de serviço de radiodifusão sonora que opera nas faixas de radiofrequências de 525 KHz a 1.605 KHz e 1.605 KHz a 1.705 KHz, com modulação em amplitude. Aprovou-se o Regulamento Técnico para a Prestação do Serviço de Radiodifusão Sonora em Onda Média e em

Onda Tropical por meio da Resolução nº 116, da Anatel, de 25 de março de 1999, alterado pela Resolução nº 363, da Anatel, de 20 de abril de 2004 e pela Resolução nº 514, da Anatel, de 7 de outubro de 2008.

Com os decretos nº 8.139, de 7 de novembro de 2013 e nº 9.270, de 25 de janeiro de 2018, decidiu-se pela extinção do serviço OM, facultando a esses radiodifusores, uma vez cumpridas determinadas condições, a migração para FM.

Onda Curta

Esta é a modalidade de serviço de radiodifusão sonora que opera nas faixas de radiofrequências de 5.950 kHz a 6.200 kHz, 9.500 kHz a 9.775 kHz, 11.700 kHz a 11.975 kHz, 15.100 kHz a 15.450 kHz, 17.700 kHz a 17.900 kHz, 21.450 kHz a 21.750 kHz e 25.600 kHz a 26.100 kHz, com modulação em amplitude.

Onda Tropical

Trata-se da modalidade de serviço de radiodifusão sonora que opera nas faixas de radiofrequências de 2.300 kHz a 2.495 kHz, 3.200 kHz a 3.400 kHz, 4.750 kHz a 4.995 kHz e 5.005 kHz a 5.060 kHz, com modulação em amplitude. Conforme mencionado, o Regulamento Técnico para a Prestação do Serviço de Radiodifusão Sonora em Onda Média e em Onda Tropical é o aprovado pela Resolução nº 116, da Anatel, de 25 de março de 1999, que sofreu alterações posteriores.

As emissoras de OM e OT podem ser categorizadas em três classes, conforme suas características técnicas:

- *Classe A* – Campo característico mínimo de 310 mV/m, com potências máximas de 100 kW (diurna) e de 50 kW (noturna);

- *Classe B* – Campo característico mínimo de 295 mV/m e potência máxima diurna e noturna de 50 kW. Emissoras em capitais de estados e municípios pertencentes a regiões metropolitanas dessas capitais, mediante justificativa técnica, poderão transmitir durante o dia com potência de até 100 kW; e

- *Classe C* – Campo característico mínimo de 280 mV/m. Se instaladas na Zona de Ruído 1, a potência máxima diurna e noturna é de 1 kW, já quando são instaladas na Zona de Ruído 2, a potência máxima diurna é de 5 kW e a noturna de 1 kW.

As estações de OT na faixa de 120 m enquadram-se exclusivamente na Classe C, enquanto que as estações de onda média na faixa de 1.605 a 1.705 kHz poderão ter potência máxima de 10 kW, sujeito a critérios específicos.

Retransmissão de Televisão

Esta é a modalidade de serviço destinado a retransmitir, de forma simultânea, os sinais de estação geradora de televisão para a recepção livre e gratuita pelo público em geral. Por meio do Decreto nº 5.371, de 17 de fevereiro de 2005, o presidente Luiz Inácio Lula da Silva aprovou o Regulamento do Serviço de Retransmissão de Televisão e do Serviço de Repetição de Televisão.

Estabeleceram-se, nesse regulamento, as competências do Minicom (atual MCTIC) e da Anatel em relação aos serviços RTV e RpTV. Cabe ao ministério:

> "I – estabelecer as normas complementares dos Serviços de RTV e de RpTV;
>
> II – outorgar autorização para a execução dos Serviços de RTV e de RpTV;
>
> III – aprovar projetos de locais de instalação e de uso de equipamentos de estações de RTV e RpTV e expedir as respectivas licenças para funcionamento;
>
> IV – fiscalizar, no que se refere ao conteúdo da programação, a execução do Serviço de RTV em todo o território nacional, no que diz respeito à observância das disposições legais, regulamentares e normativas aplicáveis ao serviço; e
>
> V – instaurar procedimento administrativo para apurar infrações de qualquer natureza referentes aos Serviços de RTV e RpTV e impor as sanções cabíveis."

Por outro lado, cumpre à Anatel:

> "I – elaborar e manter atualizado o Plano Básico de Distribuição de Canais de Retransmissão de Televisão - PBRTV e o Plano Básico de Distribuição de Canais de Televisão Digital - PBTVD; (Redação dada pelo Decreto nº 9.479, de 2018)
>
> II - outorgar as autorizações de uso de radiofreqüências dos Serviços de RTV e de RpTV; e
>
> III - fiscalizar, quanto aos aspectos técnicos, as estações dos Serviços de RTV e de RpTV"

Conforme mencionado anteriormente, o Regulamento Técnico para a Prestação do Serviço de Radiodifusão de Sons e Imagens e do Serviço de Retransmissão de Televisão consta do anexo à Resolução nº 284, da Anatel, de 7 de dezembro de 2001 e teve posteriores alterações.

As estações de RTV são classificadas em Classe A, B ou C, de acordo com os valores máximos de ERP, segundo o especificado na Tab. 3.25.

Ademais, o regulamento da Anatel indica que a "instalação de estação de RTV auxiliar será admitida quando houver zona de sombra dentro do contorno de proteção da estação de TV ou da estação de RTV".

Classe TV	Classe RTV	Canal	Máxima Potência ERP	Altura de Referência acima do Nível Médio da Radial [m]	Distância Máxima ao Contorno Protegido [km]
Especial	—	2–6	100 kW (20 dBk)	150	63
		7–13	316 kW (25 dBk)		66
		UHF	1.600 kW (32 dBk)		53
A	A	2–6	10 kW (10 dBk)	150	42
		7–13	31,6 kW (15 dBk)		46
		UHF	160 kW (22 dBk)		40
B	B	2–6	1 kW (0 dBk)	150	25
		7–13	3,16 kW (5 dBk)		28
		UHF	16 kW (12 dBk)		26
C	C	2–6	0,1 kW (−10 dBk)	150	14
		7–13	0,316 kW (−5 dBk)		16
		UHF	1,6 kW (2,04 dBk)		14

Tabela 3.25 – Classificação das estações em função de seus requisitos máximos.

Repetição de Televisão

Trata-se da modalidade de serviço destinado ao transporte de sinais de sons e imagens oriundos de uma estação geradora de televisão para estações repetidoras ou retransmissoras ou, ainda, para outra estação geradora de televisão, cuja programação pertença à mesma rede. Por meio do Decreto nº 5.371, de 17 de fevereiro de 2005, aprovou-se o Regulamento do Serviço de Retransmissão de Televisão e do Serviço de Repetição de Televisão, ancilares ao serviço de TV.

Serviço de Retransmissão de Rádio na Amazônia Legal

Trata-se de serviço de retransmissão de rádio específico para a Amazônia Legal. A Amazônia Legal abrange os estados brasileiros da bacia do Rio Amazonas, onde há ocorrência de vegetação típica amazônica. São eles: Acre, Amapá, Amazonas, Mato Grosso, Pará, Rondônia, Roraima, Tocantins e parte do Maranhão. Criou-se o serviço por meio da Lei nº 13.649, de 11 de abril de 2018, que fixou a TFI do serviço em R$250,00.

Serviços Auxiliares de Radiodifusão e Correlatos

São aqueles executados pelas concessionárias ou permissionárias de serviços de radiodifusão para realizar reportagens externas, ligações entre estúdios e transmissores das estações, utilizando inclusive transceptores portáteis. São considerados correlatos ao serviço auxiliar de radiodifusão os radioenlaces destinados a apoiar a execução dos serviços de radiodifusão tais como comunicação de ordens internas, telecomando e telemedição.

O Minicom, por meio da Portaria nº 252, de 8 de agosto de 2013, reconheceu o Sarc como serviço de telecomunicações de interesse restrito, executado por entidade detentora de outorga para execução de SRSSI.

Retransmissores Auxiliares

As entidades executantes dos serviços de TV e RTV, desde que em tecnologia digital, podem instalar estações retransmissoras auxiliares para cobertura de áreas de sombra contidas em seu Contorno Protegido de serviço, sendo seu uso regulamentado pelo MCTIC. São os chamados *gap fillers*.

Atualmente, todos os planos básicos de radiodifusão estão disponíveis de forma atualizada no sistema Mosaico, da Anatel.

Television Receive-Only

Nota-se que não há formalmente, no Brasil, SRSSI prestado via satélite, mas apenas Serviços de Televisão por Assinatura (STVA).[7] A rigor, o sinal recebido pelo usuário do que se convencionou chamar de TVRO (na sigla do original, em língua inglesa, *Television Receive-Only*) teria como destinatários repetidoras de televisão, sendo originário de uma estação geradora. O serviço de telecomunicações associado a esse enlace é o Serviço Limitado Privado (SLP), que, segundo consta do art. 3º, do Regulamento do Serviço Limitado Privado, aprovado pela Res. nº 617, de 19 de junho de 2013, consiste em serviço "de interesse restrito, explorado em âmbito nacional e internacional, no regime privado, destinado ao uso do próprio executante ou prestado a determinados grupos de usuários, selecionados pela prestadora mediante critérios por ela estabelecidos, e que abrange múltiplas aplicações, dentre elas comunicação de dados, de sinais de vídeo e áudio, de voz e de texto, bem como captação e transmissão de Dados Científicos relacionados à Exploração da Terra por Satélite, Auxílio à Meteorologia, Meteorologia por Satélite, Operação Espacial e Pesquisa Espacial." O SLP é um serviço de telecomunicações e por isso rege-se pela LGT.

No âmbito internacional há amparo para esse perfil de serviço, o qual se define no item 1.39 dos Regulamentos de Rádio (RR, na sigla em língua inglesa de *Radio Regulations*) como Serviço de Radiodifusão por Satélite (BSS, na sigla em língua inglesa de *Broadcasting Satellite Service*): "Um serviço de radiocomunicações no qual sinais transmitidos ou retransmitidos por estações espaciais têm por objetivo a recepção direta pelo público em geral".

---

[7] Conforme ver-se-á, adiante, na Seção 3.2.7.

Não obstante, fato é que o TVRO serve a um grupo de telespectadores, cuja demografia pode-se estimar por duas fontes:

1. Pesquisa Tecnologias da Informação e da Comunicação Domicílios 2017 do Centro Regional de Estudos para o Desenvolvimento da Sociedade da Informação sob os auspícios da Unesco (cetic.br) [92]; e

2. Pesquisa Nacional por Amostra de Domicílios (Pnad) Contínua TIC 2017 do Instituto Brasileiro de Geografia e Estatística (IBGE) [93].

Dos dados obtidos pelo cetic.br, em 2017, destacam-se as informações constantes da Tab. 3.26, sobre a existência de equipamento TIC em domicílios brasileiros.

Dos dados obtidos pelo IBGE, em 2017, destacam-se as informações constantes da Tab. 3.27. Nela exibe-se a quantidade de domicílios por tipo de TV, no Brasil, em 2017.

3.2.7 Serviço de Acesso Condicionado

Ainda quanto à comunicação audiovisual, a Anatel regula os seguintes serviços que não se confundem com os SRSSI, os quais, por conveniência, identificar-se-ão coletivamente, neste trabalho, como STVA:

- *Serviço de Acesso Condicionado (SeAC)* – Serviço criado pela Lei nº 12.485, de 12 de setembro de 2011 — Lei do SeAC, para o qual podem migrar os autorizados dos serviços de televisão por assinatura Serviço de Televisão a Cabo (TVC), Serviço de Distribuição de Canais Multiponto Multicanal (MMDS), Serviço de Distribuição de Sinais de Televisão e de Áudio por Assinatura via Satélite (DTH) e Serviço Especial de Televisão por Assinatura (TVA). A Anatel disciplina a prestação desses serviços por meio do Regulamento do SeAC, aprovado pela Resolução nº 581, de 26 de março de 2012;

- *Serviço de Televisão a Cabo (TVC)* – É o serviço de telecomunicações que consiste na distribuição de sinais de vídeo e/ou áudio, a assinantes, mediante transporte por meios físicos. O Serviço de TV a Cabo é regido pela LGT, pelos Capítulos V e VII da Lei nº 8.977, de 1995, e pelos instrumentos de outorga em vigor, até o prazo final neles consignados, ou até que sejam adaptados ao SeAC. Aplicam-se ao Serviço de TV a Cabo os itens 2, 8 e 9 da Norma do Serviço de TV a Cabo, aprovada pela Portaria nº 256, do Minicom, de 18 de abril de 1997 e o Regulamento do Serviço de TV a Cabo (RSTVC), aprovado pelo Decreto nº 2.206, de 14 de abril de 1997.

[8] Dados do cetic.br [92].

[9] Dados do IBGE [93].

Percentual [%]	Antena Parabólica	TV por Assinatura	Televisor
Total	33	29	96
Área Urbana	28	32	97
Área Rural	63	10	93
Região Sudeste	24	40	97
Região Nordeste	46	14	96
Região Sul	28	30	97
Região Norte	43	18	92
Região Centro-Oeste	35	25	95
Renda Familiar de até 1 Salário Mínimo	39	10	94
Renda Familiar de Mais de 1 Salário Mínimo até 2 Salários Mínimos	34	20	97
Renda Familiar de Mais de 2 Salários Mínimos até 3 Salários Mínimos	29	37	98
Renda Familiar de Mais de 3 Salários Mínimos até 5 Salários Mínimos	29	51	98
Renda Familiar de 5 Salários Mínimos até 10 Salários Mínimos	28	66	99
Renda Familiar de Mais de 10 Salários Mínimos	23	76	100
Não Tem Renda	29	11	87
Não Sabe	30	36	96
Não Respondeu	20	43	96
Classe Social A	30	83	100
Classe Social B	27	60	99
Classe Social C	29	29	98
Classe Social D/E	41	8	93

Tabela 3.26 – Domicílios que possuem equipamento TIC.[8]

- *Serviço de Distribuição de Canais Multiponto Multicanal (MMDS)* – É o serviço de telecomunicações que se utiliza de faixa de micro-ondas para transmitir sinais a serem recebidos em pontos determinados da área de prestação descrita no instrumento de outorga. O MMDS é regido pela LGT, pelos instrumentos de outorga do serviço e de radiofrequência em vigor, até o prazo remanescente para o uso de radiofrequências, ou até que sejam adaptados ao SeAC. O serviço é especificado pela Norma nº 2/94-REV/97, do Minicom, anexa à Portaria nº 254,

Tipo	Quantidade [Milhares de Domicílios]	Percentual [%]
Total de Domicílios	70.382	100%
Somente TV com Conversor	22.448	31,9%
Somente Recepção Parabólica	6.536	9,3%
Somente TV por Assinatura	822	1,2%
TV com Conversor e por Assinatura	17.569	25%
TV com Conversor e Recepção Parabólica	10.968	15,6%
Recepção Parabólica e TV por Assinatura	268	0,4%
Todos	3.322	4,7%

Tabela 3.27 – Quantidade de domicílios por tipo de televisor em 2017.[9]

de 16 de abril de 1997, como uma das modalidades de Serviços Especiais regulamentados pelo Decreto nº 2.196, de 8 de abril de 1997.

- *Serviço de Distribuição de Sinais de TV e de Áudio por Assinatura via Satélite (DTH)* – É o serviço de telecomunicações que tem como objetivo a distribuição de sinais de televisão ou de áudio, bem como de ambos, através de satélites, a assinantes localizados na área de prestação descrita no instrumento de outorga. O DTH é regido pela LGT e pelos instrumentos de outorga em vigor até que sejam adaptados ao SeAC.

- *Serviço Especial de Televisão por Assinatura (TVA)* – É o serviço de telecomunicações, destinado a distribuir sons e imagens a assinantes, por sinais codificados, mediante utilização de canais do espectro radioelétrico, permitida, a critério do poder concedente, a utilização parcial sem codificação. O TVA é regido pela LGT, pelos instrumentos de outorga do serviço e de radiofrequência em vigor, até o prazo remanescente para o uso de radiofrequências ou até que sejam adaptados ao SeAC. O RSeAC substitui o Regulamento do Serviço Especial de Televisão por Assinatura, aprovado pelo Decreto nº 95.744, de 23 de fevereiro de 1988 e alterado pelo Decreto nº 95.815, de 10 de março de 1988.

Como visto, o principal regramento que disciplina a prestação dos STVA é a Lei do SeAC. O SeAC é um serviço de telecomunicações, de interesse coletivo, prestado no regime privado.

Consta do art. 4º, da Lei do SeAC, a cadeia de valor do audiovisual. Assim definem-se, na lei, cada uma dessas etapas:

- *Produção* – "atividade de elaboração, composição, constituição ou criação de conteúdos audiovisuais em qualquer meio de suporte";

- *Programação* – "atividade de seleção, organização ou formatação de conteúdos audiovisuais apresentados na forma de canais de programação, inclusive nas modalidades avulsa de programação e avulsa de conteúdo programado";

- *Empacotamento* – "atividade de organização, em última instância, de canais de programação, inclusive nas modalidades avulsa de programação e avulsa de conteúdo programado, a serem distribuídos para o assinante"; e

- *Distribuição* – "atividades de entrega, transmissão, veiculação, difusão ou provimento de pacotes ou conteúdos audiovisuais a assinantes por intermédio de meios eletrônicos quaisquer, próprios ou de terceiros, cabendo ao distribuidor a responsabilidade final pelas atividades complementares de comercialização, atendimento ao assinante, faturamento, cobrança, instalação e manutenção de dispositivos, entre outras".

Nota-se que somente pode-se caracterizar como serviço de telecomunicações a última etapa, da distribuição.

Autorizações do Serviço de Acesso Condicionado

Por meio da Resolução nº 581, de 26 de março de 2012, da Anatel, aprovou-se o Regulamento do Serviço de Acesso Condicionado (RSeAC), que também baliza a prestação do TVC, do MMDS, do DTH e do TVA.

Conforme disposto nos parágrafos 2º e 6º, do art. 37, da Lei do SeAC e no art. 81, do RSeAC, as prestadoras de TVC, MMDS, DTH e TVA, desde que preenchidas as condições objetivas e subjetivas necessárias, podem solicitar à Anatel a adaptação das respectivas outorgas para termos de autorização para prestação do SeAC.

A autorização para a exploração do SeAC se dará sempre a título oneroso, sendo devido o Preço Público pelo Direito de Exploração de Serviços de Telecomunicações e pelo Direito de Exploração de Satélite (PPDESS), no valor de R$400,00, conforme estabelecido pelo Regulamento de Cobrança de Preço Público pelo Direito de Exploração de Satélite, aprovado pela Resolução nº 702, de 1º de novembro de 2018, da Anatel. Os Termos de Autorização do SeAC seguem os modelos aprovados pela Resolução nº 582, de 26 de março de 2012, da Anatel.

3.2.8 Serviço Limitado Privado

Aprovou-se o Regulamento do Serviço Limitado Privado (RSLP), por meio da Resolução nº 617, de 19 de junho de 2013, da Anatel. Veja-se que, conforme parágrafo único, do art. 2º, do RSLP, não se aplicam ao SLP o Decreto nº 2.197, de 8 de abril de 1997, e a Norma nº 13/1998, aprovada pela Portaria nº 455, do Minicom, de 18 de setembro de 1997.

A característica mais determinante deste serviço reside em que não se trata de um serviço aberto à contratação pelo público em geral, como é o caso do STFC e do SMP. Trata-se de um serviço prestado pelo próprio usuário ou para um grupo determinado de usuários.

É o caso, por exemplo, dos radiocomunicadores de uma mineradora.

Autorizações do Serviço Limitado Privado

Expedem-se as autorizações do SLP com prazo de até 20 anos, a título oneroso, prorrogável por igual período, por uma única vez, e também a título oneroso. Quando se utilizam radiofrequências, incidem tanto PPDESS quanto Preço Público pelo Direito de Uso de Radiofrequências (PPDUR). Como bem diz o nome, o Regulamento de Cobrança de Preço Público pelo Direito de Uso de Radiofrequências, aprovado pela Resolução nº 695, de 20 de julho de 2018, rege a cobrança de PPDUR.

Conforme art. 5-A, da Res. nº 617/2013, a exploração do SLP independe de autorização se as redes de suporte à exploração do serviço utilizarem exclusivamente meios confinados e/ou equipamentos de radiocomunicação de radiação restrita.

3.3 Novo Marco Legal do Setor de Telecomunicações no Brasil

Dentre as inúmeras propostas legislativas que visam a alterar ou a sobrepor-se à LGT, o marco legal vigente para o setor de telecomunicações no Brasil, o Projeto de Lei da Câmara (PLC) nº 79, de 30 de novembro de 2016, de autoria do deputado federal Daniel Vilela, do Movimento Democrático Brasileiro de Goiás (MDB/GO), é, sem dúvida, o mais pujante [94].

Com o PLC nº 79/2016, além de alterar a LGT, busca-se também alterar a Lei nº 9.998, de 17 de agosto de 2000, por meio da qual o presidente Fernando Henrique Cardoso instituiu o Fundo de Universalização dos Serviços de Telecomunicações (Fust).

O objetivo principal é permitir a adaptação da delegação da prestação do serviço hoje prestado por concessão, isto é, do STFC prestado no regime público, para a delegação por autorização, isto é, para STFC prestado no regime privado. Impor-se-ia, no entanto, obrigação de manutenção da prestação do serviço adaptado e compromisso de cessão de capacidade que possibilite essa manutenção, nas áreas sem competição adequada, nos termos da regulamentação da Anatel. Outro requisito é a assunção, pela empresa, de obrigação de realizar investimentos em montante a ser determinado pela agência. Segundo consta da proposta, os "compromissos de investimento priorizarão a implantação de infraestrutura de rede de alta capacidade de comunicação de dados em áreas sem competição adequada e a redução das desigualdades, no termos da regulamentação da

Agência."

Em relação aos bens reversíveis, mencionados anteriormente na Seção 3.2.3, diz-se que serão valorados na medida em que sejam essenciais e efetivamente empregados na prestação do serviço concedido. Ainda, os "bens reversíveis utilizados para a prestação de outros serviços de telecomunicações, explorados em regime privado, serão valorados na proporção de seu uso para o serviço concedido."

Consta a seguinte proposta de nova redação para o §1º, do art. 65, da LGT:

> "Art. 65
>
> [...]
>
> §1º Poderão ser deixadas à exploração apenas em regime privado as modalidades de serviço de interesse coletivo que, mesmo sendo essenciais, não estejam sujeitos a deveres de universalização."

Assim, o STFC manteria sua essencialidade, ainda que não estivesse mais associado às obrigações de universalização.

Um outro ponto digno de destaque é a mudança proposta quanto à transferência de autorização de uso de radiofrequências entre prestadores de serviços de telecomunicações. Ainda que dependa de autorização da Agência, a proposta vem no sentido de permitir o mercado secundário de espectro de radiofrequências. A Anatel, contudo, poderia estabelecer condicionamentos de caráter concorrencial para a aprovação das transferências em questão.

3.4 A Seguir

Iniciou-se este trabalho questionando-se o papel social do engenheiro no que tange a políticas públicas de telecomunicações. Propõe-se, no próximo capítulo, repensar esse papel especificamente quanto à gestão da qualidade dos serviços públicos de telecomunicações. Como ver-se-á, na sequência, busca-se retificar a posição demasiadamente técnica adotada pela grande maioria desses profissionais.

Para isso, utilizam-se os paradigmas teóricos mais popularmente utilizados na gestão da qualidade em telecomunicações. Adicionalmente, pretende-se analisar os regulamentos e os números auferidos pela Anatel no acompanhamento da qualidade dos serviços de telecomunicações de maior apelo popular no Brasil.

"Qualidade nunca é um acidente; ela é sempre o resultado de alta intenção, esforço sincero, direção inteligente e execução habilidosa; ela representa a escolha sábia de muitas alternativas, a experiência acumulada de muitos mestres do ofício".

— *William A. Foster* [103], [104]

4 | Gestão da Qualidade

4.1 Qualidade de Serviço em Telecomunicações

4.1.1 Qualidade de Serviço

Ao abordar qualidade em telecomunicações, o tratamento tradicionalmente adotado por engenheiros leva em conta apenas parâmetros técnicos. No projeto de sistemas de comunicações, de fato, são úteis informações sobre a Taxa de Erro de Bit (BER, na sigla em língua inglesa de *Bit Error Ratio*), a variação estatística do atraso em transmissões,[1] a Relação Sinal–Ruído (SNR, na sigla em língua inglesa de *signal-to-noise ratio*) e outras métricas desenvolvidas para aferir o correto trânsito das informações pelo canal de comunicações. A literatura de engenharia é bastante completa no que tange a essa qualidade técnica, levando-se em conta os mais variados sistemas de telecomunicações [95]–[99]. Contudo, o que se pretende neste capítulo é ampliar essa noção de qualidade para levar em conta outros aspectos que não somente a técnica de transmissão de dados. Apesar de não ser o mais comum, argumenta-se que esses outros aspectos devem fazer parte da concepção de qualidade a ser considerada pela engenharia e que, modernamente, já o fazem.

Exemplo disso é o quadro de qualidade registrado pelo Setor de Padronização da UIT (UIT-T) na Recomendação UIT-T G.1000, adotado nesta seção e que se descreve a seguir [100].

Parte-se, inicialmente, da definição de qualidade proposta no padrão ISO 8402, de 1994: "A totalidade de características de um produto ou serviço que se baseiam em sua habilidade de satisfazer necessidades explícitas ou implícitas" [101].

Em outros termos, a qualidade de um serviço está associada à sua capacidade de atender aos requisitos do usuário, mesmo aqueles que não lhe sejam explícitos, a priori. Nesse sentido, a qualidade técnica é relevante apenas na medida em que pode ser utilizada para presumir, em uma dimensão específica, a qualidade percebida pelo usuário. Mais recentemente, registra-se no padrão ISO 9000 a seguinte definição de qualidade: "Grau com o qual um conjunto de características atinge seus requisitos" [102].

Vai também nesse sentido a definição da UIT-T para Qualidade de Serviço (QoS, na sigla em

[1] Conhecida pelo termo em língua inglesa *jitter*.

língua inglesa de *Quality of Service*): "Efeito coletivo de desempenho do serviço, o qual determina o grau de satisfação de um usuário do serviço" [100]. Da leitura desse conjunto, nota-se que a definição do *bureau* de padronização, para QoS, difere das definições de qualidade da ISO, em pelo menos um aspecto. A definição da UIT-T limita-se a serviços; infere-se, inclusive, que se limite aos serviços de telecomunicações, em se tratando de documento da UIT. Um outro ponto de destaque, em que, desta vez, convergem as duas correntes de pensamento, é na ideia de que QoS sintetiza uma percepção ampla, global do produto/serviço.[2]

Formalmente, pela Recomendação UIT-T E.800, a QoS compreende tanto aspectos de desempenho de rede quanto aspectos não afetos ao desempenho de rede. Obtém-se um quadro ainda mais completo ao considerar-se que existam diferenças entre, numa ponta, a QoS oferecida pelo provedor de serviços de telecomunicações e a QoS, de fato, alcançada por esse provedor e, noutra ponta, os requisitos de QoS dos usuários e a qualidade efetivamente percebida por esse usuário [105]. É o que se ilustra na Fig. 4.1, onde as setas indicam as relações entre as diferentes dimensões de qualidade, em que cada fase serve de ponto de partida para a fase posterior do processo.

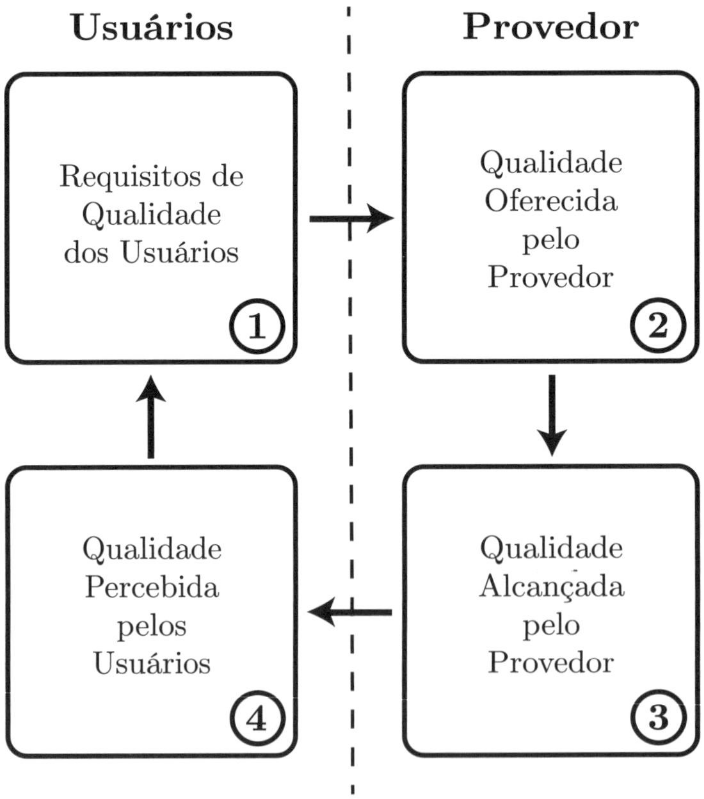

Figura 4.1 – As quatro perspectivas da qualidade, segundo a UIT [100], [105].

A UIT-T também define cada uma dessas perspectivas. São elas [100]:

[2]Não obstante, utiliza-se ao longo deste texto *QoS* e *qualidade* de forma indiscriminada.

- *Requisitos de Qualidade dos Usuários* – "uma declaração do nível de qualidade *requerido* pelas aplicações de consumidores/usuários de um serviço, a qual pode ser expressa em termos não técnicos".
- *Qualidade Oferecida pelo Provedor* – "uma declaração do nível de qualidade que *espera-se* que seja oferecido aos consumidores pelo provedor de serviço".
- *Qualidade Alcançada pelo Provedor* – "uma declaração do nível de qualidade realmente atingido e entregue ao consumidor".
- *Qualidade Percebida pelos Usuários* – "uma declaração expressando o nível de qualidade que os consumidores *acreditam* que experimentaram".

Nota-se que essas são definições bastante gerais, aplicáveis, até mesmo, a outros serviços que não os de telecomunicações. Com esse quadro em mente, é preciso, portanto, detalhar critérios práticos aplicáveis a um determinado serviço de telecomunicações. A UIT-T recomenda, para esse propósito, o uso da matriz de determinação de critérios de QoS para serviços de telecomunicações desenvolvida pelo Instituto Europeu de Padronização de Telecomunicações (Etsi, na sigla em língua inglesa de *European Telecommunications Standards Institute*) [106].

Segundo o Etsi, em uma das dimensões da matriz, devem-se elencar os critérios de qualidade de serviço, divididos em sete categorias, enquanto que, na outra dimensão, colocam-se as funções de serviço, classificadas em 11 categorias. Podem-se ver essas categorias nas tabelas 4.1 e 4.2, respectivamente.

Critérios de Qualidade de Serviço
1. Velocidade
2. Acurácia
3. Disponibilidade
4. Confiabilidade
5. Segurança
6. Simplicidade
7. Flexibilidade

Tabela 4.1 – Categorias de critérios de QoS, segundo o Etsi [106].

Voltando-se a atenção ao primeiro quadrante (superior esquerdo) da Fig. 4.1, na dimensão de QoS que dá ênfase aos requisitos estipulados pelo usuário, um bom exemplo é a Recomendação UIT-T G.1010, de 2001, que trata de categorias de QoS para usuários finais da internet, utilizando diversos serviços de comunicação multimídia. Alguns dos serviços identificados foram:

- Transmissão de arquivos de áudio e *streaming*;

Categoria	Funções de Serviço
Gerenciamento de Serviço	**1.** Vendas e Atividades Pré-Contrato **2.** Provisão **3.** Alteração **4.** Suporte ao Serviço **5.** Reparo **6.** Cessação
Qualidade da Conexão	**7.** Estabelecimento de Conexão **8.** Transferência de Informação **9.** Liberação de Conexão
	10. Cobrança
	11. Gerenciamento de Rede/Serviço pelo Consumidor

Tabela 4.2 – Categorias de funções de serviço, segundo o Etsi [106].

- comunicação por voz em tempo real;
- transmissão de vídeo;
- navegação na internet;
- email; e
- transmissão de arquivos de dados.

Estas são as características consideradas essenciais na definição de requisitos para cada um desses serviços [107]:

- Entender o problema sob diferentes ópticas, sempre sob o ponto de vista do usuário final;
- em vez de caracterizar causas e problemas técnicos da rede, identificar efeitos negativos perceptíveis pelo usuário;
- considerar parâmetros próprios do serviço e não de sua arquitetura ou tecnologia;
- levar em conta parâmetros mensuráveis, tanto objetivamente quanto subjetivamente;
- associar requisitos de QoS dos usuários a parâmetros de aferição de desempenho de rede; e
- bons requisitos devem ser possíveis de terem seu cumprimento garantido pelos provedores do serviço.

A definição dos requisitos de qualidade sob a óptica do usuário pode seguir parâmetros qualitativos, sempre associados à sua percepção do serviço. Veja-se, por exemplo, que o serviço de email comporta o recebimento com algum atraso, mas não a perda de informação. Por outro lado, na comunicação por voz em tempo real, tanto o atraso quanto o *jitter* prejudicam a experiência do usuário [107]. Consultando-se as tabelas 4.1 e 4.2, do estudo do Etsi, nota-se que se trata, nesse exemplo, de critérios de velocidade e acurácia, em um dos eixos e transferência da informação (do grupo qualidade da conexão), no outro eixo. Mas, evidentemente, podem-se relacionar requisitos para cada um dos critérios de QoS e funções de serviço.

A UIT-T identificou, para esses serviços, três parâmetros técnicos centrais nos requisitos de QoS dos usuários: Atraso, variação estatística do atraso e perda de informação.

Uma vez definidos os requisitos dos usuários, pode-se, então, avançar ao quadrante seguinte da Fig. 4.1, que se refere à QoS ofertada ao usuário para atendimento a seus requisitos. Neste passo, o provedor de serviço deve registrar valores para os parâmetros de qualidade definidos pelos usuários na iteração anterior. No exemplo dado, no caso do serviço de comunicação multimídia, seria o equivalente a determinar, para cada serviço, níveis-alvos de atraso, *jitter* e perda de informação. Pode-se também determinar a disponibilidade desejável para cada serviço. O documento resultante chama-se Acordo de Nível de Serviço (SLA, na sigla em língua inglesa de *Service Level Agreement*).

Sabe-se, contudo, que o SLA não é mais que uma carta de boas intenções. Como mostrado no terceiro quadrante da Fig. 4.1, faz parte dessa visão geral de qualidade aferir a qualidade efetivamente entregue ao usuário. Para que isso ocorra, sugere-se que se tomem medidas das mesmas características constantes do SLA.

O último quadrante também cuida da QoS praticada, em oposição à requerida ou ofertada, desta vez sob a perspectiva do usuário final do serviço. A qualidade percebida é aquela vivida pelo usuário, de maneira que não é, normalmente, expressa em termos de parâmetros técnicos, mas sim em graus de satisfação. Uma forma de averiguar a qualidade percebida pelos usuários é por meio de pesquisas qualitativas de satisfação.

O sistema fecha-se no ponto em que a qualidade percebida pelos usuários informa nova definição de seus requisitos de QoS, o que dá início a um novo ciclo. Entenda-se, no entanto, que o provedor leva em consideração fatores como custo/benefício e viabilidade técnica para oferta de serviços.

A principal crítica que se faz sobre esse modelo teórico, de QoS, segundo estruturado pela UIT-T, é justamente a de que não é amplamente adotado. Ou pior, por vezes adota-se o termo QoS com a conotação apenas de qualidade técnica, desconsiderando-se por completo o quadro da Fig. 4.1.

4.1.2 Qualidade da Experiência

A vertente da Recomendação UIT-T G.1000, QoS, não é a única alternativa no que diz respeito a uma visão mais completa de qualidade. A Qualidade da Experiência (QoE, na sigla em língua inglesa de *Quality of Experience*), um paradigma de qualidade mais recente, surgiu no contexto de serviços de comunicação multimídia, na Europa [108]. Apesar de ter usos pontuais em outros contextos, segue ainda como um quadro teórico aplicado, majoritariamente, nesses serviços [109], [110]. Recentemente, o vocábulo ganhou registro pela UIT-T [111].

Raake e Egger definem QoE como "o grau de deleite ou perturbação de uma pessoa cuja experiência envolva uma aplicação, serviço, ou sistema. É o resultado da avaliação de uma pessoa sobre a satisfação de suas expectativas e necessidades com respeito à utilidade e/ou prazer à luz do contexto, personalidade e estado corrente dessa pessoa." [112, p. 19].

Dessa definição, nota-se que os proponentes da QoE encorajam seu uso para tratar de serviços, mas também de aplicações, ou sistemas. A exemplo da QoS, a QoE centra-se na perspectiva dos usuários, conquanto os considere com um perfil psicológico muito mais complexo. Essa versão da definição de QoE de Raake e Egger, uma evolução da desenvolvida em conjunto com a Rede Europeia sobre Qualidade da Experiência em Sistemas e Serviços Multimídia (Qualinet, no acrônimo em língua inglesa de *European Network on Quality of Experience in Multimedia Systems and Services*), leva em conta não só o prazer da experiência de consumir o conteúdo multimídia, mas também sua utilidade.

A QoE distancia-se da QoS em vários pontos. Notadamente, em que leva em consideração não somente o serviço de telecomunicações que lhe serve de suporte, mas toda a cadeia de valor de mídia, incluindo-se o conteúdo. Por isso, diz-se que é uma medida de qualidade fim a fim.

Os fatores que influenciam a QoE podem ser classificados em três grupos [108]:

- *Fatores de Influência Humanos* – São as características demográficas, socioeconômicas, físicas e mentais que descrevem os usuários do serviço;

- *Fatores de Influência Sistêmicos* – São aqueles associados às características técnicas do serviço; e

- *Fatores de Influência Contextuais* – Neste fator de influência, consideram-se propriedades da situação na qual o usuário consome o serviço.

Como o próprio nome indica, uma parte importante da QoE é a ideia de experiência, que se define como "o fluxo individual de percepções (de sentimentos, percepções sensoriais e conceitos) que ocorre em uma situação particular de referência". Salienta-se, no entanto, que o julgamento da qualidade não é considerado como parte do processo de viver a experiência [112].

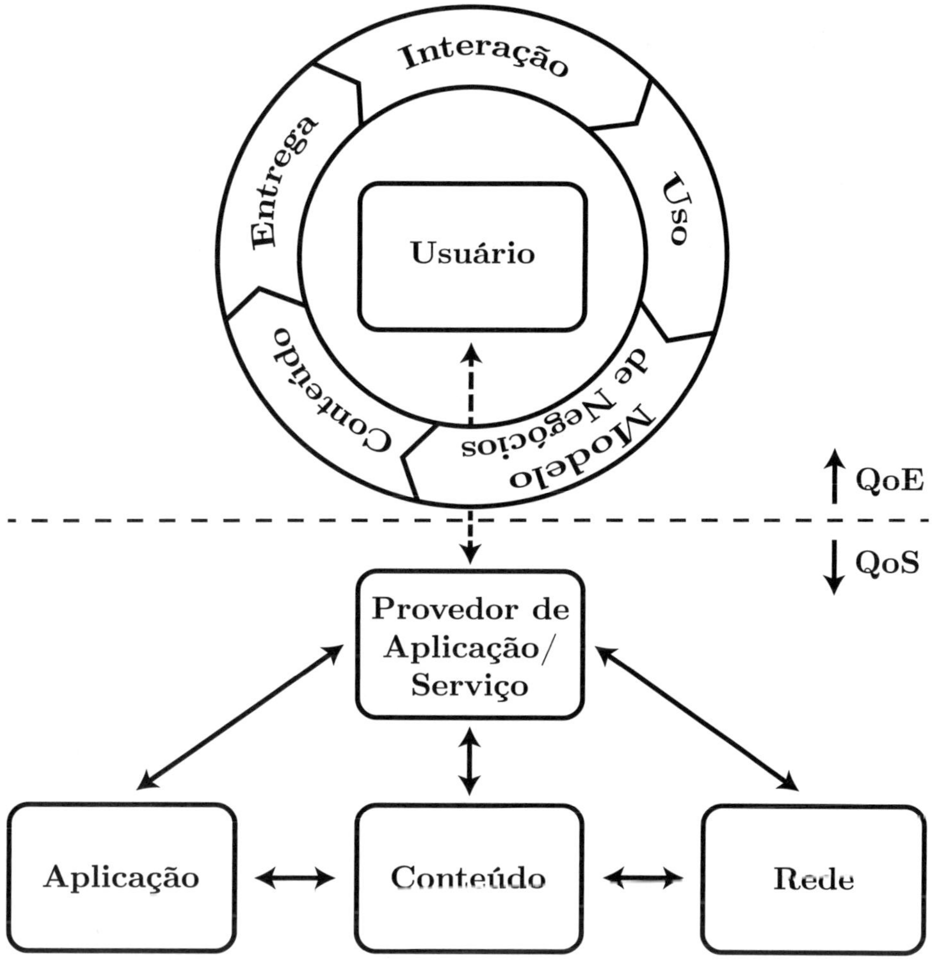

Figura 4.2 Ecossistema de QoE no contexto de uma aplicação [108].

Exibe-se, na Fig. 4.2, um fluxograma que sumariza as relações entre diferentes porções da cadeia de valor de uma aplicação de mídia, desde a concepção do conteúdo até a experiência do usuário final. Vê-se que a interface entre o usuário e a aplicação dá-se por meio de um provedor. A satisfação do usuário com essa aplicação depende de fatores típicos de QoE, levando-se em conta fatores como o modelo de negócios associado a essa aplicação e o conteúdo entregue, por exemplo. Por outro lado, a relação entre o provedor de aplicação e a rede se dá por um SLA baseado na QoS [108].

Em suma, em QoE, considera-se que a vivência subjetiva do usuário que assiste a um filme, em seu televisor, ganha diferentes contornos, a depender de seu contexto socioeconômico, da presença de outros convidados, da temática do conteúdo, das particularidades técnicas do som e imagem transmitidos. Esses elementos, somados a outros tantos, resultam na experiência que é o consumo daquele conteúdo audiovisual, por aquele usuário.

4.2 Qualidade de Serviços de Telecomunicações no Brasil

Da mesma forma que o conceito teórico de qualidade evoluiu de uma visão meramente tecnológica/fabril para uma mais abrangente, que leva em conta a perspectiva dos consumidores de um produto, ou usuários de um serviço, na prática, pode-se perceber que essa tendência alcançou o setor de telecomunicações. Essa assertiva também é verdadeira para o caso brasileiro, como ver-se-á ao longo desta seção.

4.2.1 Pesquisas de Satisfação e Qualidade Percebida

Considera-se como um marco inicial, no panorama brasileiro, da mudança do modelo de qualidade eminentemente técnico, para aquele da QoS, a publicação, pela Anatel, do Regulamento das Condições de Aferição do Grau de Satisfação dos Usuários dos Serviços de Telecomunicações, aprovado pela Resolução nº 296, de 10 de maio de 2002. Esse primeiro regulamento abrigava obrigações relativas a todos os serviços de telecomunicações de interesse coletivo, uma convergência que se veria em outros regulamentos da Anatel apenas vários anos depois. A Pesquisa de Satisfação definida nesse regulamento fazia parte de um processo mais geral da agência chamado de acompanhamento e controle de obrigações. Isso porque, conforme registra-se no art. 8º, da Res. nº 296/2002, esse regulamento visava a informar a avaliação do cumprimento de metas estabelecidas para as prestadoras. Contudo, ainda hoje, o tema é tratado, na agência, em boa parte, como ferramenta de defesa dos direitos dos consumidores, o que distancia o processo do contexto da aferição da qualidade.[3]

Essa primeira fase, inaugurada pela Res. nº 296/2002, teve como frutos duas Pesquisas de Satisfação, uma conduzida em 2002 e outra em 2012. Esta última já regida pela Norma do Processo de Aferição do Grau de Satisfação da Sociedade com Relação ao STFC, ao SMP e aos STVA, aprovada pela Resolução nº 443, de 8 de agosto de 2006. Nessa norma, definiu-se satisfação como um "construto psicológico que descreve o julgamento da experiência total de um indivíduo ou instituição com um serviço, modalidade, classe ou atributo". Entretanto, frisa-se que, apesar da menção à *experiência*, não se deve classificar o processo descrito nessa norma como QoE, tendo em vista que não compartilha de importantes características desse quadro teórico. A Pesquisa de Satisfação de 2002 abrangeu SMP e STFC, enquanto que a de 2012, SMP, STFC e STVA.

Nos anos de 2012 a 2014, realizou-se um outro perfil de consulta, a Pesquisa de Qualidade Percebida, considerada a segunda fase das pesquisas de opinião conduzidas, históricamente, pela

[3]Veja-se, por exemplo, que cabe à Superintendência de Relações com Consumidores (SRC), em conjunto com a Superintendência de Planejamento e Regulamentação (SPR), da Anatel, a revisão desses regulamentos.

Anatel. Nessas pesquisas, levantaram-se informações sobre o SMP, para atendimento ao disposto nos art. 35 a 42, do Regulamento de Gestão da Qualidade da Prestação do SMP (RGQ-SMP), aprovado pela Resolução nº 575, de 28 de outubro de 2011 e sobre o SCM, conforme previsto nos art. 28 a 32, do Regulamento de Gestão da Qualidade do SCM (RGQ-SCM), aprovado pela Resolução nº 574, de 28 de outubro de 2011. Uma das mudanças introduzidas por esses regulamentos foi a de que os custos da pesquisa em campo ficaram a cargo das prestadoras, que deveriam, portanto, contratar uma empresa especializada para a realização do trabalho, anualmente.

Em meio à tendência de convergência das obrigações entre os diferentes serviços de telecomunicações, sancionou-se, em 2015, um normativo para disciplinar as diversas pesquisas de opinião relacionadas à qualidade desses serviços. Consta do Regulamento das Condições de Aferição do Grau de Satisfação e da Qualidade Percebida junto aos Usuários de Serviços de Telecomunicações, aprovado pela Resolução nº 654, de 13 de julho de 2015, a noção de qualidade percebida. Essa seria aquela que "expressa a percepção do usuário quanto ao desempenho da prestadora na prestação do serviço". A Pesquisa de Satisfação e Qualidade Percebida, definida nesse regulamento, marca o terceiro período do processo de aferição de QoS, pela Anatel e aborda os serviços SCM, SMP, STFC e STVA.

Pelo art. 9º, da Res. nº 654/2015, cabe à Anatel, nesse processo:

- a elaboração e divulgação de especificação metodológica da pesquisa;
- a elaboração dos próprios questionários a serem adotados na pesquisa;
- o sorteio das amostras pseudoaleatórias, seguindo-se o Manual de Aplicação;
- a análise e validação do trabalho realizado pela empresa de pesquisa de opinião, contratada pela prestadora de serviço de telecomunicações; e
- a divulgação dos resultados alcançados.

Conforme descrito nos art. 10 e 11, da Res. nº 654/2015, as prestadoras, por sua vez, além da contratação de empresa especializada em pesquisas de opinião, devem fornecer os meios para com que a Anatel sorteie os usuários que devem compor a amostra.

Por definição da Anatel, no art. 7º, da Res. nº 654/2015, o intervalo de confiança deve ser de, ao menos, 95% e a margem de erro pode variar entre 5% e 10%.

As respostas aos questionamentos são consolidadas de maneira a compor os nove indicadores relacionados na Tab. 4.3.

[4] O Indicador de Cobrança não se aplica ao SMP na modalidade pré-pago.

[5] Não há Indicador de Reparo e Instalação para o SMP, pela própria natureza do serviço.

[6] O Indicador de Recarga diz respeito somente ao SMP prestado na modalidade pré-pago.

Indicadores de Satisfação e Qualidade Percebida
1. Indicador de Atendimento Telefônico
2. Indicador de Canais de Atendimento
3. Indicador de Capacidade de Resolução
4. Indicador de Cobrança[4]
5. Indicador de Funcionamento
6. Indicador de Oferta e Contratação
7. Indicador de Reparo e Instalação[5]
8. Indicador de Recarga[6]
9. Indicador de Satisfação Geral

Tabela 4.3 – Relação de indicadores de satisfação e qualidade percebida calculados pela Anatel desde 2015.

A Pesquisa de Satisfação e Qualidade Percebida promovida anualmente pela Anatel é uma rica fonte de informações sobre a QoS, que permitiria construir, aqui, um verdadeiro atlas, com variadas perspectivas sobre a qualidade percebida dos diferentes serviços de telecomunicações prestados no país, sob a tutela da agência. Este não é o objetivo deste trabalho, no entanto. Para isso, refere-se o leitor aos próprios relatórios elaborados anualmente pelos técnicos da Anatel [113].

4.2.2 Qualidade do Serviço Telefônico Fixo Comutado

Até a instituição da Anatel, em 1997, agência reguladora criada com o art. 8º da LGT, cabia à Telebras a criação de regras e padrões que deveriam ser seguidos pelas demais empresas do Sistema Telebras. A Telebras disciplinava variados temas por meio da publicação e do acompanhamento do cumprimento das chamadas Práticas Telebras, um conjunto de cadernos que padronizava desde a construção dos prédios, ao planejamento financeiro, a especificações técnicas da rede. Constavam também das Práticas Telebras os requisitos de qualidade impostos a todas as empresas atuantes no setor, no país.

Primeiro Plano de Metas de Qualidade do Serviço Telefônico Fixo Comutado

Já sob o regime inaugurado com a LGT, aprovou-se, por meio da Resolução nº 30, de 29 de junho de 1998, o primeiro Plano Geral de Metas de Qualidade para o Serviço Telefônico Fixo Comutado (PGMQ-STFC). As definições, métodos e frequência de coleta desses indicadores era regida pelo Regulamento de Indicadores de Qualidade do Serviço Telefônico Fixo Comutado (RIQ-STFC), aprovado pela Resolução nº 217, de 21 de março de 2000.

As regras constantes desse primeiro PGMQ-STFC aplicavam-se ao serviço prestado tanto no regime público quanto no regime privado. As metas entraram em vigor em 31 de dezembro de 1999 e tiveram valores progressivos, como pode-se observar nas tabelas 4.4 a 4.11.

Um primeiro conjunto de metas, exibido na Tab. 4.4, dizia respeito ao completamento de chamadas nos Períodos de Maior Movimento (PMM). Definiram-se, na Res. nº 30/98, três PMMs:

- *Período Matutino* – das 9h às 11h;
- *Período Vespertino* – das 14h às 16h; e
- *Período Noturno* – das 20h às 22h.

Indicador	Vigência	Índice Alvo
Sucesso em chamadas originadas nos PMMs	31/12/1999	$\geq$ 60%
	31/12/2001	$\geq$ 65%
	31/12/2003	$\geq$ 70%
Congestionamento em chamadas originadas nos PMMs	31/12/1999	$\leq$ 6%
	31/12/2001	$\leq$ 5%
	31/12/2003	$\leq$ 4%

Tabela 4.4 – Metas de qualidade constantes do primeiro PGMQ-STFC, de 1998, que tratam de chamadas originadas nos PMMs.

Registrou-se na Res. nº 30/98, art. 5º, que a obtenção do sinal de discar, em cada PMM, deveria ser de, no máximo, 3s, em 98% dos casos.

Constam da Tab. 4.5 as metas do primeiro PGMQ-STFC que dizem respeito a solicitações de reparo. Nota-se que há parâmetros distintos para usuários residenciais, comerciais e prestadores de serviços de utilidade pública.

Exibem-se, na Tab. 4.6, as metas de qualidade do primeiro PGMQ-STFC que tratam de solicitações de mudança de endereço por usuários residenciais, comerciais e prestadores de serviços de utilidade pública.

Inclui-se, na Tab. 4.7, meta de qualidade do primeiro PGMQ-STFC que trata de atendimento telefônico ao usuário. Veja-se que o índice alvo vai de 92%, vigente a partir de 1999, até 95%, vigente a partir de 2005.

Na Tab. 4.8, incluem-se as obrigações de qualidade relativas a TUPs. Comparando-se com as informações da Tab. 4.5, que dizem respeito a acessos individuais do STFC, nota-se que se previam mais eventos de reparo em TUPs que em acessos individuais, muito provavelmente em razão de

[7] Em nenhum caso o atendimento deveria se dar em mais de 48h.

[8] Em nenhum caso o atendimento deveria se dar em mais de 24h.

[9] Em nenhum caso o atendimento deveria se dar em mais de 6h.

[10] Em nenhum caso o atendimento deveria se dar em mais de 12h.

[11] Em nenhum caso o atendimento deveria se dar em mais de dez dias.

[12] Em nenhum caso o atendimento deveria se dar em mais de 72h.

[13] Em nenhum caso o atendimento deveria se dar em mais de 35s.

Indicador	Vigência	Índice Alvo
Solicitações de reparo por mês, por cem acessos em serviço	31/12/1999	$\leq 3{,}0$
	31/12/2001	$\leq 2{,}5$
	31/12/2003	$\leq 2{,}0$
	31/12/2005	$\leq 1{,}5$
Atendimento de solicitações de reparo, de usuários residenciais, em 24h[7]	31/12/1999	$\geq 95\%$
	31/12/2001	$\geq 96\%$
	31/12/2003	$\geq 97\%$
	31/12/2005	$\geq 98\%$
Atendimento de solicitações de reparo, de usuários não residenciais, em 8h[8]	31/12/1999	$\geq 95\%$
	31/12/2001	$\geq 96\%$
	31/12/2003	$\geq 97\%$
	31/12/2005	$\geq 98\%$
Atendimento de solicitações de reparo de prestadores de serviços de utilidade pública, como Corpo de Bombeiros, Polícia e Instituições de Saúde em 2h[9]	31/12/1999	$\geq 98\%$

Tabela 4.5 – Relação de metas de qualidade constantes do primeiro PGMQ-STFC, de 1998, que tratam de solicitações de reparo.

Indicador	Vigência	Índice Alvo
Atendimento de solicitações de mudança de endereço, de usuários residenciais, em até três dias úteis[10]	31/12/1999	$\geq 95\%$
	31/12/2001	$\geq 96\%$
	31/12/2003	$\geq 97\%$
	31/12/2005	$\geq 98\%$
Atendimento de solicitações de mudança de endereço, de usuários não residenciais, em 24h[11]	31/12/1999	$\geq 95\%$
	31/12/2001	$\geq 96\%$
	31/12/2003	$\geq 97\%$
	31/12/2005	$\geq 98\%$
Atendimento de solicitações de mudança de endereço, de usuários que são prestadores de serviços de utilidade pública, em até 6h[12]	31/12/1999	$\geq 95\%$

Tabela 4.6 – Relação de metas de qualidade constantes do primeiro PGMQ-STFC, de 1998, que tratam de mudança de endereço.

que os terminais públicos sofrem vandalismo. Ademais, o prazo definido para reparo de TUPs era equivalente ao de acessos individuais não residenciais, ou seja, de até 8h.

[14]Em nenhum caso o atendimento deveria se dar em mais de 24h. Em localidades com TUP, a prestadora deveria disponibilizar venda de fichas ou cartões telefônicos na distância máxima de 1.000m.

Indicador	Vigência	Índice Alvo
Atendimento automático de chamadas a centro de atendimento em até 10s[13]	31/12/1999	$\geq 92\%$
	31/12/2001	$\geq 93\%$
	31/12/2003	$\geq 94\%$
	31/12/2005	$\geq 95\%$

Tabela 4.7 – Meta de qualidade constante do primeiro PGMQ-STFC, de 1998, que trata de atendimento telefônico ao cliente.

Indicador	Vigência	Índice Alvo
Solicitações de reparo de TUP por cem telefones em serviço, por mês	31/12/1999	≤ 15
	31/12/2001	≤ 12
	31/12/2003	≤ 10
	31/12/2005	≤ 8
Atendimento a solicitações de reparo de TUP em até 8h[14]	31/12/1999	$\geq 95\%$
	31/12/2001	$\geq 96\%$
	31/12/2003	$\geq 97\%$
	31/12/2005	$\geq 98\%$

Tabela 4.8 – Relação de metas de qualidade constantes do primeiro PGMQ-STFC, de 1998, que tratam de TUPs.

Incluem-se, na Tab. 4.9 metas de qualidade do STFC relativas a informações do código de acesso do usuário. Além das metas ali contidas, registram-se, na Res. nº 30/98, as seguintes obrigações:

- Em caso de alteração do código de acesso, pela prestadora, todos os usuários deveriam ser informados com pelo menos 90 dias de antecedência;
- O novo código de acesso do usuário deveria ser conhecido pelo usuário com pelo menos 90 dias de antecedência;
- As chamadas destinadas ao código de acesso alterado deveriam ser interceptadas imediatamente após a execução da sua alteração, pelos prazos mínimos de 60 dias, para usuários residenciais, 90 dias, para usuários não residenciais e 120 dias, para usuários de serviços de utilidade pública; e
- Alterações de códigos de acesso de usuários deveriam ser introduzidas imediatamente no cadastro de informações.

Em relação a correspondências dos usuários, colocaram-se, na Res. nº 30/98, as seguintes metas:

Indicador	Vigência	Índice Alvo
Atendimento a consultas de código de acesso de usuários em até 30s	31/12/1999	$\geq 95\%$
	31/12/2001	$\geq 96\%$
	31/12/2003	$\geq 97\%$
	31/12/2005	$\geq 98\%$

Tabela 4.9 – Meta de qualidade constante do primeiro PGMQ-STFC, de 1998, que trata de informação sobre código de acesso do usuário.

- A prestadora deveria notificar o usuário, do recebimento de sua correspondência, dentro de um dia útil após seu registro de entrada na prestadora; e

- Toda correspondência de usuário, em que se requeresse uma resposta, deveria ser respondida dentro de, no máximo, cinco dias úteis, após seu registro de entrada na prestadora.

Também em relação ao atendimento do usuário, desta vez quanto ao atendimento pessoal, definiu-se que:

- Toda localidade com acessos individuais do STFC deveria proporcionar atendimento público;

- O atendimento público deveria ocorrer em até 10min, em 95% dos casos; e

- Requerimentos que não pudessem ser respondidos imediatamente, em atendimento pessoal, deveriam ser respondidos em até um dia útil, em 95% dos casos.

Em relação à emissão de contas dos usuários, registrou-se, na Res. nº 30/98, art. 35, que as contas deveriam "ser impressas de maneira clara, inteligível, inviolável, ordenada e dentro de padrão uniforme em toda a área de prestação do serviço, com conteúdo de de informação mínimo", conforme dispusesse a agência. Exibem-se, na Tab. 4.10, outras metas sobre o tema.

Ainda sobre cobrança, cabia à prestadora fazer a comunicação ao usuário do desligamento por falta de pagamento com antecedência mínima de 15 dias. A suspensão por falta de pagamento deveria ser efetivada, primeiramente, por intermédio do bloqueio de chamadas originadas, por meio do qual o terminal somente receberia chamadas. Após o prazo mínimo de 60 dias de suspensão, caso permanecesse a inadimplência, a prestadora poderia efetivar o bloqueio total do acesso, tornando-o inabilitado para efetuar e receber chamadas.

Em atenção à intenção do governo, com a privatização e imposição de novo marco legal para o setor, de que se modernizasse a rede, fixaram-se metas nesse sentido na Res. nº 30/98. Os novos investimentos não poderiam, no entanto, afetar o funcionamento do serviço com os níveis de

Indicador	Vigência	Índice Alvo
Contas com reclamação de erro	31/12/1999	$\leq 4‰$
	31/12/2001	$\leq 3‰$
	31/12/2003	$\leq 2‰$
Devolução de créditos em conta antes da emissão da próxima fatura	31/12/1999	$\geq 95\%$
	31/12/2001	$\geq 96\%$
	31/12/2003	$\geq 97\%$
	31/12/2005	$\geq 98\%$

Tabela 4.10 – Metas de qualidade constantes do primeiro PGMQ-STFC, de 1998, que tratam de emissão de faturas.

Indicador	Vigência	Índice Alvo
Percentual de digitalização da rede local	31/12/1999	$\geq 75\%$
	31/12/2001	$\geq 85\%$
	31/12/2003	$\geq 95\%$
	31/12/2005	$\geq 99\%$

Tabela 4.11 – Meta de qualidade constante do primeiro PGMQ-STFC, de 1998, que trata de digitalização da rede do STFC.

qualidade estabelecidos no regulamento. Inclui-se na Tab. 4.11 meta sobre digitalização da rede do STFC.

Desse conjunto de regras, nota-se que houve pouca evolução em relação às Práticas Telebras, no sentido de que se mantiveram metas eminentemente operacionais. A inclusão de meta sobre a digitalização da rede local do STFC é exemplo de que uma das preocupações iniciais do órgão regulador era de dotar o país com uma tecnologia mais avançada, política que se relaciona apenas indiretamente com a qualidade percebida pelo usuário.

Segundo Plano de Metas de Qualidade do Serviço Telefônico Fixo Comutado

Por meio da Resolução nº 341, de 20 de junho de 2003, aprovou-se o segundo PGMQ-STFC. Complementarmente, por meio da Resolução nº 417, de 17 de outubro de 2005, aprovou-se a segunda versão do RIQ-STFC.

No âmbito desses regulamentos, definiram-se apenas dois PMMs:

- *Período Matutino* – das 9h às 11h; e
- *Período Noturno* – das 20h às 22h.

Quanto à originação de chamadas locais, de Longa Distância Nacional (LDN) ou de Longa Distância Internacional (LDI), deveriam resultar em comunicação com o assinante chamado em, pelo menos, 70% dos casos, sendo que as chamadas não completadas por motivo de congestionamento não deveriam exceder a 4% do total.

Em relação às solicitações de reparo, consta do art. 8º, da Res. nº 341/03, que não deveriam exceder a 1,5 solicitação por cem acessos em serviço. O atendimento a solicitações de usuários residenciais deveria dar-se em até 24h, em 98% dos casos, sendo que em nenhum caso deveria ultrapassar 48h, desde a solicitação. No caso de usuários não residenciais, os reparos deveriam ocorrer em até 8h, em pelo menos 98% dos casos, sendo que em nenhum caso poderia ultrapassar 24h, desde a solicitação. No terceiro e último grupo de usuários, os prestadores de serviços de utilidade pública, os reparos deveriam ocorrer em até 2h da solicitação em, no mínimo, 98% dos casos, sendo que em nenhum caso o atendimento poderia ultrapassar 6h, desde a solicitação.

O segundo PGMQ-STFC também tratou de solicitações de mudança de endereço. Conforme descrito no regulamento, o atendimento a solicitações de mudança de endereço de usuários residenciais deveria ocorrer em até três dias, em, no mínimo, 98% dos casos, sendo que em nenhum caso deveria ultrapassar dez dias úteis, contados desde a solicitação. Para usuários não residenciais, o prazo era de atendimento em até 24h, em, pelo menos, 98% dos casos, sendo que nenhum atendimento poderia se dar em mais de 72h, contadas a partir da solicitação do usuário. Em relação aos prestadores de serviços de utilidade pública, definiu-se, no regulamento, que o atendimento a solicitações de mudança de endereço deveria ocorrer em até 6h, em 98% dos casos, sendo que em nenhum caso o atendimento poderia ocorrer com mais de 12h, contadas da solicitação.

Seguindo a mesma linha do primeiro PGMQ-STFC, registraram-se, no segundo, metas sobre atendimento ao usuário por telefone. Chamadas originadas na rede da prestadora e destinadas a centro de atendimento deveriam ser completadas, em cada PMM, em, no mínimo, 98% dos casos. Esses centros de atendimento deveriam manter funcionamento ininterrupto. Outra condição estabelecida foi de que, nos atendimentos feitos por telefonista, o tempo até o início do atendimento deveria ser de até 10s após o completamento da chamada ou após o usuário optar por esse tipo de atendimento, em cada PMM, em, no mínimo, 95% dos casos. Em nenhum caso o início do atendimento poderia ultrapassar 60s de espera.

Quanto a TUPs, definiu-se, na Res. nº 341/03, art. 18, que o número de solicitações de reparo não poderia ultrapassar a taxa de oito solicitações por cem TUPs em serviço, por mês. Em localidades que dispusessem de atendimento com o STFC exclusivamente por TUP, a prestadora deveria manter o serviço disponível de forma ininterrupta. O reparo proativo, decorrente de detecção de falhas por sistemas de supervisão, assim como o atendimento a solicitação de reparo por usuário, deveria ocorrer em até 8h do registro, em, no mínimo, 98% dos casos, salvo exceções. Em nenhum caso, o atendimento poderia ocorrer em mais de 24h, desde a detecção ou solicitação. A exceção à regra está em que, no caso de TUPs de regiões remotas ou de fronteira, o reparo poderia ocorrer em até cinco dias, contados desde a detecção do defeito ou da solicitação de reparo, em, pelo menos, 92% dos casos. Mesmo em regiões de fronteira, em nenhum caso, o reparo poderia ocorrer em mais de dez dias desde a solicitação de reparo ou detecção de falha.

Sobre a informação do código de acesso do usuário, definiu-se que, após o atendimento, deveriam-se atender as consultas em até 30s, em, no mínimo, 98% dos casos. A antecedência mínima de informação aos envolvidos sobre alteração no código de acesso era de 90 dias. O prazo em que deveria ocorrer interceptação das chamadas para códigos de acesso alterados era de 60 dias, para usuários residenciais, 90 dias, para usuários não residenciais e 120 dias, para usuários prestadores de serviços de utilidade pública. As alterações de códigos de acesso de usuários deveriam ser introduzidas imediatamente no cadastro de informações da prestadora.

Sobre correspondências enviadas por usuários, estabeleceu-se que tinham que ser respondidas, de forma definitiva, em, no máximo, dez dias após seu registro de entrada na prestadora.

Sobre atendimento pessoal ao usuário, definiu-se que:

- As instalações para atendimento pessoal deveriam "estar distribuídas de modo uniforme em relação à área geográfica do município, na proporção de, no mínimo, uma loja para cada grupo de 200 mil acessos em serviço";

- As lojas para atendimento pessoal deveriam "estar distribuídas de forma que toda localidade dotada de acessos individuais em serviço esteja a, no máximo, 30 quilômetros de distância geodésica da loja para atendimento pessoal mais próxima"; e

- O usuário deveria ser atendido, em qualquer setor de atendimento público da operadora, em até 10min, em, no mínimo, 95% dos casos.

Sobre cobrança, estabeleceu-se que o número de documentos com reclamação de erro não poderia ultrapassar o valor de dois a cada mil documentos de cobrança emitidos. Uma vez constatados erros na cobrança, a prestadora deveria devolver os créditos na próxima fatura, em, no mínimo, 98% dos casos. Ainda sobre as faturas, deveriam ser entregues com, pelo menos, cinco dias de antecedência em relação a seu vencimento.

A exemplo do primeiro PGMQ-STFC, na segunda iteração do documento incluiu-se meta sobre modernização da rede. Pelo regulamento, o percentual de digitalização da rede local deveria ser de 99,5%, a partir de 31 de dezembro de 2007.

Nota-se que a grande inovação do segundo PGMQ-STFC ficou na maior granularidade da aferição do cumprimento das metas, obrigando-se o cumprimento dessas metas para cada área de numeração, conforme estabeleceu-se na Res. nº 417/2005, art. 24. Os indicadores, em si, mantiveram-se muito semelhantes, com alguns avanços apenas nos percentuais exigidos.

Regulamento de Gestão de Qualidade da Prestação do Serviço Telefônico Fixo Comutado

Aprovou-se o Regulamento de Gestão de Qualidade da Prestação do Serviço Telefônico Fixo Comutado (RGQ-STFC) pela Resolução nº 605, de 26 de dezembro de 2012. Esse único documento veio a substituir tanto o PGMQ-STFC quanto o RIQ-STFC.

Reconhece-se, já no art. 1º, que se trata, na Res. nº 605/2012, de "metas de qualidade operacional". Alinha-se, portanto, com a visão de QoS, em que esse tipo de obrigação configura apenas parte do panorama completo, composto também pelas dimensões avaliadas nas Pesquisas de Satisfação e Qualidade Percebida. Formalmente, a Res. nº 654/2015 incluiu, no RGQ-STFC, as pesquisas junto aos usuários como forma de acompanhamento do cumprimento de obrigações de qualidade. Consta da Res. nº 605/2012, art. 1º:

> "§8º O acompanhamento relativo ao cumprimento das obrigações estabelecidas neste Regulamento deve ser realizado, por uma ou mais de uma das formas abaixo, dentre outras:
> I – Avaliação da qualidade operacional;
> ~~II – Avaliação da qualidade percebida;~~
> II – Pesquisas junto aos usuários dos serviços;
> III – Fiscalização;
> IV – Auditoria;
> V – Inspeção;
> VI – Reuniões periódicas de acompanhamento e controle;
> VII – Análise das informações registradas no Sistema Nacional de Desesa do Consumidor — SINDEC."

Estes são os PMMs definidos no RGQ-STFC:

- *Período Diurno* – das 9h às 11h; e
- *Período Noturno* – das 20h às 22h.

Em relação à qualidade operacional, definiram-se quatro indicadores, de consolidação mensal, cujos parâmetros expõe-se na Tab. 4.12:

- *OKC* – Taxa de Completamento de Chamadas para o Centro de Atendimento Telefônico;
- *OKL* – Taxa de Completamento de Chamadas Locais;
- *OKN* – Taxa de Completamento de Chamadas LDN Originadas; e
- *OKI* – Taxa de Completamento de Chamadas LDI Terminadas.

Indicador	Índice Alvo	Variáveis	Equação
Taxa de Completamento de Chamadas para o Centro de Atendimento Telefônico	$\geq 95\%$	A: Chamadas originadas na rede da prestadora para os seus Centros de Atendimento Telefônico e atendidas, em cada PMM; e B: Tentativas válidas de originar chamadas da rede da prestadora para os seus Centros de Atendimento Telefônico, em cada PMM.	$OKC = \frac{A}{B}$
Taxa de Completamento de Chamadas Locais	$\geq 93\%$	A: Chamadas locais originadas completadas, em cada PMM; B: Chamadas locais estabelecidas sem atendimento, por motivo *não responde* ou *linha ocupada*, em cada PMM; C: Tentativas válidas de originar chamadas locais, em cada PMM.	$OKL = \frac{A+B}{C}$
Taxa de Completamento de Chamadas LDN Originadas	$\geq 92\%$	A: Chamadas LDN originadas completadas, em cada PMM; B: Chamadas LDN estabelecidas sem atendimento, por motivo *não responde* ou *linha ocupada*, em cada PMM; C: Tentativas válidas de originar chamadas de LDN, em cada PMM.	$OKN = \frac{A+B}{C}$
Taxa de Completamento de Chamadas LDI Terminadas	$\geq 92\%$	A: Chamadas LDI terminadas completadas, em cada PMM; B: Chamadas LDI terminadas sem atendimento, por motivo *não responde* ou *linha ocupada*, em cada PMM; C: Tentativas válidas de terminar chamadas de LDI, em cada PMM.	$OKI = \frac{A+B}{C}$

Tabela 4.12 – Indicadores da qualidade operacional, constantes do RGQ-STFC.

Na Tab. 4.13, exibem-se os parâmetros para cálculo dos indicadores relativos a condições de reação dos usuários. Esses indicadores são aqueles que tratam de reclamações e solicitações de reparo:

- *REL* – Taxa de Reclamações na Modalidade Local;
- *RED* – Taxa de Reclamações nas Modalidades de Longa Distância;
- *RAI* – Número de Solicitações de Reparo de Acessos Individuais;
- *TEP* – Número de Solicitações de Reparo de TUP/TAP;
- *DCE* – Número de Documentos de Cobrança com Reclamação de Erro; e
- *REA* – Taxa de Reclamações na Anatel.

Registram-se, na Tab. 4.14, informações sobre indicadores de qualidade do STFC que tratam de condições para atendimento ao usuário. São eles:

- *ATT* – Taxa de Atendimento ao Usuário por Atendente;
- *ARI* – Taxa de Atendimento de Solicitações de Reparo de Acessos Individuais;
- *ART* – Taxa de Atendimento de Reparo de TUP/TAP;
- *ARD* – Taxa de Atendimento de Reparo de TUP/TAP em Regiões Remotas; e
- *END* – Taxa de Atendimento de Solicitações de Serviço de Mudança de Endereço.

Os prazos para atendimento das solicitações de reparo de acessos individuais obedecem à seguinte classificação:

- 24h para assinantes residenciais;
- 8h para assinantes não residenciais; e
- 2h para prestadores de serviços de utilidade pública.

São estes os prazo máximos para reparo de acessos individuais. Nenhum caso pode ultrapassar estes valores:

- 48h para assinantes residenciais;

[15]Excluem-se as contestações de valores referentes a doações a Instituições de Utilidade Pública ou a Entidades beneficentes de Assistência Social e incluem-se as contestações de valores referentes a serviços prestados por terceiros e todos os problemas de inteligibilidade dos documentos de cobrança.

Indicador	Variáveis	Equação	Índice Alvo	Vigência
Taxa de Reclamações na Modalidade Local	A: Reclamações recebidas referentes à modalidade Local; B: Acessos em serviço na rede da prestadora de STFC.	$REL = \frac{A}{B}$	$\leq 4\%$ $\leq 3\%$ $\leq 2\%$	01/06/2013 01/01/2014 01/01/2015
Taxa de Reclamações nas Modalidades de Longa Distância	A: Reclamações recebidas referentes às modalidades LDN e LDI; B: Documentos de cobrança emitidos referentes às modalidades LDN e LDI.	$RED = \frac{A}{B}$	$\leq 4\%$ $\leq 3\%$ $\leq 2\%$	01/06/2013 01/01/2014 01/01/2015
Número de Solicitações de Reparo de Acessos Individuais	A: Solicitações de reparo de acessos individuais; B: Acessos individuais em serviço.	$RAI = \frac{A}{B}$	$\leq 2\%$	01/06/2013
Número de Solicitações de Reparo de TUP/TAP	A: Solicitações de reparo de TUP e TAP; B: TUP e TAP em serviço.	$TEP = \frac{A}{B}$	$\leq 5\%$	01/06/2013
Número de Documentos de Cobrança com Reclamação de Erro	A: Documentos de cobrança com reclamação de erro, salvo exceções;[15] B: Documentos de cobrança emitidos.	$DCE = \frac{A}{B}$	$\leq 2,5‰$	01/06/2013
Taxa de Reclamações na Anatel	A: Reclamações recebidas pela Anatel; B: Reclamações recebidas pela prestadora de STFC.	$REA = \frac{A}{B}$	$\leq 4\%$ $\leq 3\%$ $\leq 2\%$	01/06/2013 01/01/2014 01/01/2015

Tabela 4.13 – Indicadores das condições de reação do usuário, constantes do RGQ-STFC.

- 24h para assinantes não residenciais; e
- 6h para prestadores de serviços de utilidade pública.

Em relação ao atendimento de solicitações de serviço de mudança de endereço, são estes os prazos a serem cumpridos:

- Três dias úteis para assinantes residenciais;
- 24h para assinantes não residenciais; e
- 6h para prestadores de serviços de utilidade pública.

Em nenhum caso, podem-se ultrapassar os seguintes prazos máximos no atendimento a solicitações de mudança de endereço:

- Dez dias úteis para assinantes residenciais;
- 72h para assinantes não residenciais; e
- 12h para prestadores de serviços de utilidade pública.

Com a emissão da Res. nº 654/2015, revogaram-se os art. 26 a 33, da Res. nº 605/2012, que tratavam da qualidade percebida pelo usuário, passando, aquela, a disciplinar o tema.

Além dos indicadores já mencionados nesta seção, o RGQ-STFC estabeleceu indicadores comparativos. O primeiro deles, o Índice Geral de Qualidade Operacional (IGQO), congrega em um único índice os resultados dos indicadores de qualidade operacional de desempenho de rede, de reação do usuário e de atendimento ao usuário. Matematicamente, define-se como:

$$IGQO = \left(\frac{A}{B}\right) \cdot 100, \tag{4.1}$$

em que A representa a quantidade de indicadores em que se cumpriu a meta, no período avaliado, e B a quantidade total de indicadores avaliados no período.

Para o IGQO Local, consideram-se os indicadores OKC, OKL, REL, RAI, TEP, DCE, REA, ATT, ARI, ART e END, enquanto que para o IGQO Longa Distância, consideram-se os indicadores OKN, RED, TEP, DCE, REA, ATT, ARD e OKI.

O segundo indicador comparativo é o Índice de Desempenho na Qualidade (IDQ), métrica em que se avalia o desvio do valor realizado pela prestadora em relação às metas de qualidade estabelecidas. Tem-se que:

$$IDQ = \frac{\sum_{i=1}^{j}(D_i \cdot p_i)}{\sum_{i=1}^{j}(Max_i \cdot p_i)}. \tag{4.2}$$

[15]Em nenhum caso, o reparo pode se dar em mais de 24h.
[16]Em nenhum caso, o reparo pode se dar em mais de dez dias.

Indicador	Índice Alvo	Variáveis	Equação
Taxa de Atendimento ao Usuário por Atendente	$\geq 90\%$	A: Chamadas atendidas efetivamente pelos atendentes em até 20s; e B: Chamadas direcionadas aos atendentes.	$ATT = \frac{A}{B}$
Taxa de Atendimento de Solicitações de Reparo de Acessos Individuais	$\geq 98\%$	A: Solicitações de reparo de acessos individuais atendidas dentro dos prazos; e B: Solicitações de reparo de acessos individuais recebidas.	$ARI = \frac{A}{B}$
Taxa de Atendimento de Reparo de TUP/TAP[16]	$\geq 98\%$	A: Reparos de TUP/TAP atendidos em até 8h; e B: Detecções de falha de fruição pelo sistema de supervisão e de solicitações de reparo de TUP/TAP recebidas.	$ART = \frac{A}{B}$
Taxa de Atendimento de Reparo de TUP/TAP em Regiões Remotas[17]	$\geq 92\%$	A: Reparos de TUP/TAP, nas condições definidas, atendidos em até cinco dias; e B: Detecções de falha de fruição pelo sistema de supervisão e solicitações de reparo de TUP/TAP, nas condições definidas.	$ARD = \frac{A}{B}$
Taxa de Atendimento às Solicitações de Serviço de Mudança de Endereço	$\geq 98\%$	A: Solicitações de serviço de mudança de endereço, na ATB de uma área local, atendidas dentro do prazo; e B: Solicitações de serviço de mudança de endereço, na ATB da mesma área local.	$END = \frac{A}{B}$

Tabela 4.14 – Indicadores das condições para o atendimento ao usuário, constantes do RGQ-STFC.

Para os indicadores OKC, OKL, OKN, OKI, ATT, ARI, ART, ARD e END, D_i e Max_i são representados por:

$$D_i = \frac{R_i - M_i}{M_i}, \tag{4.3}$$

$$Max_i = \frac{R_{max_i} - M_i}{M_i}. \tag{4.4}$$

Para os indicadores REL, RED, RAI, TEP, DCE e REA, define-se que:

$$D_i = \frac{M_i - R_i}{M_i}, \tag{4.5}$$

$$Max_i = \frac{M_i - R_{max_i}}{M_i}. \tag{4.6}$$

Em todos os casos, j é a quantidade de indicadores de qualidade exigíveis da prestadora, D_i é o desvio percentual em relação à meta estabelecida para o indicador de qualidade, R_i é o valor realizado pela prestadora para o indicador i, R_{max_i} é o valor máximo que pode ser realizado pela prestadora para o indicador i, M_i é a meta de qualidade estabelecida para o indicador i, Max_i é o índice de qualidade máximo que pode ser realizado para o indicador i e p_i é o peso relacionado ao indicador i, sendo igual para todos os indicadores.

Menciona-se também, no RGQ-STFC, um outro indicador comparativo chamado de Índice de Desempenho no Atendimento (IDA). O objetivo desse indicador é avaliar o tratamento dado pelas empresas às reclamações e solicitações de usuários, de maneira que se compõe pelas seguintes informações:

- Quantidade de reclamações;
- Quantidade de resolvidas;
- Quantidade de reabertas;
- Quantidade de solicitações resolvidas em até cinco dias úteis;
- Quantidade de reclamações no período;
- Quantidade de solicitações resolvidas no período;
- Quantidade de respondidas;
- Quantidade de solicitações respondidas em até cinco dias úteis;
- Quantidade de solicitações respondidas no período; e
- Quantidade de acessos em serviço.

As notas do IDA vão de zero a cem, sendo zero o pior desempenho e cem o melhor desempenho.

4.2.3 Qualidade do Serviço Móvel Pessoal

Assim como no caso da qualidade do STFC,[17] os mecanismos de acompanhamento e controle das metas de qualidade do SMP passaram por diferentes fases na regulamentação setorial brasileira. No entanto, os documentos e dados detalhados nas subseções, a seguir, dão conta de que o serviço móvel possui uma série de particularidades que se refletem também na avaliação de sua qualidade.

Primeiro Plano Geral de Metas de Qualidade para o Serviço Móvel Pessoal

Um ponto inicial do acompanhamento e controle da qualidade do SMP, pela Anatel, é o primeiro Plano Geral de Metas de Qualidade para o Serviço Móvel Pessoal (PGMQ-SMP), aprovado pela Resolução nº 249, de 19 de dezembro de 2000.

Definiram-se, na Res. 249/00, três PMMs:

- *Período Matutino* – das 9h às 11h;
- *Período Vespertino* – das 14h às 16h; e
- *Período Noturno* – das 20h às 22h.

Incluem-se, na Tab. 4.15, as chamadas metas de qualidade do serviço, constantes do primeiro PGQM-SMP.

Na Tab. 4.16, detalham-se as metas de atendimento ao usuário, do primeiro PGMQ-SMP.

Em relação à emissão de contas, definiu-se, no art. 15, da Res. nº 249/00, que o total de atendimentos sobre o tema não poderia ultrapassar:

- seis, a cada mil contas emitidas, a partir de 31 de dezembro de 2001; e
- cinco, a cada mil contas emitidas, a partir de 31 de dezembro de 2002.

No tocante a prazos para interrupção de serviço, constava, do primeiro PGMQ-SMP, que as falhas ou defeitos deveriam ser recuperados em até 24h, em 95% dos casos. Adicionalmente, definiu-se que, em nenhum caso, esse atendimento poderia ultrapassar o prazo de 48h.

[17]Conforme detalhado na Seção 4.2.2.

[18]Cabia também à prestadora informar e colocar à disposição dos usuários mapas detalhados indicando a área de cobertura.

[19]O centro de atendimento da prestadora deveria estar disponível ao usuário ininterruptamente.

[20]Em nenhum caso, o atendimento deveria se dar em mais de 30s. A opção de acesso a telefonista deveria estar sempre disponível ao usuário, durante seu atendimento pela Unidade de Resposta Automática (URA).

[21]Em nenhum caso, o estabelecimento da chamada deve se dar em mais de 35s.

Indicador	Vigência	Índice Alvo
Taxa de reclamações	31/12/2001	$\leq 2\%$
	31/12/2002	$\leq 1\%$
Reclamações sobre cobertura[18] e congestionamento de canal de voz por acessos em operação	31/12/2001	$\leq 6‰$
	31/12/2002	$\leq 4‰$
Chamadas para centro de atendimento completadas em PMM[19]	31/12/2001	$\geq 98\%$
Atendimento por telefonista em até 10s depois de selecionada essa opção pelo usuário, durante PMM[20]	31/12/2001	$\geq 90\%$
	31/12/2003	$\geq 95\%$
Chamadas completadas em cada PMM	31/12/2001	$\geq 62\%$
	31/12/2003	$\geq 67\%$
Chamadas estabelecidas em menos de 10s, em cada PMM[21]	31/12/2001	$\geq 90\%$
	31/12/2003	$\geq 95\%$
Chamadas interrompidas por queda da ligação, em cada PMM	31/12/2001	$\leq 2,5\%$
	31/12/2003	$\leq 2,0\%$

Tabela 4.15 – Metas de qualidade do serviço constantes do primeiro PGMQ-SMP, de 2000.

Indicador	Índice Alvo
Atendimento a reclamações ou solicitações de serviços que não possam ser respondidos imediatamente	$\leq$ 5 dias úteis
Resposta a pedidos de informação que não possam ser respondidos imediatamente, em até dois dias úteis	$\geq 95\%$
Atendimento presencial em setores de atendimento da prestadora em até 10min	$\geq 95\%$

Tabela 4.16 – Metas de atendimento ao usuário constantes do primeiro PGMQ-SMP, de 2000.

Segundo Plano Geral de Metas de Qualidade para o Serviço Móvel Pessoal

Aprovou-se o segundo PGMQ-SMP pela Resolução nº 317, de 27 de setembro de 2002. Além desse regulamento, logo em seguida, emitiu-se o Regulamento de Indicadores de Qualidade do Serviço Móvel Pessoal (RIQ-SMP), aprovado pela Resolução nº 335, de 17 de abril de 2003. Este era responsável por disciplinar os métodos de coleta e consolidação dos indicadores definidos naquele regulamento.

Estabeleceram-se, no segundo PGMQ-SMP, 12 metas de qualidade para o serviço:

- *SMP1* – Taxa de Reclamações;
- *SMP2* – Taxa de Reclamação de Cobertura e de Congestionamento de Canal de Voz por Mil Acessos em Operação;

- *SMP3* – Taxa de Chamadas Completadas para os Centros de Atendimento;
- *SMP4* – Taxa de Atendimento pela Telefonista/Atendente em Sistemas de Auto-Atendimento;
- *SMP5* – Taxa de Chamadas Originadas Completadas;
- *SMP6* – Taxa de Estabelecimento de Chamadas;
- *SMP7* – Taxa de Queda de Ligação;
- *SMP8* – Taxa de Resposta ao Usuário;
- *SMP9* – Taxa de Resposta aos Pedidos de Informação;
- *SMP10* – Taxa de Atendimento Pessoal ao Usuário;
- *SMP11* – Taxa de Atendimentos Relativos a Contas por Mil Contas Emitidas; e
- *SMP12* – Taxa de Recuperação de Falhas/Defeitos.

Definiram-se, também, três PMMs:

- *Período Matutino* – das 9h às 11h;
- *Período Vespertino* – das 14h às 16h; e
- *Período Noturno* – das 20h às 22h.

Exibem-se, na Tab. 4.17, os parâmetros dos indicadores classificados como de qualidade do serviço.

Na Tab. 4.18, descrevem-se os indicadores de qualidade para o SMP, desse período, que diziam respeito a atendimento ao usuário.

Sobre emissão de contas e interrupções do serviço, definiram-se os indicadores SMP11 e SMP12, respectivamente. Detalham-se seus parâmetros na Tab. 4.19.

---

[22]O atendimento ao usuário, realizado por Centro de Atendimento, deve estar disponível ininterruptamente.

[23]Em nenhum caso o atendimento deveria se dar em mais de 60s decorridos desde a opção do usuário por falar com um atendente.

[24]Em nenhum caso o estabelecimento da chamada deve demorar mais de 35s.

[25]Em nenhum caso a resposta pode se dar em mais de dez dias úteis.

Indicador	Variáveis	Equação	Índice Alvo	Vigência
Taxa de Reclamações	A: Total de reclamações;	$SMP1 = \frac{A}{B}$	$\leq 2\%$	31/12/2001
	B: Acessos em operação.		$\leq 1\%$	31/12/2002
Taxa de Reclamação de Cobertura e de Congestionamento de Canal de Voz	A: Reclamações sobre cobertura;	$SMP2 = \frac{A+B}{C}$	$\leq 6‰$	31/12/2001
	B: Reclamações sobre congestionamento de canais de voz; C: Acessos em operação.		$\leq 4‰$	31/12/2002
Taxa de Chamadas Completadas para os Centros de Atendimento[22]	A: Chamadas para Centros de Atendimento, em cada PMM; B: Tentativas de realizar chamadas para Centros de Atendimento, em cada PMM.	$SMP3 = \frac{A}{B}$	$\geq 98\%$	01/10/2002
Taxa de Atendimento por Telefonistas em Sistemas de Auto-Atendimento[23]	A: Chamadas atendidas em até 10s, em cada PMM;	$SMP4 = \frac{A}{B}$	$\geq 90\%$	31/12/2001
	B: Tentativas de acesso a telefonista em sistemas de auto-atendimento, em cada PMM.		$\geq 95\%$	31/12/2003
Taxa de Chamadas Originadas Completadas	A: Chamadas originadas completadas, em cada PMM;	$SMP5 = \frac{A}{B}$	$\geq 62\%$	31/12/2001
	B: Tentativas de originar chamadas, em cada PMM.		$\geq 67\%$	31/12/2003
Taxa de Estabelecimento de Chamadas[24]	A: Chamadas originadas estabelecidas em tempo não superior a 10s, em cada PMM;	$SMP6 = \frac{A}{B}$	$\geq 90\%$	31/12/2001
	B: Tentativas de estabelecer chamadas, em cada PMM.		$\geq 95\%$	31/12/2002
Taxa de Queda de Ligação	A: Chamadas interrompidas por queda de ligação, em cada PMM;	$SMP7 = \frac{A}{B}$	$\leq 2,5\%$	31/12/2001
	B: Total de chamadas completadas, em cada PMM.		$\leq 2,0\%$	31/12/2002

Tabela 4.17 – Indicadores de qualidade do serviços, constantes do segundo PGMQ-SMP.

Indicador	Variáveis	Equação	Índice Alvo
Taxa de Resposta ao Usuário[25]	A: Reclamações e solicitações de serviços respondidas em até cinco dias úteis, no mês; B: Reclamações e solicitações de serviços, recebidos pela prestadora no respectivo mês; C: Reclamações e solicitações de serviços, relativos aos meses anteriores, ainda não respondidos ao usuário.	$SMP8 = \frac{A}{B+C}$	$\geq 95\%$
Taxa de Resposta aos Pedidos de Informação	A: Pedidos de informação respondidos em até dois dias úteis, no mês; B: Pedidos de informação recebidos no mês; C: Pedidos de informação relativos a meses anteriores e ainda não respondidos.	$SMP9 = \frac{A}{B+C}$	$\geq 95\%$
Taxa de Atendimento Pessoal ao Usuário	A: Usuários que compareceram aos Setores de Atendimento da prestadora e que foram atendidos em até dez minutos; B: Usuários que compareceram aos Setores de Atendimento da prestadora.	$SMP10 = \frac{A}{B}$	$\geq 95\%$

Tabela 4.18 – Metas de atendimento ao usuário, constantes do segundo PGMQ-SMP, de 2002.

Indicador	Variáveis	Equação	Índice Alvo	Vigência
Taxa de Atendimentos Relativos a Contas por Mil Contas Emitidas	A: Atendimentos relativos a contas dos usuários; B: Total de contas emitidas.	$SMP11 = \frac{A}{B}$	$\leq 6‰$ $\leq 5‰$	31/12/2001 31/12/2002
Taxa de Recuperação de Falhas/-Defeitos	A: Falhas com interrupção de serviço, recuperadas em até 24h; B: Total de falhas com interrupção de serviço.	$SMP12 = \frac{A}{B}$	$\geq 95\%$	01/10/2002

Tabela 4.19 – Metas de emissão de contas e interrupções do serviço, constantes do segundo PGMQ-SMP.

Regulamento de Gestão da Qualidade da Prestação do Serviço Móvel Pessoal

Assim como no caso do RGQ-STFC, o Regulamento de Gestão da Qualidade da Prestação do Serviço Móvel Pessoal (RGQ-SMP), aprovado pela Resolução nº 575, de 28 de outubro de 2011, veio a substituir tanto o PGMQ-SMP quanto o RIQ-SMP.

Definem-se, no RGQ-SMP, dois PMMs, utilizados nos cálculos relativos à qualidade operacional de chamadas de voz:

- *Período Diurno* – das 10h às 13h; e
- *Período Noturno* – das 18h às 21h.

Quanto às conexões de dados, utiliza-se a definição de Período de Maior Tráfego (PMT), constante da Res. nº 575/11, art. 3º, XIII:

> "intervalo de tempo ao longo do dia, em que ocorrem os maiores interesses no estabelecimento de conexões de dados por parte dos usuários do SMP. Para efeito de aferição dos indicadores de qualidade, caso não haja disposição contrária quando da divulgação do Calendário Anual pela Anatel, o PMT é o período das 10h00 às 22h00."

O RGQ-SMP é o regulamento de qualidade do SMP atualmente vigente, em que se definem 14 indicadores de qualidade, a seguir enumerados:

- *SMP1* – Taxa de Reclamações;
- *SMP2* – Taxa de Reclamações na Anatel;
- *SMP3* – Taxa de Completamento de Chamadas para o Centro de Atendimento Telefônico;
- *SMP4* – Taxa de Completamento;
- *SMP5* – Taxa de Alocação de Canal de Tráfego;
- *SMP6* – Taxa de Entrega de Mensagem de Texto;
- *SMP7* – Taxa de Queda de Ligações;
- *SMP8* – Taxa de Conexão de Dados;
- *SMP9* – Taxa de Queda de Conexões de Dados;
- *SMP10* – Taxa de Transmissão Instantânea Contratada;
- *SMP11* – Taxa de Transmissão Média Contratada;
- *SMP12* – Taxa de Atendimento pela Telefonista/Atendente em Sistemas de Auto-Atendimento;
- *SMP13* – Taxa de Resposta ao Usuário; e
- *SMP14* – Taxa de Atendimento Pessoal ao Usuário.

Indicador	Variáveis	Equação	Índice Alvo
Taxa de Reclamações	A: Total de reclamações; B: Acessos em operação.	$SMP1 = \frac{A}{B}$	$\leq 1\%$
Taxa de Reclamações na Anatel	A: Reclamações junto à Anatel; B: Reclamações junto à prestadora.	$SMP2 = \frac{A}{B}$	$\leq 2\%$

Tabela 4.20 – Indicadores de reação do usuário, constantes do RGQ-SMP.

Detalham-se, na Tab. 4.20, os indicadores do RGQ-SMP que tratam de reação do usuário. Ou seja, dos indicadores que tratam de reclamações dos usuários junto à empresa ou junto à Anatel.

Já na Tab. 4.21, descrevem-se os indicadores de rede SMP3 a SMP10, constantes do anexo à Res. nº 575/11.

Um último indicador de rede do RGQ-SMP, o SMP11, trata de aferir a adequação da taxa de transmissão média realizada àquela contratada pelo usuário junto à prestadora. Esta é sua representação matemática:

$$SMP11 = \frac{1}{n}\sum_{i=1}^{n} x_i, \tag{4.7}$$

em que x é o valor de cada medição da taxa de transmissão instantânea, em percentual da taxa de transmissão máxima contratada, em cada PMT, no mês, e n é o número total de medidas da taxa de transmissão instantânea, em cada PMT, no mês.

Para o SMP11, exigia-se 60% da taxa de transmissão máxima contratada, até outubro de 2013 e 70%, até outubro de 2014. Desde novembro de 2014, o percentual vigente é de 80% da taxa de transmissão máxima contratada.

Conforme consta da Res. nº 575/11, art. 26, os indicadores SMP10 e SMP11 são confeccionados pela Entidade Aferidora da Qualidade (EAQ), instituição contratada pelas prestadoras do SMP especificamente para a aferição desses quesitos de qualidade.

Exibem-se, na Tab. 4.22, os parâmetros relativos aos indicadores de atendimento, constantes do RGQ-SMP.

Além dos indicadores já mencionados nesta seção, criaram-se, nos art. 43 a 46, da Res. nº 575/11, a exemplo do feito pela agência no RGQ-STFC, dois indicadores comparativos. A saber: IDQ e IDA.

[26] Percentual de 20% da taxa de transmissão máxima contratada pelo usuário exigível, até outubro de 2013; 30%, até outubro de 2014; e 40%, a partir de novembro de 2014.

Indicador	Variáveis	Equação	Índice Alvo
Taxa de Completamento de Chamadas para o Centro de Atendimento Telefônico	A: Chamadas para Centros de Atendimento, em cada PMM; B: Tentativas de originar chamadas para Centros de Atendimento, em cada PMM.	$SMP3 = \frac{A}{B}$	$\geq 95\%$
Taxa de Completamento	A: Chamadas originadas completadas, em cada PMM; B: Tentativas de originar chamadas, a partir da alocação do canal de voz, em cada PMM.	$SMP4 = \frac{A}{B}$	$\geq 64\%$
Taxa de Alocação de Canal de Tráfego	A: Acessos ao canal de sinalização e controle, em cada PMM; B: Tentativas de acessar o canal de sinalização e controle, em cada PMM; C: Acessos ao canal de tráfego, em cada PMM; D: Tentativas de acessar o canal de tráfego, em cada PMM;	$SMP5 = \frac{A}{B} \cdot \frac{C}{D}$	$\geq 95\%$
Taxa de Entrega de Mensagem de Texto	A: Mensagens de texto entregues em até 60s; B: Tentativas de envio de mensagens de texto.	$SMP6 = \frac{A}{B}$	$\geq 95\%$
Taxa de Queda de Ligações	A: Chamadas interrompidas por queda de ligação, em cada PMM; B: Chamadas completadas, em cada PMM.	$SMP7 = \frac{A}{B}$	$\leq 2\%$
Taxa de Conexão de Dados	A: Conexões de dados estabelecidas, em cada PMT; B: Tentativas de conexão de dados, em cada PMT.	$SMP8 = \frac{A}{B}$	$\geq 98\%$
Taxa de Queda de Conexões de Dados	A: Quedas de conexões de dados, em cada PMT; B: Conexões de dados estabelecidas, em cada PMT.	$SMP9 = \frac{A}{B}$	$\leq 5\%$
Taxa de Transmissão Instantânea Contratada[26]	A: Medições cujo resultado for igual ou superior ao percentual definido da taxa de transmissão máxima contratada, em cada PMT; B: Total de medições, em cada PMT.	$SMP10 = \frac{A}{B}$	$\geq 95\%$

Tabela 4.21 – Indicadores de rede SMP3 a SMP10, constantes do RGQ-SMP.

Indicador	Variáveis	Equação	Índice Alvo
Taxa de Atendimento pela Telefonista/Atendente em Sistemas de Auto-Atendimento	A: Chamadas atendidas pelas telefonistas em até 20s; B: Tentativas de acesso às telefonistas nos sistemas de autoatendimento da prestadora.	$SMP12 = \frac{A}{B}$	$\geq 90\%$
Taxa de Resposta ao Usuário	A: Solicitações de serviços ou pedidos de informação respondidos em até cinco dias úteis, no mês; B: Solicitações de serviços ou pedidos de informações recebidos pela prestadora, no mês. C: Solicitações de serviços ou pedidos de informação relativos a meses anteriores ainda não respondidos.	$SMP13 = \frac{A}{B+C}$	$\geq 95\%$
Taxa de Atendimento Pessoal ao Usuário	A: Usuários atendidos, em Setores de Atendimento Presencial, em até 30min; B: Usuários que compareceram a Setores de Atendimento Presencial.	$SMP14 = \frac{A}{B}$	$\geq 95\%$

Tabela 4.22 – Indicadores de atendimento, constantes do RGQ-SMP.

Define-se, no RGQ-SMP, que:

$$IDQ = \frac{\sum_{i=1}^{18}(D_i \cdot p_i)}{\sum_{i=1}^{18}(Max_i \cdot p_i)}. \tag{4.8}$$

Para os indicadores SMP3, SMP4, SMP5, SMP6, SMP8, SMP10, SMP11, SMP12, SMP13 e SMP14, tem-se que:

$$D_i = \frac{R_i - M_i}{M_i}, \tag{4.9}$$

$$Max_i = \frac{R_{max_i} - M_i}{M_i}. \tag{4.10}$$

Para os indicadores SMP1, SMP2, SMP7 e SMP9, tem-se que:

$$D_i = \frac{M_i - R_i}{M_i}, \tag{4.11}$$

$$Max_i = \frac{M_i - R_{max_i}}{M_i}. \tag{4.12}$$

Em todos os casos, D_i é o desvio percentual em relação à meta estabelecida para o indicador SMP_i, R_i é o valor realizado pela prestadora para o indicador SMP_i, R_{max_i} é o valor máximo do indicador SMP_i, no período e área de análise, M_i é a meta o indicador SMP_i, Max_i é o índice máximo que pode ser realizado para o indicador SMP_i e p_i é o peso relacionado ao indicador SMP_i.

Planos de Melhorias da Qualidade da Prestação do Serviço Móvel Pessoal

Em 2012, a Anatel, em seu trabalho de acompanhamento e controle, em razão do baixo desempenho identificado na qualidade do SMP, decidiu suspender a comercialização de novos acessos, em determinadas regiões, até que se demonstrasse que as operadoras tinham condições de atender aos consumidores com um patamar adequado de qualidade na prestação do serviço. A medida alcançou Claro, Oi e TIM. Contudo, Vivo, Algar e Sercomtel também tiveram que apresentar propostas de investimentos para sanear problemas relatados pela agência.[27]

Como visto ao longo deste capítulo, usualmente, a gestão da qualidade pela Anatel se dá pela aplicação e verificação do cumprimento das obrigações sistematizadas em regulamentos. O descumprimento de obrigações, via de regra, resulta em processo administrativo de caráter sancionatório, o Pado, que, a seu termo, pode chegar à aplicação de multa ao infrator e/ou obrigação de corrigir as falhas identificadas. Por isso mesmo, recebeu-se com surpresa a suspensão de vendas, isto é, a proibição da inclusão de novos terminais na planta do SMP [114], [115]. Essa medida representa, de certa forma, uma antecipação da punição, justificável apenas em casos bastante específicos, em que se demonstre, em primeiro lugar, que a demora na tomada de providências pode gerar maiores prejuízos, especialmente se esses prejuízos forem irreparáveis e, em segundo lugar, que haja plausibilidade jurídica na caracterização da infração. É dessa natureza, uma medida cautelar, a providência tomada pela agência frente às empresas do SMP, nessa oportunidade.

Uma vez apresentados e aceitos os planos de investimento propostos pela operadoras, chamados formalmente de Planos Nacionais de Ação de Melhoria da Prestação do Serviço Móvel Pessoal, desenhou-se uma metodologia própria para o acompanhamento, pela Anatel, dos investimentos e de seus reflexos na qualidade do serviço. Autorizou-se, também, a retomada das vendas de novos acessos do SMP. Os Planos de Melhorias trouxeram propostas quanto a:

- completamento de chamadas;

[27] Com registro nos despachos cautelares nº 5.156/2012/PVCPA/PVCP/SPV, nº 5.158/2012/PVCPA/PVCP/SPV e nº 5.159/2012/PVCPA/PVCP/SPV, de 2 de agosto de 2012 e nº 5.671/2012/PVCPA/PVCP/SPV, nº 5.672/2012/PVCPA/PVCP/SPV e nº 5.673/2012/PVCPA/PVCP/SPV, de 10 de setembro de 2012.

- interrupções do serviço; e
- reclamações de usuários.

O acompanhamento seguiu quatro dimensões, visando-se a avaliar tanto a efetiva realização dos investimentos quanto os reflexos dessas medidas na qualidade técnica do serviço. Deveriam-se observar especificamente:

1. Aspectos de Rede
   (a) Melhor desempenho em Taxa de Conexão de Voz, Taxa de Desconexão de Voz, Taxa de Conexão de Dados e Taxa de Desconexão de Dados;
   (b) Redução dos níveis de congestionamento em rotas, especialmente de longa distância; e
   (c) Redução dos níveis de bloqueio e de queda de chamadas.
2. Atendimento
   (a) Melhorias relativas a Centros de Atendimento, Setores de Atendimento e Setores de Relacionamento;
   (b) Melhor desempenho quanto aos indicadores SMP1 e SMP2; e
   (c) Redução de reclamações quanto a completamento de chamadas e reparo.
3. Interrupções
   (a) Redução de interrupções do SMP, levando-se em conta seu quantitativo, duração média e causas.
4. Investimentos
   (a) Implementação dos investimentos e instalação dos equipamentos previstos nos planos.

Conceitualmente, nota-se que já constavam no RGQ-SMP, então vigente, indicadores de qualidade que levavam em conta reclamações de usuários (SMP1 e SMP2). De forma análoga, havia também indicadores que endereçavam algumas das questões técnicas levantadas pela agência nesse processo (SMP5, SMP7, SMP8 e SMP9). Entretanto, como ver-se-á, as semelhanças são apenas superficiais.

Uma primeira distinção entre o acompanhamento e controle da qualidade no âmbito do RGQ-SMP e o desenhado para os Planos de Melhorias é a proatividade. Em vez de aguardar o término do prazo do projeto e então, eventualmente, abrir um Pado pelo descumprimento de compromissos, a Agência propôs-se a consolidar os indicadores mensalmente e, a cada três meses, reunir-se com cada uma das prestadoras, buscando soluções para os problemas de maior relevância identificados naquele período.

Uma outra diferença, esta eminentemente técnica, reside na forma de coleta e cálculo dos indicadores operacionais de desempenho. A consolidação dos indicadores SMP5, SMP7, SMP8 e SMP9, do RGQ-SMP, é de responsabilidade total de cada uma das operadoras. Os detalhes de como se faz essa consolidação são diferentes para cada tecnologia, fabricante e modelo de equipamento, mas, para os fins de interesse desta seção, basta saber que o cálculo desses indicadores demanda o processamento de cada Registro Detalhado de Chamada (CDR, na sigla em língua inglesa de *Call Detail Record*). Esse é um trabalho bastante intensivo no uso de recursos computacionais, o que por si só inviabiliza sua execução exaustiva pela Anatel. Contudo, tem a vantagem de que é auditável, ou seja, de posse dos registros, pode-se, em teoria, atestar sua validade e recalcular o valor realizado de um dado indicador referente a um período específico. É, portanto, bastante robusto, no que diz respeito a fraudes.

Já para a confecção dos indicadores de acompanhamento dos Planos de Melhorias, utilizou-se uma outra abordagem. No intuito de que a própria agência pudesse calcular os quatro indicadores, mensalmente, para cada uma das autorizadas do SMP, para cada município em que atuassem, optou-se pelo uso de contadores estatísticos da rede de acesso do serviço móvel. Não se pode dizer que a técnica é particularmente inovadora, considerando-se que é amplamente utilizada pelas próprias operadoras na operação de suas redes. No entanto, para que houvesse uma régua única de medida a ser adotada em relação a todas as operadoras, fez-se necessário um trabalho conjunto, entre empresas e Anatel, de padronização, em que se definiram as fórmulas utilizadas para cada indicador. Vê-se que essa é uma tarefa particularmente complexa, considerando-se que a rede de acesso de uma mesma operadora do SMP é composta por equipamentos de diferentes fabricantes, modelos e gerações tecnológicas.

Na literatura do campo da administração, registram-se quatro formas de medidas de desempenho [116, cap. 1]:

- *Indicadores-Chave de Resultados* – Os Indicadores-Chave de Resultados (KRIs, na sigla em língua inglesa de *Key Result Indicators*) são aqueles que visam a informar ao corpo de direção de uma organização sobre questões gerais de seu desempenho;

- *Indicadores de Resultados* – Os Indicadores de Resultados (RIs, na sigla em língua inglesa de *Result Indicators*) dizem respeito à interação entre equipes e a seu reflexo nos resultados da instituição;

- *Indicadores de Desempenho* – Os Indicadores de Desempenho (PIs, na sigla em língua inglesa de *Performance Indicators*) reportam à gerência sobre o produto entregue pelas equipes; e

- *Indicadores-Chave de Desempenho* – Os Indicadores-Chave de Desempenho (KPIs, na sigla em língua inglesa de *Key Performance Indicators*) dizem respeito a fatores críticos de sucesso de uma organização. Seu monitoramento leva a aumentos drásticos no desempenho da instituição.

Parmenter descreve sete características que deve ter, necessariamente, um KPI [116, cap. 1]:

1. Não é expresso em termos financeiros;
2. Medido com frequência definida;
3. Serve de base para a tomada de decisão da cúpula da organização;
4. "Todos os envolvidos entendem a métrica e sabem quais ações corretivas são necessárias";
5. Podem-se identificar as equipes responsáveis pelo bom desempenho nesse indicador;
6. Suas consequências têm alta relevância para a organização; e
7. As ações de resposta que pressupõe têm impacto positivo sobre o desempenho da organização.

Dada a relevância que se deu, no âmbito das operadoras do SMP e da Anatel, para os Planos de Melhorias, diz-se, portanto, que essas quatro métricas operacionais desenhadas configuraram, ao menos enquanto duraram os planos de investimentos, ou seja, até julho de 2014, KPIs, observados de muito próximo pelo corpo diretor das organizações envolvidas. Veja-se que, mesmo depois de terminados os prazos estabelecidos nos planos de investimentos, a Anatel segue calculando esses indicadores e persistem os mecanismos proativos de acompanhamento da qualidade na prestação do serviço, identificando os municípios considerados críticos, quais ações de correção devem ser tomadas e quais são seus resultados. Consideram-se críticos os municípios cujo desempenho mensal em Taxa de Conexão de Voz ou Taxa de Conexão de Dados fique aquém de 85% e índices de Taxa de Desconexão de Voz e Taxa de Desconexão de Dados que fiquem acima de 5%. Opina-se, contudo, que esses quatro indicadores de desempenho operacional não mais configuram parâmetros de acompanhamento pela direção das empresas envolvidas e Anatel, razão pela qual não se trata mais de KPIs.

Colhem-se os contadores estatístico com a granularidade de setor de Estação Transceptora Base (BTS, na sigla em língua inglesa de *Base Transceiver Station*), ou de seu análogo na tecnologia de quarta geração, eNodeB (na sigla em língua inglesa de *Evolved Node B*). Assim, esse método guarda consigo a vantagem de que se podem consolidar indicadores com a abrangência tão grande quanto se deseje. Isso é útil, ao órgão regulador, em diagnósticos de situações específicas. Um outro subproduto desse processo de gestão da qualidade do SMP é que se cria uma grande base de dados pública sobre o tema, uma vez que se consolidam os dados por município — e não por Código de Numeração, como no caso dos indicadores do RGQ-SMP — e divulgam-se essas informações no âmbito do projeto de Dados Abertos do governo federal brasileiro.

À medida em que se diminui a granularidade da consolidação das informações, obtém-se um novo quadro, de particular interesse para os usuários do SMP dessa região. Vê-se, contudo, que há instâncias em que os contadores estatísticos das centrais do serviços não estão disponíveis para um dado mês, operadora, município.

Utilizando-se os dados dos resultados dos Planos de Melhorias, consolidados por municípios, pode-se investigar as relações entre as variáveis técnico-operacionais da qualidade do SMP e variáveis sócio-econômicas dos municípios brasileiros.

4.2.4 Qualidade do Serviço de Comunicação Multimídia

Definem-se 14 indicadores de qualidade no Regulamento de Gestão da Qualidade do Serviço de Comunicação Multimídia (RGQ-SCM), aprovado pela Resolução nº 574, de 28 de outubro de 2011. Veja-se que, pelo art. 1º, §3º, desse regulamento, essas regras não se aplicam a Prestadoras de Pequeno Porte (PPPs).[28]

São estes os indicadores do RGQ-SCM:

- *SCM1* – Taxa de Reclamações;
- *SCM2* – Taxa de Reclamações na Anatel;
- *SCM3* – Taxa de Reclamações Reabertas na Prestadora;
- *SCM4* – Garantia de Velocidade Instantânea Contratada;
- *SCM5* – Garantia de Velocidade Média Contratada;
- *SCM6* – Latência Bidirecional;
- *SCM7* – Variação da Latência;
- *SCM8* – Taxa de Perda de Pacote;
- *SCM9* – Taxa de Disponibilidade;
- *SCM10* – Taxa de Atendimento pelo Atendente em Sistemas de Autoatendimento;
- *SCM11* – Taxa de Instalação do Serviço;

[28] No Plano Geral de Metas de Competição (PGMC), define-se PPP como "Grupo detentor de participação de mercado nacional inferior a 5% (cinco por cento) em cada mercado de varejo em que atua".

- *SCM12* – Taxa de Solicitação de Reparo;
- *SCM13* – Taxa de Tempo de Reparo; e
- *SCM14* – Taxa de Resposta ao Assinante.

Para fins de gestão da qualidade do SCM, define-se PMT como o "período de dez às vinte e duas horas".

Discriminam-se, na Tab. 4.23, os indicadores do RGQ-SCM que tratam de reação do usuário. Esses são os indicadores SCM1 a SCM3, que versam sobre reclamações dos usuários.

Indicador	Variáveis	Equação	Índice Alvo	Vigência
Taxa de Reclamações	A: Total de reclamações;	$SCM1 = \frac{A}{B}$	$\leq 6\%$	01/11/2012
	B: Acessos em operação.		$\leq 4\%$	01/11/2013
			$\leq 2\%$	01/11/2014
Taxa de Reclamações na Anatel	A: Reclamações junto à Anatel;	$SCM2 = \frac{A}{B}$	$\leq 4\%$	01/11/2012
	B: Reclamações junto à prestadora.		$\leq 3\%$	01/11/2013
			$\leq 2\%$	01/11/2014
Taxa de Reclamações Reabertas na Prestadora	A: Reclamações reabertas na prestadora;	$SCM3 = \frac{A}{B}$	$\leq 15\%$	01/11/2012
	B: Reclamações recebidas na prestadora.		$\leq 12\%$	01/11/2013
			$\leq 10\%$	01/11/2014

Tabela 4.23 – Indicadores de reação do usuário, constantes do RGQ-SCM.

Constam da Tab. 4.24 os indicadores operacionais do RGQ-SCM. Veja-se que os indicadores SCM4 a SCM8 cuidam do desempenho no serviço durante o PMT.

Exibem-se, na Tab. 4.25, os indicadores SCM10 a SCM14, relativos ao atendimento ao cliente por prestadoras do SCM. São esses os indicadores do SCM relativos ao atendimento de solicitações de reparo, solicitações de informações e informações sobre o serviço.

Previa-se, na Res. nº 574/2011, uma série de indicadores do SCM baseados em pesquisas de opinião. Todavia, revogaram-se esses itens por meio da Res. nº 654/2015, art. 4º, I.

[29]Percentual regulamentar de 20%, com vigência em 1 de novembro de 2012; 30%, com vigência em 1 de novembro de 2013; e 40%, com vigência em 1 de novembro de 2014.

[30]Admite-se prazo maior caso trate-se de escolha do usuário. Em nenhum caso a instalação poderá ocorrer em mais que cinco dias úteis contados a partir do prazo inicial de dez dias úteis.

Indicador	Variáveis	Equação	Índice Alvo	Vigência
Garantia de Velocidade Instantânea Contratada[29]	A: Medições com taxa de transmissão instantânea igual ou superior ao percentual do contratado, durante o PMT; B: Total de medidas durante o PMT.	$SCM4 = \frac{A}{B}$	$\geq 95\%$	01/11/2012
Garantia de Velocidade Média Contratada	x: Valor de cada medição de velocidade instantânea, em percentual da velocidade máxima contratada, durante o PMT; n: Total de medidas durante o PMT.	$SCM5 = \frac{1}{n}\sum_{i=1}^{n} x_i$	$\geq 60\%$ $\geq 70\%$ $\geq 80\%$	01/11/2012 01/11/2013 01/11/2014
Latência Bidirecional	A: Medições em que a latência bidirecional permaneceu igual ou inferior ao definido, durante o PMT; B: Total de medidas durante o PMT.	$SCM6 = \frac{A}{B}$	$\geq 85\%$ $\geq 90\%$ $\geq 95\%$	01/11/2012 01/11/2013 01/11/2014
Variação de Latência	A: Medições em que a variação da latência permaneceu igual ou inferior ao definido, durante o PMT; B: Total de medidas durante o PMT.	$SCM7 = \frac{A}{B}$	$\geq 85\%$ $\geq 90\%$ $\geq 95\%$	01/11/2012 01/11/2013 01/11/2014
Taxa de Perda de Pacote	A: Medições em que percentual de pacotes descartados foi igual ou inferior ao definido, durante o PMT; B: Total de medidas durante o PMT.	$SCM8 = \frac{A}{B}$	$\geq 85\%$ $\geq 90\%$ $\geq 95\%$	01/11/2012 01/11/2013 01/11/2014
Taxa de Disponibilidade	A: Medições em que a disponibilidade mensal permaneceu igual ou superior a 99%; B: Total de medidas.	$SCM9 = \frac{A}{B}$	$\geq 95\%$	01/11/2012

Tabela 4.24 – Indicadores de rede constantes do RGQ-SCM.

Indicador	Variáveis	Equação	Índice Alvo	Vigência
Taxa de Atendimento pelo Atendente em Sistemas de Autoatendimento	A: Chamadas atendidas por telefonistas em até 20s; B: Tentativas de falar com um atendente.	$SCM10 = \frac{A}{B}$	$\geq 80\%$	01/11/2012
			$\geq 85\%$	01/11/2013
			$\geq 90\%$	01/11/2014
Taxa de Instalação do Serviço[30]	A: Intalações realizadas em até dez dias úteis da solicitação; B: Instalações realizadas.	$SCM11 = \frac{A}{B}$	$\geq 90\%$	01/11/2012
			$\geq 95\%$	01/11/2013
Taxa de Solicitações de Reparo	A: Solicitações de reparo recebidas; B: Acessos em serviço.	$SCM12 = \frac{A}{B}$	$\leq 8\%$	01/11/2012
			$\leq 7\%$	01/11/2013
			$\leq 5\%$	01/11/2014
Taxa de Tempo de Reparo	A: Solicitações de reparo atendidas em até 24h; B: Solicitações de reparo recebidas.	$SCM13 = \frac{A}{B}$	$\geq 90\%$	01/11/2012
			$\geq 95\%$	01/11/2013
Taxa de Resposta ao Assinante	A: Solicitações de serviços ou pedidos de informações respondidos em até cinco dias úteis, no mês; B: Solicitações de serviços ou pedidos de informação recebidos no mês; C: Solicitações de serviços ou pedidos de informação, relativos aos meses anteriores, mas ainda não respondidos.	$SCM14 = \frac{A}{B+C}$	$\geq 90\%$	01/11/2012
			$\geq 95\%$	01/11/2013

Tabela 4.25 – Indicadores de atendimento do SCM.

4.2.5 Qualidade dos Serviços de Televisão por Assinatura

Pode-se considerar o Plano Geral de Metas de Qualidade para os Serviços de Televisão por Assinatura (PGMQ-STVA), aprovado pela Resolução nº 411, de 14 de julho de 2005, como um marco inicial da gestão da qualidade desses serviços pela Anatel.

São estes os dez indicadores definidos na Res. nº 411/2005:

- Índice de Reclamação do Serviço;
- Índice de Instalação do Serviço;
- Índice de Cessação de Cobrança;
- Índice de Correspondências Respondidas;
- Índice de Atendimento Pessoal;
- Índice de Chamadas Completadas;
- Índice de Ligações Atendidas;
- Índice de Reclamação por Erro em Documento de Cobrança;
- Índice de Interrupções Solucionadas; e
- Índice de Solicitações de Reparo Atendidas.

Definem-se dois PMMs, no âmbito do PGMQ-STVA:

- *Período Matutino* – das 9h às 11h; e
- *Período Noturno* – das 19h às 22h.

Descrevem-se, na Tab. 4.26, os indicadores constantes desse regulamento. Todas as metas registradas nessa tabela são as atualmente vigentes para STVA.

4.2.6 Perspectivas Regulatórias

A revisão dos regulamentos de qualidade da Anatel mencionados neste capítulo está em andamento no âmbito do Processo nº 53500.006207/2015-16, que teve início em 20 de março de 2015. A ideia é unificar os parâmetros dos diferentes serviços, criando-se um único Regulamento de Qualidade (Rqual) aplicável ao STFC, SMP, SCM e STVA.

Em relação à assimetria regulatória, mantém-se, na proposta, à aplicação do regulamento a todas operadoras, exceto aquelas que sejam classificadas como PPP.

Propõe-se a instituição de dois índices por meio dos quais se busca sumarizar o desempenho das prestadoras dos variados serviços. O Índice de Qualidade de Serviço (IQS) seria calculado com base nos indicadores técnicos de qualidade de rede e não técnicos, de relacionamento com o cliente. Caso não se alcance um patamar mínimo no IQS, deve-se considerar o município como crítico, a exemplo do que se faz hoje no âmbito dos Planos de Melhorias do SMP.

Indicador	Variáveis	Equação	Índice Alvo
Índice de Reclamação do Serviço	A: Reclamações recebidas; B: Total de assinantes.	$IRS = \frac{A}{B}$	$\leq 5\%$
Índice de Instalação do Serviço	A: Instalações realizadas no prazo acordado; B: Total de instalações realizadas.	$IIS = \frac{A}{B}$	$\geq 80\%$
Índice de Cessação de Cobrança	A: Cobranças cessadas pela prestadora; B: Solicitações de cessação de cobrança.	$ICCo = \frac{A}{B}$	$\geq 95\%$
Índice de Correspondências Respondidas	A: Correspondências respondidas no prazo; B: Correspondências recebidas.	$ICR = \frac{A}{B}$	$\geq 95\%$
Índice de Atendimento Pessoal	A: Atendimentos pessoais efetuados dentro do prazo regulamentar; B: Atendimentos pessoais efetuados.	$IAP = \frac{A}{B}$	$\geq 95\%$
Índice de Chamadas Completadas	A: Chamadas realizadas e completadas, em cada PMM, para o centro de atendimento; B: Chamadas realizadas, em cada PMM, para o centro de atendimento.	$ICC = \frac{A}{B}$	$\geq 90\%$
Índice de Ligações Atendidas	A: Ligaçoes atendidas por telefonistas no prazo regulamentar, em cada PMM; B: Ligações em que se solicitou a intervenção de telefonista, durante o PMM.	$ILA = \frac{A}{B}$	$\geq 95\%$
Índice de Reclamação por Erro em Documento de Cobrança	A: Atendimentos relativos a erro em cobrança; B: Documentos de cobrança emitidos.	$IREDC = \frac{A}{B}$	$\leq 2‰$
Índice de Interrupções Solucionadas	A: Interrupções solucionadas no tempo determinado; B: Total de interrupções.	$IITS = \frac{A}{B}$	$\geq 95\%$
Índice de Solicitações de Reparos Atendidas	A: Solicitações de reparo atendidas no prazo; B: Total de solicitações de reparo recebidas.	$ISRA = \frac{A}{B}$	$\geq 95\%$

Tabela 4.26 – Indicadores de qualidade de STVA, atualmente vigentes.

O outro indicador agregado é o Índice de Qualidade Percebida (IQP), que tem por base os dados da Pesquisa de Qualidade Percebida, definida na regulamentação específica.

Nesse novo regulamento, haverá duas granularidades de consolidação do IQS: município e Unidade Federativa. Outro ponto é que se estende o modelo de cálculo dos indicadores por uma

Entidade Aferidora da Qualidade (EAQ) a todos os serviços abrangidos.

Prevê-se a instituição de parâmetros alvo de qualidade diferenciados, a depender do nível de competição presente no município, por serviço.

Propõe-se a criação do Grupo Técnico da Qualidade (GTQual), coordenado pela Anatel, tendo por objetivo dar suporte à execução e atualização dos procedimentos de aferição da Qualidade de Serviço Entregue e Percebida.

Quanto a TUPs, avalia-se a disponibilidade do serviço apenas em localidades atendidas pelo STFC em regime público nas quais não exista oferta de outro serviço de telecomunicações de interesse coletivo.

No contexto do Rqual, define-se interrupção como "a paralisação do serviço de telecomunicações decorrente de qualquer falha na rede da prestadora que impeça a fruição do serviço, excluindo-se os casos de falha individual do acesso do usuário." Apenas interrupções massivas configurariam a necessida de comunicação ao público em geral, às prestadoras interconectadas e à Anatel.

Incluem-se, na Tab. 4.27, os indicadores propostos no Rqual para compor o IQS.

Grupo	Acrônimo	Indicador	Serviços
Relacionamento	IND_1	Reclamações na Anatel	SMP, STFC, SCM e STVA
Redes	IND_2	Eficiência de Chamadas (Acesso e Queda)	SMP
Redes	IND_3	Conexão de Dados Medida na Rede de Acesso	SMP
Redes	IND_4	Cumprimento da Velocidade Média Contratada	SMP e SCM
Redes	IND_5	Latência da Conexão de Dados	SMP e SCM
Redes	IND_6	Variação de Latência da Conexão de Dados	SMP e SCM
Redes	IND_7	Perda de Pacotes da Conexão de Dados	SMP e SCM
Redes	IND_8	Disponibilidade	SMP, STFC, SCM e STVA
Relacionamento	IND_9	Cumprimento de Prazo	STFC, SCM e STVA

Tabela 4.27 – Indicadores do Rqual que compõem o IQS.

Exibem-se, na Tab. 4.28, os indicadores informativos constantes do Rqual.

4.3 A Seguir

Como mostrou-se neste capítulo, a gestão da qualidade dos serviços de telecomunicações é uma das mais relevantes políticas públicas conduzidas pela Anatel. Viu-se, também, que houve avanços, nos últimos anos, partindo-se de um conjunto de práticas com as quais a Telebras buscava padronizar diferentes aspectos de cada uma das empresas do Sistema até chegar ao emaranhado

Grupo	Acrônimo	Indicador	Serviços
Informativo de Relacionamento	INF_1	Tempo Médio de Instalação, Reparo e Mudança de Endereço	STFC, SCM e STVA
Informativo de Relacionamento	INF_2	Tempo Médio de Espera para Atendimento em Centro de Atendimento	SMP, STFC, SCM e STVA
Informativo de Relacionamento	INF_3	Tratamnto de Reclamações na Anatel	SMP, STFC, SCM e STVA
Informativo de Redes	INF_4	Velocidade Média de Tráfego de Dados	SMP e SCM
Informativo de Redes	INF_5	Experiência do Uso de Aplicativos em Redes de Dados	SMP e SCM
Informativo de Redes	INF_6	Mapa de Cobertura dos Serviços, por Tecnologia	SMP

Tabela 4.28 – Indicadores informativos do Rqual.

de regulamentos específicos colocados em prática pela Anatel. Numa outra dimensão, nota-se a tendência mundial de deixar de acompanhar a prestação dos serviços, especialmente aqueles associados à comunicação multimídia, pela óptica única da qualidade técnica, passando-se, em um primeiro momento, à QoS, buscando-se chegar ao paradigma mais recente da QoE.

Se esta parte do livro esteve voltada para questões nacionais, na próxima, observar-se-á o contexto global.

Parte II

Ecossistemas de Governança de Redes de Telecomunicações

“A rede é um padrão comum a todo tipo de vida. Onde quer que exista vida, existem redes.”

—*Fritjof Capra* [120, p. 95], [121]

5 | Histórico e Estruturas de Governança da Internet

5.1 Rede de Pacotes

Era 1964 quando Paul Baran publicou uma descrição detalhada de sua proposta inovadora para uma rede de comunicações distribuída [117]. Baran era engenheiro da *Rand Corporation,* um *think tank* norte-americano estabelecido em 1946 com o propósito de promover pesquisa militar em tempos de paz [118].

Em plena guerra fria, os EUA viviam o medo de que a qualquer momento pudesse despertar um ataque nuclear de grandes proporções. Do ponto de vista das comunicações, havia, portanto, a necessidade de um sistema robusto o suficiente para que a cadeia de comando pudesse ser mantida. Em caso de sofrer um ataque, era preciso que as ordens para o revide obedecessem à cadeia de comando estabelecida, o que não seria possível se a rede de comunicações estivesse destruída.

O país dispunha naquele momento da rede telefônica convencional e de uma rede militar denominada Rede de Voz Automática Continental dos Estados Unidos (Conus Autovon, no acrônimo em língua inglesa de *Continental United States Automatic Voice Network*, mais conhecida simplesmente por Autovon).

Uma das características da rede telefônica é que os equipamentos de comutação são concentrados em nós centrais, sem os quais a rede ficaria inutilizável. A Autovon foi construída de forma a minimizar esse problema. Era uma rede operada pela AT&T, que funcionava com a infraestrutura já disponível da rede telefônica, com a diferença de que dispunha de nós espalhados uniformemente pela rede e interconectados entre si [119, p. 15].

Assim, Baran sabia que sua rede deveria ser distribuída, se quisesse que fosse resiliente em caso de um ataque. Ele buscava, contudo, uma rede que fosse autorreconfigurável. Vê-se que, em caso de avaria na Autovon, seria necessário alterar manualmente suas conexões para que a comunicação fosse restabelecida.

A proposta de Baran se distanciava da Autovon em dois pontos fundamentais. Em primeiro lugar por tratar-se de uma rede de mensagens, a exemplo do telégrafo, e não de uma rede de comunicações por voz. A visão dele era de que um sistema por mensagens teria nós simples o suficiente para que o sistema fosse economicamente viável. Em segundo lugar porque propunha uma rede completamente digital. Baran imaginava que um sistema analógico com arquitetura distribuída resultaria em níveis altos de ruído e, consequentemente, em baixas taxas de transmissão [119, p. 16].

A *Rand Corporation* não dispunha de meios para construir a rede proposta por Baran e, de fato, ninguém procurou construí-la exatamente como na proposta constante do relatório. Seu conceito mais influente foi, sem dúvida, a ideia da rede de pacotes [119, p. 17].

Para Baran, além de permitir o uso mais eficiente do canal de comunicação com Multiplexação por Divisão de Tempo (TDM, na sigla em língua inglesa de *Time Division Multiplexing*), o fracionamento do conteúdo a ser transmitido em blocos de 1.024 bits implicava na vantagem adicional de dificultar a quebra do sigilo da informação [119, p. 20]. Não obstante, Abbate opina que a "rede de pacotes nunca foi adotada puramente com base em critérios técnicos, mas sempre porque ela se enquadra em um entendimento sociotécnico mais amplo de como as redes poderiam e deveriam ser utilizadas" [119, p. 8].

Em 1966, do outro lado do Atlântico, Donald Davies, do Laboratórico Físico Nacional (NPL, na sigla em língua inglesa de *National Physical Laboratory*, no Reino Unido) apresentava em uma conferência sua proposta da rede de pacotes, quando foi surpreendido com a informação de que uma proposta muito similar já havia sido publicada por Baran nos EUA [119, p. 27]. Ocorre que até a popularização da própria internet e com a formação de redes amplas de pesquisadores que trabalham em temas similares era bastante comum a descoberta múltipla na ciência e tecnologia.

Ao contrário de Baran, que buscava a resiliência de uma rede para fins militares, Davies chegou à rede de pacotes enquanto tentava formular um sistema interativo que popularizasse entre as empresas o uso da computação [119, p. 23]. Até então, o uso de computadores era eminentemente voltado para aplicações científicas, devido ao alto custo e à interface pouco amigável dos dispositivos disponíveis. Davies considerava que conectando-se diversos usuários a um mesmo computador, cada qual utilizando seu processamento por períodos curtos, seria possível o uso comercial da tecnologia.

Davis propôs ao governo do Reino Unido, em 1965, a construção de uma rede nacional que colocasse suas ideias na prática, mas sua oferta foi recusada [119, p. 29]. Somente em 1967 ele pôde construir em seu laboratório uma versão muito simplifica de sua rede, denominada *Mark I* [119, p. 31]. Anos depois, em 1977, devido ao sucesso da rede de Davies, o governo do Reino Unido colocou em operação uma rede chamada Serviço de Comutação de Pacotes Experimental (EPSS, na sigla em língua inglesa de *Experimental Packet Switching Service*), mas sua influência foi bastante limitada [119, p. 35].

5.2 Arpanet

A internet teve início em 1967, como um projeto de Robert Taylor, então diretor do Escritório de Técnicas de Processamento de Informação (IPTO, na sigla em língua inglesa de *Information Processing Techniques Office*), órgão vinculado à Agência de Projetos de Pesquisa Avançados (Arpa, no acrônimo em língua inglesa de *Advanced Research projects Agency*[1]), do Departamento de Defesa dos EUA (DoD, na sigla em língua inglesa de *Department of Defense*). Com o aval de Charles Herzfeld, diretor da Arpa, Taylor pretendia interligar diversos dos núcleos de pesquisa financiados pela agência. Desta maneira, poderiam alocar melhor os recursos, evitando a compra de computadores em duplicidade, que poderiam, com isso, ser compartilhados. A Arpanet, conforme seria conhecido o projeto, ficou a cargo de Lawrence Roberts [119, p. 44].

Apesar de o financiamento para o projeto ter embasado-se muito mais em pesquisa básica, sem objetivos imediatos de aplicação militar, considerando os estudos anteriores, Roberts optou por desenvolver uma rede de pacotes distribuída [119, pp. 46, 75].

A tarefa era muito complexa e exigiu soluções criativas tanto no que diz respeito à gestão, quanto do ponto de vista dos desafios tecnológicos a serem enfrentados. Em primeiro lugar, Roberts precisava que todos os laboratórios associados ao IPTO participassem do projeto [119, p. 46]. A decisão foi recebida com forte oposição pelas unidades independentes que certamente prefeririam dispor de mais equipamentos em vez de trabalhar em uma solução intrincada para poderem compartilhar os computadores [119, p. 50]. Outra questão era a falta de padronização, que exigia soluções particulares para cada modelo de dispositivo a ser interconectado.

No tocante à gestão, a saída encontrada foi um estilo "informal e descentralizado" [119, pp. 50–51]. Roberts compôs sua equipe basicamente com pesquisadores, mesmo nas posições de gerência. Os salários não eram atrativos, então havia frequente troca de posições, com grande intercâmbio entre profissionais vindos da indústria e da academia. A maneira encontrada de conseguir melhores resultados foi dando espaço a esses profissionais para que desenvolvessem por si sós os meios de alcançar os objetivos propostos [119, pp. 54–56]. Abbate indica que a cultura criada ultrapassou os limites da Arpanet, culminando na estrutura pouco hierárquica adotada na governança da internet. É resultado disso, por exemplo, o acolhimento de propostas por meio de Requisição de Comentários (RFCs, na sigla em língua inglesa de *Request for Comments*), ainda vigente [119, p. 74].

No campo tecnológico, colocou-se em prática a ideia já difundida nos anos 1960 de dividir as diferentes tarefas a serem realizadas pela rede de comunicaçoes em diferentes módulos, distribuídos em camadas [119, p. 51]. De início pensava-se em duas camadas, sendo uma de comunicação e a

[1]Hoje chamada de Agência de Projetos de Pesquisa Avançados de Defesa (Darpa, no acrônimo em língua inglesa de *Defense Advanced Research Projects Agency*).

outra do *host* [119, p. 53].

Os computadores eram ainda equipamentos caros, mas já havia disponibilidade de minicomputadores, máquinas menos poderosas, mas que poderiam formar os nós inteligentes inerentes à rede de pacotes. Fazendo uso do modelo H-516, minicomputador de fabricação da Honeywell, a empresa *Bolt, Beranek and Newman* (BBN) ficou responsável pelos processadores de mensagens de interface (IMP, na sigla em língua inglesa de *interface message processors)* [119, p. 57]. Estes comporiam a camada de comunicação.

A camada do *host* seria a responsável pela interface de usuário e por iniciar e manter conexões [119, p. 53]. Para desenvolver este trabalho Roberts criou o Grupo de Trabalho de Rede (NWG, na sigla em língua inglesa de *Networking Working Group*), cujos membros mais ativos eram Stephen Crocker, Vinton Cerf e Jon Postel, da Universidade da Califórnia em Los Angeles (UCLA, na sigla em língua inglesa de *University of California, Los Angeles*) [119, p. 59].

Mais tarde a Arpanet evoluiria para um modelo de rede com três camadas, sendo a terceira chamada de camada de aplicação, responsável por acesso remoto ou transferência de arquivos [119, p. 68].

Diferentes equipes ficaram encumbidas de diferentes tarefas na Arpanet. Compunham inicialmente o projeto:

- *BBN* – Responsável pela customização e operação da subrede de comunicação. Atuaram no projeto do IMP Robert Kahn, Frank Heart, Severo Ornstein, David Walden, William Crowther;

- *Honeywell* – Fabricante dos minicomputadores dos IMPs;

- *UCLA* – Encarregada da análise do desempenho da rede. Seu principal pesquisador neste projeto era Leonard Kleinrock;

- Network Analysis Corporation *(NAC)* – Formulou a topologia da rede. A empresa era capitaneada por Howard Frank;

- Stanford Research Institute *(SRI)* – Mantinha toda a documentação associada à Arpanet por meio do Centro de Informações de Rede (NIC, no acrônimo em língua inglesa de *Network Information Center)*. Participaram da Arpanet Elmer Shapiro, Douglas Engelbart; e

- *NWG* – Grupo formado por pesquisadores dos diferentes laboratórios que foi responsável por elaborar os protocolos do *host*.

A *rede* teve início com apenas um ponto, instalado na UCLA em setembro de 1969, devido a seu papel na análise de desempenho da rede [119, p. 64]. Logo ampliou-se para quatro nós, sendo os novos situados na Universidade da Califórnia em Santa Bárbara, SRI e Universidade de Utah [119, p. 56]. Na sequência, em 1970, a BBN ganhou seu próprio ponto de acesso, para que pudesse aprimorar e atualizar os IMPs com maior facilidade. Em 1971, a Arpanet já interconectava 15 centros de pesquisa da Arpa [119, p. 45].

De fato, em agosto de 1971, já estava em operação o Programa de Controle de Rede (NCP, na sigla em língua inglesa de *Network Control Program*), responsável pela conexão entre *hosts* [119, p. 67]. Também naquele ano difundiu-se o uso do protocolo telnet, ainda em uso para o estabelecimento remoto de conexão.

A rede ganhou notoriedade com uma demonstração de sua capacidade realizada na Conferência Internacional de Comunicações de Computadores, ocorrida em Washington, nos Estados Unidos, em outubro de 1972 [119, p. 78]. Somente após essa exibição a Arpanet passou a ser mais utilizada na prática, fato que incentivou a construção de redes de pacotes comerciais [119, p. 80].

Entretanto, Abbate registra que a rede continuou sendo pouco utilizada para o compartilhamento de recursos computacionais. Poucos projetos, como o programa militar de estudos climáticos e de análise sismológica, ambos bastante intensivos no uso de capacidade de processamento computacional, utilizavam a Arpanet segundo a visão de seus idealizadores [119, p. 102].

Remonta a 1972 o amplo uso do correio eletrônico na Arpanet [119, pp. 68–69]. Essa sim foi a aplicação que levou o uso da rede a um novo patamar, logo alcançando o maior volume de dados em tráfego na rede [119, p. 107]. Com isso os usuários fizeram da rede um instrumento de comunicações, e não um mecanismo de compartilhamento de computadores [119, p. 111].

5.3 Interconectando Redes

Desde 1970, o IPTO vinha trabalhando em conjunto com Norman Abramson, da Universidade do Havaí, em um sistema de comunicaçoes via rádio que interconectasse os diferentes campi da universidade, rede que foi denominada Alohanet [119, p. 114].

A grande inovação do método Aloha foi a introdução de um algoritmo de prevenção de colisões de pacotes. O sistema dispunha de apenas dois canais de comunicações, um do centro de computadores da universidade até os terminais distribuídos e o outro no sentido reverso, de cada terminal até o centro de computadores. Assim, considerando-se que não havia coordenação entre os terminais espalhados pelos campi, o enlace reverso estava suscetível à transmissão simultânea, caracterizando as colisões de pacotes. Caso não recebesse a confirmação de recebimento de um de seus pacotes, o terminal deveria aguardar um período aleatório antes de retransmitir, diminuindo, portanto, as chances de uma nova colisão entre estes mesmos pacotes [119, pp. 115–117].

Após estudar essa rede, Robert Metcalfe, então doutorando em Harvard, concluiu que poderia aprimorar seu desempenho introduzindo o tráfego momentâneo da rede como fator ao escolher o tempo de espera para a retransmissão. Já atuando no Centro de Pesquisas da Xerox em Palo Alto (Parc, no acrônimo em língua inglesa de *Xerox Palo Alto Research Center*, Metcalfe colocou essa ideia na prática no protocolo que ficaria conhecido como Ethernet [119, pp. 116–117]. Ele mesmo, por meio de sua empresa 3Com, a partir de 1981, colocaria no mercado produtos Ethernet que viriam a popularizar as redes locais. Ao longo desse processo, e ainda hoje, o Instituto de Engenheiros Eletricistas e Eletrônicos (IEEE, na sigla em língua inglesa de *Institute of Electrical and Electronics Engineers*) incumbiu-se de organizar os trabalhos de padronização dessa tecnologia, agrupados sob o código IEEE 802.3 [122].

Após o fim de ciclo que representou a demonstração na Conferência Internacional de Comunicações de Computadores, em 1972, Roberts saiu da ARPA para atuar na empresa Telenet, enquanto Kahn deixou a BBN para atuar como coordenador de programa no IPTO. Dentre outros projetos, coube a este a tarefa de levar a tecnologia de rede de pacotes para outras redes da Arpa, dessa vez via rádio e via satélite [119, p. 114].

Tomando por base a experiência com a Alohanet, Kahn optou por construir uma rede experimental na Baía de São Francisco, na Califórnia, nomeada PRNET [119, p. 118]. Apesar de ter diversas características para que pudesse ser utilizada pelos militares, essa rede nunca foi colocada em prática, no campo de batalha, pelos EUA [119, p. 120].

No tocante às comunicações por satélite, em resposta ao lançamento pela URSS do satélite Sputnik 1, em 1957, tomaram-se uma série de iniciativas na corrida aeroespacial provocada pela guerra fria. Já em 1958, os EUA lançaram o satélite Explorer 1 [123], apesar da tentativa frustrada ocorrida em dezembro de 1957 [124]. Em 1962, amparada pelo próprio governo norte-americano, criou-se a empresa Corporação de Comunicações por Satélite (Comsat, no acrônimo em língua inglesa de *Communications Satellite Corporation*) e em 1964 formou-se, com o suporte das Nações Unidas, o consórcio Intelsat [119, p. 120].

O IPTO de Kahn entrou no ramo das comunicações por satélite em 1973, conectando à Arpanet a Universidade do Havaí e a *University College London*. Em 1975 formou a Rede de Pacotes por Satélite do Atlântico (Satnet, no acrônimo em língua inglesa de *Atlantic Packet Satellite Network*) [119, p. 121]. Esta um projeto conjunto da Arpa com a Agência Postal Britânica (BPO, na sigla em língua inglesa de *British Post Office*) e com o Conselho Norueguês de Pesquisas Técnicas e de Ciências Naturais (NTNF, na sigla em norueguês de *Norges Teknisk-Naturvitenskapelige Forskningsråd*) [119, p. 121], [125].

Desde 1973, enquanto estava na Universidade Stanford, Cerf trabalhou em conjunto com Kahn na interconexão das redes Arpanet, PRNET e Satnet, da Arpa, tarefa na qual seguiu empenhado após 1976, quando juntou-se formalmente ao IPTO. Diversos profissionais e entidades, incluindo-se instituições de fora dos Estados Unidos, participaram do projeto confeccionado no âmbito do Grupo de Trabalho Internacional de Redes (INWG, na sigla em língua inglesa de *International Networking Working Group*). Grupo de trabalho, este, formado ainda na conferência de 1972 para a cooperação em projetos de redes [119, pp. 121–123].

Os membros franceses do INWG — mais notoriamente Louis Pouzin, Hubert Zimmerman e Gerard Lelann — tinham interesse em conectar sua rede Cyclades às americanas. Essa rede fazia parte de um projeto europeu, coordenado por Derek Barber, do NPL, que desenvolvia desde 1973 uma rede que percorreria 13 nós em diversos países da Europa, conhecida por Rede Europeia de Informática (EIN, na sigla em língua inglesa de *European Informatics Network*) [119, pp. 124–125], [126].

No que concerte à participação da indústria, é digno de nota o trabalho desenvolvido no INWG por Metcalfe e David Boggs, do Parc, enquanto desenvolviam na Xerox o protocolo Ethernet [119, p. 126].

A consolidação do trabalho do INWG em um protocolo padrão começou a tomar forma em um seminário organizado por Cerf em junho de 1973, na Universidade Stanford. O Protocolo de Controle de Transmissão (TCP, na sigla em língua inglesa de *Transmission Control Protocol*) teve grande influência das ideias de Lellan e Metcalfe, advindas da rede Cyclades e do protocolo Ethernet, repectivamente [119, p. 127].

A Arpa obteve êxito na interconexão das redes Arpanet, PRNET e Satnet no final de 1977, em um experimento com o protocolo TCP, data que, segundo Abbate, marca o início da internet como conhecemos [119, p. 131].

Em um evento em janeiro de 1978, na Universidade do Sul da Califórnia (USC), Cerf, Postel e Danny Cohen — este do Instituto de Ciências da Informação da USC — decidiram que o protocolo TCP ficaria encarregado apenas da comunicação entre os *hosts*, enquanto que um novo protocolo, denominado Protocolo de Internet (IP, na sigla em língua inglesa de *Internet Protocol*), ocupar-se-ia da conexão entre redes. Assim os gateways não ficariam sobrecarregados com funções complexas como, por exemplo, a correção de erros [119, pp. 129–130], [127].

Os protocolos TCP/IP tornaram-se, *de facto*, o padrão para a interconexão de redes de computadores no início dos anos 1980, consolidando o trabalho do INWG, esse grupo de trabalho internacional que canalizou interesses militares, da indústria e da academia. Todavia, a Arpanet levou ainda até junho de 1983 no trabalho de substituir completamente o NCP pelo par TCP/IP [119, pp. 130–133].

Desde o início dos anos 1970, o DoD tentava repassar a outra instituição a operação da Arpanet, preferencialmente para fora do governo norte-americano. No entanto, em 1975, transferiu-se a responsabilidade pela Arpanet para a Agência de Comunicações da Defesa (DCA, na sigla em língua inglesa de *Defense Communications Agency*), após falhar a tentativa da Comissão Federal de Comunicações (FCC, na sigla em língua inglesa de *Federal Communications Commission*) de mediar a transição do controle para a exploração comercial por uma empresa privada [119, pp. 135].

Sob o comando do coronel do Exército David Russell, o IPTO fez com que a Arpanet deixasse seu caráter apenas experimental para ser também amplamente utilizada pelos militares — do Exército, Força Aérea e Marinha — em suas atividades diárias. Uma das preocupações deste período foi com o controle de acesso à rede, considerando-se a introdução no mercado dos acessíveis computadores pessoais [119, pp. 136–137].

O motivo maior para a ampla adoção dos protocolos TCP/IP pelos militares foi a necessidade de interconectar as redes Arpanet e Autodin II, sendo que esta substituiria duas redes legadas, Autodin I e WIN. Decisão tomada pelo DoD em 1980, com o incetivo de Kahn e Cerf. O primeiro servidor de nomes foi ativado pelo NIC no SRI em julho de 1982 [119, pp. 138–142].

De acordo com Abbate, um primeiro passo da migração da internet para o âmbito civil decorreu da necessidade de segregar as atividades militares cotidianas, de um lado, da pesquisa científica, de outro lado — atividades incompatíveis que disputavam espaço na Arpanet. Deu-se a designação Arpanet para a rede de pesquisa, enquanto que a outra rede, que entraria em atividade em abril de 1983, seria a Milnet [119, pp. 142–143].

O outro passo, este definitivo, foi o incentivo dado pelo governo dos EUA para a produção e ampla disponibilização pela indústria de dispositivos TCP/IP, processo plenamente realizado em 1990 [119, p. 143].

5.4 TCP/IP vs. X.25

A questão da padronização dos protocolos de comunicações movimentou os anos 1980. Aos poucos, as redes de computadores deixaram o perfil experimental, criando um mercado importante, disputado tanto por pequenas empresas quanto por grandes corporações.

Apesar da aparente tecnicidade do processo de padronização tecnológica, Abbate chama a atenção ao fato de que essas disputas apresentam fortes características de um debate econômico, político e cultural, conforme demonstra-se a seguir [119, p. 152].

Grandes empresas têm incentivos a oferecer tecnologias proprietárias, ou seja, produtos compatíveis apenas com itens do mesmo fabricante. A título de exemplo, nota-se que em 1974, a empresa IBM (conforme é conhecida a norte-americana *International Business Machines Corporation*) lançou sua solução proprietária Arquitetura de Rede Digital (SNA, na sigla em língua inglesa de *Systems Network Architecture*). Logo depois, em 1975, a Xerox passou a oferecer os Serviços de Rede Xerox (XNS, na sigla em língua inglesa de *Xerox Network Services*). Também neste ano a Corporação de Equipamentos Digitais (DEC, na sigla em língua inglesa de *Digital Equipment Coorporation*) lançou sua Arquitetura de Rede Digital (Decnet, no acrônimo em língua inglesa de *Digital Network Architecture*) [119, p. 149].

Os usuários, por outro lado, ao menos no tocante a preços, beneficiam-se mais de tecnologias de arquitetura aberta. Se não há impedimentos por patentes, é mais provável que haja competição na produção de itens compatíveis com os equipamentos de que o consumidor já dispõe, comoditizando o mercado, o que pode levar a preços finais mais acessíveis.

Por esses motivos, há padrões públicos, criados por entidades independentes e padrões privados, criados pelos grandes produtores de tecnologia. Naquele período, no anos 1980, duas entidades estavam habilitadas a criar padrões públicos de redes de comunicações, e o fizeram com abordagens bastante distintas [119, pp. 149–150].

Em 1974, a operadora estatal de telecomunicações do Canada Sistema Telefônico Trans-Canadá (TCTS, na sigla em língua inglesa de *Trans-Canada Telephone System*) enfrentava uma disputa com a IBM, que tentava impor seu domínio tecnológico com equipamentos do padrão SNA. Por isso, uniu-se a operadoras da Europa e do Japão para pleitear a confecção de um padrão aberto de redes de pacotes junto ao Comitê Consultivo em Telegrafia e Telefonia Internacional da UIT (CCITT, na sigla em língua inglesa de *Consultative Committee on International Telegraphy and Telephony*), órgão posteriormente substituído pela UIT-T. Iniciaram-se os trabalhos do grupo formado na CCITT em 1975 [119, pp. 153–154].

Dessa iniciativa, resultou, em 1976, a aprovação em sessão plenária da Recomendação X.25 [128]. Até 1980, operadoras dos EUA, França, Japão e Reino Unido já haviam adotado o padrão [119, p. 154].

Em decorrência das forças que concorreram para sua formulação, os protocolos da Recomendação X.25 diferiram em muito da arquitetura TCP/IP. Nota-se, em primeiro lugar, que o pessoal da Arpanet encarregado pelo projeto era em sua grande maioria pesquisadores da ciência da computação, ao passo que o corpo técnico devotado ao grupo de trabalho da UIT era majoritariamente formado por engenheiros de telecomunicações. Enquanto os cientistas de computação pensavam na internet como um amálgama de redes locais, para as quais reservaram milhões de identificadores únicos, a visão dos representantes de grandes operadoras no CCITT era de que a rede de dados seria um espelho das grandes redes públicas de telefonia, modelo segundo o qual existiriam apenas uma ou duas redes por país [119, p. 166].

Em resposta às necessidades de tarifação, típicas do modelo de exploração das redes de telefonia e que pretendia-se replicar nas redes de dados, nota-se que o padrão da UIT dispunha de mecanismos de bilhetagem, ao contrário das necessidades e características da rede que emergiu da Arpanet [119, p. 161].

Na seara mais técnica, as duas soluções diferem em relação aos circuitos virtuais, sendo que em TCP/IP o controle de fluxo e a correção de erro são de responsabilidade do *host*, fim a fim, portanto, e em X.25 essas são tarefas dos nós de comutação. Entretanto, os dois conjuntos de protocolos não são totalmente incompatíveis, seu uso concomitante traria apenas ineficiências, fruto do conflito de diferentes filosofias de construção de redes de comunicações [119, pp. 155–156].

Abbate avalia que os propositores da Recomendação X.25 tiveram êxito no propósito de reequilibrar o poder entre as empresas de telefonia nacionais e os fabricantes de equipamentos, haja vista que a maior parte das redes de dados, naquele período, fizeram uso deste padrão [119, p. 167].

Outra relevante iniciativa de padronização ocorrida a partir do final dos anos 1970 foi coordenada pela Organização Internacional de Padronização (ISO, no acrônimo em língua inglesa de *International Organization for Standardization*). Nomeou-se o projeto de Interconexão de Sistemas Abertos (OSI, na sigla em língua inglesa de *Open Systems Interconnection*) [119, pp. 167–168].

O comitê composto por membros do Canadá, EUA, França, Japão e Reino Unido optou por desenvolver uma lógica segundo a qual os padrões e protocolos de redes passariam a ser desenvolvidos. Um padrão dos padrões. Na prática, sedimentaram a ideia já em voga de compartimentar as funções da rede de comunicações em camadas de protocolos, de maneira que tornasse possível a interconexão entre redes com arquiteturas distintas [119, pp. 168–169].

O modelo OSI, resultante, é o ainda popular conjunto de sete camadas, a saber [119, p. 170], [129, pp. 41–44]:

1. *Física* – Esta camada é responsável por garantir que os sinais elétricos enviados pela linha de transmissão sejam corretamente mapeados em bits pelo receptor;

2. *Enlace* – A camada de enlace encarrega-se da estruturação dos dados a serem enviados em quadros (*data frames*, na expressão original em língua inglesa) e da verificação quanto ao correto recebimento desses grupos de informações;

3. *Rede* – Trata do roteamento de pacotes ao longo da subrede;

4. *Transporte* – Fragmenta e envia à camada de rede os dados recebidos da camada superior, ao mesmo tempo em que garante a transmissão sem erros até o destino;

5. *Sessão* – Responsável por estabelecer sessões entre diferentes usuários da rede;

6. *Apresentação* – Permite a comunicação de estruturas abstratas de dados para a camada de aplicações; e

7. *Aplicações* – Camada cujos protocolos cuidam de serviços tais quais transferência de arquivos, acesso a páginas de hipertexto via Protocolo de Transferência de Hipertexto (HTTP, sigla em língua inglesa de *Hypertext Transfer Protocol*) e envio e recebimento de correio eletrônico.

A Arpanet adotou em outubro de 1981, em sua camada de enlace, o protocolo Controle de Enlace de Alto Nível (HDLC, na sigla em língua inglesa de *High-Level Data Link Control*), elaborado de acordo com o padrão OSI [119, p. 171], [130].

Até meados da década de 1980, os protocolos X.25, Ethernet, IP e TCP tiveram versões aprovadas pela ISO [119, p. 174]. Posteriormente, ISO, UIT-T e Força-Tarefa de Engenharia da Internet (IETF, na sigla em língua inglesa de *Internet Engineering Task Force*) atualizaram esses protocolos [128], [131]–[136].

Abbate considera que a introdução do padrão OSI também teve sucesso, ainda que parcial, considerando-se que deu mais poder aos usuários frente aos fabricantes de equipamentos. Isso apesar de que mesmo utilizando-se protocolos aprovados pela ISO era possível haver dificuldades de interconexão de redes de comunicações [119, p. 172].

Nesse sentido, é inequívoco que as iniciativas de padronização tanto por parte da ISO quanto da UIT não foram capazes de produzir, àquela altura, um consenso internacional na forma de construir redes de pacotes.

5.5 A Internet Ganha o Grande Público

No início da década de 1980 o acesso à Arpanet seguia bastante restrito, atendendo basicamente a militares e a centros de pesquisa subsidiados pela Arpa. Em 1981, deu-se um passo importante no sentido de ampliar o uso da rede, quando a Fundação Nacional de Ciências (NSF, na sigla em língua inglesa de *National Science Foundation*) financiou a criação de uma rede, nomeada CSNET, que permitiu a conexão à Arpanet por parte de instituições norte-americanas de ensino e pesquisa em ciência da computação de menor prestígio. Para minimizar os custos dessa rede, adotou-se topologia proposta por Dave Farber, da Universidade de Delaware, com última milha alcançada por meio de linhas dedicadas da empresa Telenet e acesso discado [119, pp. 181–184].

A criação de redes locais, principalmente em universidades, foi outro fator para o aumento do uso civil da Arpanet. Considera-se determinante nesse fenômeno a modularidade inerente aos protocolos Ethernet e TCP/IP, além da popularização de computadores pessoais [119, pp. 186–187].

Esse aumento substancial no número de usuários conectados à rede colocou em evidência a inadequação do sistema de nomes utilizado pelo NIC. Até aquele momento, era necessário que essa entidade aprovasse cada um dos nomes de *hosts* e que, a cada alteração, distribuísse a informação em tabelas. Em meados dos anos 1980, colocou-se em prática a solução para esse problema formulada por Paul Mockapetris, da USC. Criou-se assim o Sistema de Nomes de Domínios (DNS, na sigla em língua inglesa de *Domain Name System*), segundo o qual cada organização com presença na rede teria um domínio, para o qual deveria criar um servidor de nomes. Uma arquitetura distribuída, portanto. Na prática, a Arpa optou por criar os domínios ".edu", ".gov", ".mil", ".com", ".org" e ".net", ainda hoje em uso na internet [119, pp. 189–190].

Além de financiar a CSNET, a NSF criou, ao longo dos anos 1980, redes regionais interligando os centros de computação de universidades. Estas redes, por seu turno, interconectaram-se, formando a internet conhecida como Rede da Fundação Nacional de Ciências (NSFNET, no acrônimo em lingua inglesa de *National Science Foundation Network*). Com o crescente número de redes regionais aderindo à NSFNET, optou-se, em 1987, por um novo projeto de espinha dorsal da rede,[2] desta vez, por meio de contrato com o consórcio Serviço e Rede Avançados (ANS, na sigla em língua inglesa de *Advanced Network and Service*), composto por Tríade de Informação, Pesquisa e Educação de Michigan (Merit, na sigla em língua inglesa de *Michigan Educational Research Information Triad*), IBM e MCI (conforme era conhecida a empresa norte-americana *Microwave Communications, Inc.*). No novo projeto, conduzido por Dennis Jennings, da NSF, adotaram-se os protocolos TCP/IP. Temporariamente, até que a nova espinha dorsal estivesse pronta, a NSFNET compartilhou a infraestrutura da Arpanet, período que demarca também a chegada da rede a praticamente todos os campi norte-americanos [119, pp. 191–193].

Em 28 de fevereiro de 1990, a operação da Arpanet saiu completamente da responsabilidade dos militares. Nessa data ocorreu a transferência completa e definitiva do tráfego da Arpanet para a NSFNET, pesando sobre a NSF o encargo de gerenciar a internet [119, pp. 194–195].

A posse da infraestrutura da espinha dorsal da internet por parte do governo norte-americano colocava empecilhos a seu uso por entidades privadas, de forma que no início dos anos 1990 diversas empresa construíram trechos redundantes em suas redes. Estabeleceu-se então o consórcio Comutação de Internet Comercial (CIX, no acrônimo em língua inglesa de *Commercial Internet Exchange*), por meio do qual um número cada vez maior de empresas uniram forças, transferindo tráfego por *peering*. Ocorre que a rede não dispunha de facilidades que permitissem o cômputo do tráfego de diferentes *hosts*, inviabilizando a tarifação de lado a lado [119, pp. 195–200].

Essa situação durou até 1995, quando a Merit desfez a espinha dorsal da NSFNET. Assim, o governo norte-americano saiu do mercado, deixando a operação de redes para a exploração comercial por entidades privadas [119, p. 200].

Ao longo dos anos 1980, formaram-se uma série de redes, inicialmente desconectadas da internet, para a distribuição de notícias e correio eletrônico. É o caso da Usenet, Bitnet e FidoNet. Via de regra, o acesso se dava por linha discada[3] e as aplicações eram bastante rudimentares, desenvolvidas e aperfeiçoadas pelos próprios usuários. A FidoNet, por exemplo, surgiu a partir dos Sistemas de Quadro de Avisos (BBSs, na sigla em língua inglesa de *Bulletin Board Systems*) [137, p. 107]. Em um BBS, um microcumputador era conectado, com modems, a uma ou mais linhas telefônicas. Uma vez conectado, o usuário poderia deixar mensagens no sistema a outros usuários, interagir com o Operador do Sistema (SysOp, no acrônimo em língua inglesa de *System Operator*) ou com outros usuários, caso houvesse mais de uma linha telefônica disponível. Vê-se que, ao

[2]Por vez, utiliza-se no lugar dessa expressão o termo equivalente em língua inglesa, *backbone*.

[3]Também conhecido pelo termo em língua inglesa, *dial-up*.

contrário do acesso à Arpanet ou à NSFNET, os custos de acesso a Usenet, Bitnet e FidoNet eram baixos o suficiente para que essas redes alcançassem no início da década de 1990 a ordem de milhões de usuários. Esse grande contingente de usuários criou a demanda responsável por levar à internet os serviços de distribuição de notícias e a plataforma comum de correio eletrônico. Ao mesmo tempo, levou os protocolos TCP/IP às redes periféricas que acabaram por conectar-se à internet [119, pp. 200–205].

No que tange à gestão da rede, no início dos anos 1970 passou-se a coordenação técnica do NWG para o Programa de Internet da Arpanet. Esse organismo, coordenado por Cerf e Kahn, criou, em 1979, o Conselho de Controle da Configuração da Internet (ICCB, na sigla em língua inglesa de *Internet Configuration Control Board*). David Clark, do Instituto de Tecnologia de Massachusetts (MIT, na sigla em língua inglesa de Massachusetts Institute of Technology), presidiu o ICCB até 1984, quando esta entidade transformou-se no Conselho Consultivo da Internet (IAB, na sigla em língua inglesa de *Internet Advisory Board*), ainda em atividade, agora sob o nome de Conselho de Arquitetura da Internet (IAB, na sigla em língua inglesa de *Internet Architecture Board*). Em 1989, o IAB mudou sua estrutura, deixando apenas duas forças-tarefas, IETF e Força-Tarefa de Pesquisa da Internet (IRTF, na sigla em língua inglesa de *Internet Research Task Force*). A partir de 1992 o IAB passou a fazer parte da Sociedade da Internet (Isoc, no acrônimo em língua inglesa de *Internet Society*). O Grupo Consultivo Técnico da Rede (NTAG, na sigla em língua inglesa de *Network Technical Advisory Group*), da NSF, juntou-se à IETF quando da fusão entre Arpanet e NSFNET [119, pp. 205–208], [138].

Somente após a criação da NSFNET é que redes internacionais passaram a interconectar-se à internet. Os primeiros países foram Canada, França, Dinamarca, Finlândia, Islândia, Noruega e Suécia, em 1988. No ano seguinte conectaram-se Austrália, Alemanha, Israel, Itália, Japão, México, Holanda, Nova Zelândia, Porto Rico e Reino Unido. O Brasil viria a conectar-se apenas em 1990, quando juntaram-se também Argentina, Áustria, Bélgica, Chile, Grécia, Índia, Irlanda, Coreia do Sul, Espanha e Suíça. Quando o governo norte americano deixou a operação da internet, em 1995, estima-se que havia 22.000 redes estrangeiras formando a rede [119, p. 210].

Curiosamente, veio da Organização Europeia para a Pesquisa Nuclear (Cern, no acrônimo em francês de *Organisation européenne pour la recherche nucléaire*, derivado de seu antigo nome, *Conseil européen pour la recherche nucléaire*) a aplicação responsável por grande simplificação da interface de usuário no acesso à internet. Devido à enorme quantidade de dados para análise, provenientes dos experimentos em física de partículas, desde o começo dos anos 1980, havia na Cern redes de comunicações operando com os protocolos TCP/IP. Em 1990, Tim Berners-Lee e seus colegas criaram a linguagem HTML (do original em língua inglesa, *Hypertext Markup Language*) e o URL (do original em inglês *Uniform Resource Locator*), além do primeiro navegador rudimentar capaz de interpretar hipertexto. Sabe-se, contudo, que a ideia básica do hipertexto, a inter-relação entre documentos por meio de enlaces, já era bastante conhecida desde 1945, divulgada por Vannevar Bush e, mesmo antes disso, já estava presente no trabalho do bibliógrafo Paul Otlet [139], [140]. Fora dos laboratórios suíços, a Rede Mundial de Computadores (WWW, na sigla em língua inglesa de *World Wide Web*) representou importante inovação, capaz não somente de facilitar o acesso à informação, mas também de transformar os usuários da internet em produtores de conteúdo [119, pp. 214–216].

5.6 Outras Internets

Deste breve histórico, infere-se que a rede que hoje chamamos de internet teve muita influência norte-americana. Isso tanto na vertente tecnológica, como pode-se ver nos protocolos de comunicação, quanto na filosofia de como construir e administrar uma rede, tendo por exemplo a ideia de que a rede deve ser neutra e simples, ficando as tarefas mais complexas a cargo dos *hosts*.

No entanto, reputa-se oportuno mencionar ao menos duas outras tentativas de criar redes nacionais. Se as redes de pacotes e a Arpanet surgiram nos EUA como resposta a problemas associados à guerra fria, questiona-se, em primeiro lugar, porque a União Soviética não ofereceu alternativa. Na sequência, discutir-se-á sobre a rede francesa Minitel.

5.6.1 Internet Soviética

Até o começo da década de 1950, a União das Repúblicas Socialistas Soviéticas considerava o avanço tecnológico ocidental, no campo da informática, como mais uma faceta do imperialismo norte-americano. Foi somente após a morte de Josef Stalin, em 5 de março de 1953, que cientistas soviéticos ingressaram no debate global sobre a cibernética [141, p. 33].

Coube aos matemáticos Sergei Sobolev e Aleksei Lyapunov, além do engenheiro militar Anatoly Kitov, o papel de reconhecer na cibernética uma ferramenta necessária ao projeto soviético de uma economia planificada. Por meio de um artigo publicado em 1955, começaram a reverter a má reputação do tema entre os cientistas da URSS. Kitov interessara-se pelo assunto após encontrar em uma biblioteca uma cópia do livro *Cibernética*, do matemático norte-americano Norbert Wiener, de circulação proibida no país [141, p. 35], [69]. Ernest Kolman, também matemático, somou-se a esse esforço, refutando diligentemente o argumento até então predominante de que tratava-se de uma pseudociência [141, pp. 40–44].

Como resultado desses esforços, em 1959, criou-se o Conselho para a Cibernética, responsável por promover o tema para além das universidades. Apesar do temor ocidental de que a URSS estaria encaminhando-se para uma gestão centralizada e eficiente, na realidade, o que havia eram definições conflitantes que tiveram poucas consequências práticas. Peters considera que somente no governo de Gorbachev, nos anos 1980, é que se pôde notar o avanço significativo da informática no país [141, pp. 44–48].

Na teoria cibernética do Estado soviético, concebeu-se que a rede funcionaria como o sistema nervoso, cujo corpo seria toda a URSS. Modelo este que difere do proposto pelo norte-americano Warren McCulloch, estudado por Baran ao compor sua rede de pacotes. Para McCulloch, "a nação é como o próprio cérebro" [141, pp. 54, 98].

A economia de comando operava com três órgãos principais. A Comissão de Planejamento Estatal (Gosplan, no acrônimo em russo de *Gossudarstvênnîi Komitet po Planirovâniu*) era responsável pela elaboração dos planos quinqueniais, documentos que estipulavam a distribuição de matérias primas, força de trabalho e a produção esperada para o período. A Comissão Estatal de Abastecimento Material e Técnico (Gossnab, no acrônimo do original em russo) era encarregada da execução do planejamento, gestão estruturada nos níveis nacional, regional e local. O Banco Central da URSS (Gosbank, no acrônimo em russo de *Gossudarstvênnîi bank CCCP*) era responsável pela contabilidade e elaboração do orçamento [141, pp. 58–59].

Todavia, na prática, pouco saía conforme o planejado. A exceção era o setor militar, capaz de empreender com sucesso nos campos espacial, nuclear e armamentista. Ao contrário do que se viu no caso norte-americano, no entanto, houve pouca transferência de tecnologia da área militar para a indústria civil soviética. Assim, Nikita Khrushchev, que assumiu a liderança da URSS pouco depois da morte de Stalin, tentou, com pouco sucesso, uma série de reformas no sistema produtivo [141, p. 63].

A visão dos economistas cibernéticos, responsáveis por uma das correntes de pensamento que atuaram pela reforma do Estado soviético, era de que a economia modelava-se como uma série de tabelas, conforme estruturavam-se os planos quinqueniais. Desta maneira, os preços, quantidades de produtos a serem produzidos e demais variáveis representavam apenas um problema matemático de otimização, para o qual desenvolveram algoritmos de solução computacional. É nesse contexto que surge a necessidade de interconectar, por meio de uma rede nacional, os diferentes órgãos estatais e unidades fabris [141, pp. 64–71].

Viktor M. Glushkov, ciberneticista soviético, estimou que até 1980, mantendo-se a metodologia de planejamento e gestão como o usual em 1962, seria necessário empregar toda a população adulta da União Soviética no trabalho burocrático de planejamento econômico [141, p. 63].

Conforme mencionado, os anais da história registram o grande fracasso das reformas promovidas por Khrushchev e seus sucessores. Peters atribui esse resultado, em partes, ao fato de que boa parte das transações na economia soviética davam-se no mercado informal, não alcançado pelas diferentes propostas de reestruturação [141, pp. 74–75]. Outro fator, este mais relevante para o OGAS, diz respeito às tensões políticas ocasionadas pelas diversas propostas de revisão institucional. A proposta de Glushkov retiraria poder de parte da elite da burocracia da URSS e o realocaria a tecnocratas. O paradoxo, identificado por Peters, é que o sucesso do OGAS dependia, em primeiro lugar, da (baixa) capacidade de articulação política do grupo propositor [141, p. 77].

Projetos de Redes Nacionais, 1959–1962

Entre 1959 e 1962, propuseram-se três projetos nacionais de redes de comunicações na URSS. O primeiro deles foi o Sistema de Gerenciamento Automático da Economia (EASU, na sigla em russo de *Ekonomicheskaya avtomatizirovannaya systema upravleniya*) de iniciativa de Kitov [141, p. 81].

Após sua incursão no debate da cibernética, no campo das ideias, Kitov teve, em 1953, a oportunidade de criar na União Soviética três centros militares de computação. Ainda nos anos 1950, a URSS criou três redes militares. Estas vieram como resposta ao sistema de radares e computadores posicionado no Canadá, para a detecção de ataques aéreos, denominado Ambiente Terrestre Semi-Automático (Sage, na sigla em língua inglesa de *Semi-Automatic Ground Environment*) [141, pp. 82–83].

Em seu livro *Máquinas Computacionais Digitais*, publicado em 1956, Kitov defendeu que a capacidade computacional ociosa pudesse ser utilizada por civis na administração da economia nacional [142]. Já em 1958 e 1959, seus pleitos renderam frutos, mas com a construção de centros computacionais específicos para uso civil [141, pp. 84–85].

Em janeiro 1959, Kitov dirigiu-se diretamente a Khrushchev, enviando-lhe uma carta e uma cópia de seu livro, com o objetivo de sensibilizar o governo central da necessidade de empregar sistematicamente a computação na gestão da economia. Em sua visão, essa gestão dar-se-ia por meio dos Sistemas Automatizados de Gestão (ASU, na sigla em russo de *avtomatizirovannie sistemi upravleniya*), sistemas de automação e controle capazes de alterar parâmetros e reprogramar o maquinário das fábricas [141, pp. 85–86].

Com a instalação de ASUs em curso, o que se ampliaria ao longo das décadas seguintes, Kitov voltou-se novamente ao governo central. No outono de 1959 encaminhou nova carta, desta vez propondo não somente o uso de computadores, mas também a criação de uma rede nacional de comunicações, o sistema EASU. Para Peters, essa seria a primeira proposta — em todo o mundo — para a criação de uma rede nacional com uso civil [141, pp. 86–87].

Entretanto, desta vez, Kitov não obteve o mesmo êxito da carta anterior. Sua segunda carta foi interceptada por seus superiores imediatos antes de chegar às lideranças do Partido Comunista da União Soviética. A proposta de uma rede a ser compartilhada por civis e militares foi considerada uma traição por seus superiores que, ao fim de um processo disciplinar, decidiram por expulsá-lo da corporação [141, pp. 87–88].

Coube a Aleksandr A. Kharkevich a segunda proposta de uma rede nacional de comunicações. Em 1962, ele presidia o Conselho para a Cibernética e dirigia o Instituto para os Problemas de

Transmissão da Informação, um centro de pesquisa da Academia de Ciências da URSS. Foi quando propôs, por meio de um artigo, uma rede para unificar as diversas redes de dados fragmentadas que àquela altura existiam na URSS. A exemplo da Arpanet, nos EUA, esta rede, a qual nomeou Sistema de Comunicações Unificado (ESS, na sigla em russo de *edinaya sistema svyazi*), serviria o propósito de viabilizar a troca de informações entre os cientistas soviéticos [141, pp. 97–98, 101].

No entanto, as semelhanças cessam aí. Vê-se, por exemplo, que Kharkevich optou por uma arquitetura de rede hierárquica, descentralizada e não distribuída, como seria a Arpanet. Na analogia da cibernética, em uso àquele tempo, o ESS representaria um sistema nervoso, cujo cérebro estaria localizado em Moscou, com grandes centros de computadores e todo o aparato da burocracia soviética da capital [141, p. 100].

Mais uma vez, todavia, o acaso selou o destino deste projeto. Kharkevich foi a óbito em 1965 e sem ele o ESS não chegou a ser colocado em operação [141, p. 101].

A terceira iniciativa frustada de criar uma rede nacional de comunicações, nesse período, foi de N. I Kovalev, então diretor do Conselho Econômico do Estado (*Goseconmsovet*, no acrônimo do original, em russo). Tendo por base uma decisão da Reunião Plenária do Comitê Central Comunista, de 1962, que visava ao avanço tecnológico da automação de processos de produção, bem como de processos administrativos, Kovalev apresentou, em artigo de 1963, a intenção de interconectar diversos centros regionais de computação [141, pp. 101–102].

Segundo Peters, esse projeto, chamado de Sistema Racional para o Controle Econômico, não foi adiante porque enfrentou oposição dos próprios órgãos estatais de planejamento econômico. Gosplan e Gossnab, além de unidades regionais da burocracia soviética, não permitiram o avanço desta rede, temendo a perda de controle e de status para os técnicos da Academia de Ciências da URSS [141, p. 102].

Sistema Automatizado de Todo o Estado

Inconformados com o atraso tecnológico que percebiam na União Soviética, em relação aos EUA, um grupo de cientistas endereçou uma carta, em 1962, a Khrushchev, em que solicitaram o emprego de tecnologias da informação na administração da economia. Em 1963, atendendo a esta demanda, o Polituro, principal conselho do Partido Comunista, autorizou a criação de uma rede de computadores designada especificamente para promover a reforma econômica do país [141, p. 107].

Esse ambicioso projeto recebeu o nome oficial de Sistema Automatizado de Todo o Estado para a Coleta e Processamento de Informações para a Contabilidade, Planejamento e Governança da Economia Nacional, mas ficou mais conhecido apenas por Sistema Automatizado de Todo o Estado (OGAS, na sigla em russo de *Obshche-Gosudarstvennaya Avtomatizirovannya Sistema*) [141, p. 108].

Inicialmente, pretendia-se conectar à rede cerca de 20 mil ASUs, a serem instalados em empresas e fábricas. O planejamento e controle dessas unidades seria feito em dois níveis, com centros regionais de processamento e controle interligando as unidades finais a Moscou. Mais que uma plataforma integrada de planejamento da produção e contabilidade, esperava-se que o OGAS tornasse obsoleta a circulação de moeda, além de promover o controle social, operando como um banco de dados de inteligência [141, pp. 109, 113, 123].

O responsável pelo projeto foi Glushkov, do Instituto de Cibernética de Kiev (hoje chamado de Instituto V. M. Glushkov de Cibernética, da Academia Nacional de Ciências da Ucrânia [143]). No início, o OGAS contava com o apoio de outra instituição vinculada à Academia de Ciências da URSS, o Instituto Central de Economia e Matemática (CEMI, na sigla em russo de *Tsentral'nyy ekonomiko-matematicheskiy institut*), comandado por Nikolai Fedorenko [144]. Contudo, devido a dificuldades no financiamento de suas atividades, em 1969, o CEMI voltou sua atenção à formulação de intervenções microeconômicas [141, pp. 137, 141].

Peters atribui o fracasso do OGAS, em primeiro lugar, à situação econômica da URSS durante o governo de Brezhnev. O congelamento de gastos, nesse período, resultou na priorização de iniciativas mais conservadoras. O outro motivo é o mesmo enfrentado por Kitov, no final dos anos 1950, ou seja, a grande resistência dos militares russos em financiar projetos que beneficiariam a economia civil do país [141, pp. 143–144].

Em 1963, apesar da aprovação formal pelo Politburo, dividiu-se o projeto em duas partes. Nomeou-se a estrutura física de Rede Estatal Unificada de Centros de Computação (EGSVT, na sigla em russo de *edinnay gosudarstvennaya set' vyicheslitel'nikh tsentrov*). Delegou-se a outra parte, que dizia respeito à reforma econômica, à Administração Estatística Central, para que finalizasse o projeto antes de colocá-lo em funcionamento. Antes mesmo de submeter a proposta, Mstislav Keldysh, então presidente da Academia de Ciências da URSS, convencera Glushkov a retirar qualquer menção à virtualização da moeda [141, p. 147].

Entre 1964 e 1969, a Administração Estatística Central criou inúmeros embaraços ao OGAS, adiando enquanto pôde os relatórios de viabilidade dos quais dependia a liberação de recursos. Enquanto isso, Glushkov dedicou-se à implantação de ASUs em fábricas da Ucrânia [141, p. 152].

No ano seguinte, muito em razão da entrada em operação da Arpanet, nos Estados Unidos, Glushkov reuniu apoio para seu projeto, que seria novamente submetido à avaliação por um conselho do alto comando da União Soviética. No entanto, devido a duas ausências importantes, surgiu, durante a reunião, uma disputa interna sobre qual órgão ficaria responsável por gerenciar os recursos do sistema. Novamente, o Politburo aprovou apenas o investimento na rede EGSVT, deixando de lado a reforma administrativa ampla proposta no OGAS [141, pp. 161–166].

Kitov, em 1985, escreveu para o secretário-Geral Gorbachev, em uma última tentativa de salvar o projeto, mas também não teve sucesso [141, p. 182].

O acesso à internet por parte dos russos deu-se no final dos anos 1980, com computadores pessoais ocidentais e participação em salas de bate-papo, de forma muito semelhante ao que ocorreu em outros países [141, p. 186].

5.6.2 Minitel

O dia 30 de junho de 2012 marcou o fim de uma era na França. Foi nesse dia que a multinacional Orange, herdeira da estatal France Télécom, tirou de funcionamento a rede X.25, que dava suporte ao terminal Minitel. Este havia sido introduzido naquele país em 1982, pela PTT (conforme era conhecida a empresa estatal francesa *Postes et Télécommunications*, em decorrência de seu antigo nome *Postes, télégraphes et téléphones*) [145].

O Minitel tinha por base um serviço mais rudimentar, da categoria teletexto, chamado Antiope (acrônimo do nome do serviço em francês, *Acquisition Numérique et Télévisualisation d'Images Organisées en Pages d'Écriture*). A Telebras, no Brasil, disponibilizava o serviço Videotexto, similar ao Antiope, desde 1981 e ele ficou em operação até 1995. Em 1984, o serviço estava disponível nos estados de Minas Gerais, Paraná, Santa Catarina e São Paulo. Nesse ano a Telesp contava com 62 produtores de conteúdo, que disponibilizavam mais de 55 mil páginas aos usuários do serviço. O Videotexto estava presente em 11 estados em 1986, 14 em 1987 e 19 em 1988. O número de terminais era de 1.400 em 1984, 3.933 em 1985, 8.479 em 1986, 11.532 em 1987 e 14.600 em 1988. O sistema utilizado no Brasil fazia uso de microcomputadores e modems e estava inserido no objetivo de disseminar o uso dos dispositivos no Brasil, promovendo, assim, o aumento da demanda por redes de dados, então incipiente no país. Destaca-se a presença do jornal O Estado de São Paulo, desde 1982, no sistema da Telesp [137, pp. 67–71], [146]–[155].

Em 1978, preocupado com o avanço de Estados Unidos e Reino Unido, no campo das TICs, o governo francês optou por construir um sistema de comunicações de amplo acesso, financiado pelo Estado. Disponibilizaram-se gratuitamente os terminais, para os assinantes do serviço telefônico, que pagavam apenas pelo uso, por meio da própria fatura telefônica [156, cap. 1].

Diz-se que o Minitel funcionava como uma plataforma, em razão de que terceiros podiam prover serviços por meio do sistema. Eram mais de 25 mil serviços, que variavam desde previsão do tempo, transações bancárias, compra de ingressos, jogos em rede e salas de bate-papo até acesso a conteúdo erótico [157]. O fato de que a única restrição imposta aos prestadores de serviço via Minitel era de que o conteúdo não poderia ser ilegal torna essa plataforma, que poderia de outra maneira ser considerada retrógrada, um interessante estudo de caso para a questão da neutralidade de rede.[4]

Em seu ápice, em 1993, o serviço estava disponível, em casa ou no trabalho, para 36% da

[4] Abordada em maiores detalhes no Cap. 6.

população francesa, que o utilizou por um total de 89.688.000 horas [156, cap. 1]. A título de comparação, nos Estados Unidos, em 1993, apenas 2,27% da população utilizava a internet.[5]

A rigor, denominou-se Télétel a infraestrutura física que dava suporte ao terminal, este sim chamado Minitel. O Minitel era composto por um teclado, um monitor e um modem. A última milha era acessada pela rede telefônica. Uma vez discado o número de acesso, o modem do Minitel conectava-se ao Ponto de Acesso Videotex (Pavi, na sigla em francês de *point d'accès Vidéotex*), um *gateway*. Este consistia em uma central Alcatel-CIT E-10, que fazia a intermediação entre o modem do Minitel e a rede de pacotes com protocolo X.25, que na França chamava-se Transpac [156, cap. 2]. O governo francês lançou esta em 1978 e logo após, em 1981, descontinuou a rede Cyclades de Pouzin [158, pp. 56–57].

Em relação aos provedores de serviço, a Télétel especificava apenas a interface, de modo que havia uma grande variedade de soluções em uso, desde o atendimento de um usuário por vez, conectando-se pela própria rede pública telefônica, até as arquiteturas mais profissionais que se conectavam ao Pavi via Transpac [156, cap. 2].

Uma vez que se pretendia expandir o modelo para outros países, especialmente para o restante da Europa continental, cuidou-se de especificar a comunicação entre o terminal e o Pavi segundo a Recomendação UIT-T V.23 [159]. A codificação do teclado e da exibição em tela permitia símbolos especiais, contudo, o Minitel não avançou de maneira significativa para fora da França. Ainda em relação à padronização, é notável como o sistema ficou em operação por 30 anos e ao fim desse período ainda era possível utilizar-se o mesmo terminal do início dos anos 1980, sem nenhum prejuízo. Por outro lado, essa mesma característica representou uma restrição à evolução do sistema que resultou em sua obsolescência e na perda de relevância, ano a ano, frente à internet [156, cap. 2].

Apesar de ser aberta a qualquer interessado, a prestação de serviço pela Télétel dependia de autorização formal da Direção Geral de Telecomunicações (DGT, na sigla em francês de *Direction générale des télécommunications*). Mesmo o protocolo X.25 adotado era uma versão alterada pelo Centro Comum de Estudos de Televisão e Telecomunicações (CCETT, na sigla em francês de *Centre commun d'études de télévision et télécommunications*). Enquanto a versão padrão do protocolo X.25 permitia que um servidor acoplado à rede funcionasse como roteador do tráfego, a variante da Transpac impedia esse funcionamento descentralizado. Com isso, a Télétel não pode ser considerada fim a fim, como é hoje a internet [156, cap. 3].

Mailland e Driscoll argumentam que a arquitetura centralizada da Télétel resultou da tradição legada pelo processo histórico da formação do Estado francês. Segundo eles, a unificação nacional deu-se pela uniformização da língua e pela construção de estradas, irradiando-se a partir de Paris, de maneira que caberia, mais uma vez, ao governo nacional o papel de ampliar e uniformizar o

[5]Dados do Banco Mundial.

acesso às TICs, enfrentando os rivais IBM e BPO/*British Telecom* [156, cap. 3], [160].

Em relação ao modelo de negócios da exploração da Télétel, é interessante notar as semelhanças e diferenças em relação à internet contemporânea. Nota-se, por exemplo, que a rede francesa operava como o que hoje chama-se de *jardim murado*, isto é, "um sistema de informação no qual o provedor de serviços exerce autoridade final sobre os conteúdos e serviços acessíveis para os usuários" [156, cap. 4].

Os exemplos típicos de *jardim murado* são as plataformas de aplicativos para *smartphones* de Apple e Google, *Apple App Store* e *Google Play,* respectivamente. Assim como Apple e Google, a DGT, por meio da Télétel, intermediava as relações de consumo entre os provedores de serviços e os usuários da rede. Para isso, disponibilizava um serviço unificado de cobranças, denominado Kiosque, e em contrapartida retinha parte dos pagamentos. Contudo, por tratar-se de uma empresa pública, a France Télécom devia restringir sua censura apenas a conteúdos considerados ilegais, ao passo que as gigantes norte-americanas da atualidade têm maior discricionariedade quanto ao que pode ou não ser feito em suas plataformas [156, cap. 4].

Berners-Lee e Zittrain alertam para o fato de que a internet aberta, a WWW, vem perdendo importância nos últimos anos frente aos jardins murados, representados, por exemplo, por Facebook e Netflix [161], [162]. Em razão disso, o estudo da experiência francesa do Minitel pode servir de indicativo sobre o destino para onde ruma hoje a internet. Esta rede que, ao contrário do Minitel, pode não chegar a seu 30° aniversário[6] com o mesmo ímpeto de meados dos anos 1990 [156, cap. 7].

Comparando-se os primórdios da internet com o OGAS e o Minitel,[7] chama a atenção o papel central exercido pelo Estado em todos os casos. O senso comum faz querer crer que a disputa entre essas redes seria mais uma dimensão da competição entre o capitalismo norte-americano, o socialismo da União Soviética e o intervencionismo estatal à francesa. O que se demonstrou aqui, no entanto, é que — muito simplificadamente — a Arpanet desfrutou de enormes subsídios estatais e de uma boa relação entre os setores público e privado; o OGAS falhou por disputas internas e pela incapacidade do governo soviético de reverter para o público em geral a eficiência que apresentava nos projetos militares; e o Minitel foi uma plataforma, em muitos sentidos, tão aberta quanto a internet.

Isso é coerente com a constatação recente, de Mazzucato, de que empresas privadas, via de regra, aguardam até que o Estado empreenda, absorvendo, assim, os altos riscos inerentes a setores considerados revolucionários, como é o caso da internet. Para ela, é essencial a sinergia entre os setores público e privado, formando um ecossistema conducente à inovação [163].

---

[6]Da internet comercial aberta.

[7]Conforme Seções 5.2 e 5.6.1.

5.7 Início da Internet no Brasil

Ao longo desta seção, descrever-se-á o processo histórico que levou à chegada e à popularização das redes de comunicações de dados no Brasil. Para isso, ampara-se, principalmente, nos trabalhos de Benakouche, Carvalho e Stanton [137], [164], [165], comparando-se com o cenário internacional desenhado anteriormente neste capítulo, quando apropriado.

A emergência e difusão de inovações tecnológicas — especialmente no campo das TICs — são usualmente consideradas eventos rápidos e até mesmo inevitáveis. Todavia, não foi isso que constatou Benakouche ao estudar o processo que levou à chegada da internet no Brasil. Segundo ela, a instalação e expansão das redes de comunicações de dados no Brasil resultaram de políticas públicas amparadas pelo nacionalismo característico do governo brasileiro nas décadas de 1970 e 1980 [164].

5.7.1 Impulso Estatal

Considera-se como um marco inicial das redes de comunicações de dados no país a publicação da Portaria nº 301, do Minicom, de 3 de abril de 1975. Por meio desse documento, o ministério designou a Empresa Brasileira de Telecomunicações (Embratel) como a entidade responsável pela construção, expansão e operação do que chamou de Rede Nacional de Transmissão de Dados (RNTD). Essa medida solucionou o impasse causado pela intenção, da Telebras, de criar uma nova estatal especificamente para explorar as comunicações de dados e a telegrafia, que se chamaria Telebrás Telegráfica S.A. [137, p. 54].

O tema ganhou ainda mais interesse no Brasil em 1978, impulsionado pelo debate global iniciado com a divulgação, pelo governo francês, de um relatório sobre a *informatização da sociedade*. Na França, esse célebre documento, elaborado por Simon Nora e Alain Minc, da Inspetoria Geral de Finanças, a pedido do presidente da França, Valéry Giscard d'Estaing, teve como resultados práticos a construção da rede Télétel e a ampla difusão de seu terminal, Minitel[8] [166].

O Minicom do Brasil voltou a manifestar-se sobre o tema com a publicação da Norma nº 1, aprovada pela Portaria nº 109, de 25 de janeiro de 1979. Na portaria, o ministério estabeleceu seus nove objetivos em relação às comunicações de dados:

1. Dar suporte a políticas públicas dos setores econômico, social e cultural;

2. Integrar a nação pela difusão equitativa das TICs;

3. Viabilizar economicamente as comunicações de dados;

[8] Conforme mencionado na Seção 5.6.2.

4. Propiciar maior acesso e interconexão de recursos computacionais;

5. Prover infraestrutura para uma maior diversidade de serviços e aplicações;

6. Oferecer soluções de comunicações de dados compatíveis com as necessidades de usuários de pequeno, médio e grande porte;

7. Incentivar a indústria brasileira de dispositivos de comunicações de dados;

8. Capacitar profissionais, no país, visando à produção local de dispositivos de comunicações de dados; e

9. Capacitar técnicos brasileiros para o planejamento de redes de comunicações de dados.

Estabeleceu-se, na Norma n° 1/79, a responsabilidade da Embratel pela "exploração dos Serviços de Comunicação de Dados, assim como a operação e/ou gestão dos meios que lhes servem de suporte". Em relação ao regime de prestação do Serviço de Comunicação de Dados (SCD), criaram-se duas modalidades: regime público e regime privado. O serviço prestado no regime público estava associado ao uso das redes públicas de telecomunicações, enquanto que o serviço prestado no regime privado fazia uso de linhas e equipamentos dedicados. A prestação do SCD em regime privado era restrita a casos de indisponibilidade do atendimento com a rede pública. Condicionava-se a interconexão com redes extrangeiras à aprovação expressa da administração.

A estratégia de política industrial e o discurso da segurança nacional adotados pelo Brasil influenciaram sobremaneira a política de telemática desse período, para usar o termo cunhado por Nora e Minc. Aqui, como em outros países, os interesses do setor de telecomunicações chocaram-se com os do setor de informática.

O monopólio da prestação dos serviços de telecomunicações permitiu com que o governo passasse de importador de equipamentos a consumidor de equipamentos fabricados no Brasil e com sócios majoritariamente brasileiros, chegando, por fim, a desenvolvedor da tecnologia constante dos equipamentos de telecomunicações utilizados no país. Assim, satisfizeram-se as preocupações dos militares com a segurança nacional, bem como as intenções de modernizar a indústria do país [137, p. 57].

No campo da informática, criou-se, em 1979, a Secretaria Especial de Informática (SEI), órgão complementar ao Conselho de Segurança Nacional (CSN). Em 1980, a SEI criou uma comissão com o objetivo de avaliar o estado do setor no país e sugerir providências. Em amplo estudo, essa comissão informou o governo sobre o atraso do setor de informática no país, quando comparado ao mercado global. As recomendações emitidas propugnaram a participação do governo federal no setor, com o objetivo adicional de impulsionar a indústria nacional de microeletrônica [164].

Fluxos de Dados Transfronteiras

Após profunda discussão, aprovou-se a Lei nº 7.232, de 29 de outubro de 1984, que estabeleceu a Política Nacional de Informática. Criou-se, assim, o Conselho Nacional de Informática e Automação (Conin), que dentre outras atribuições ficaria responsável por regulamentar os Fluxos de Dados Transfronteiras (CBDF, na sigla em língua inglesa de *Cross-Border Data Flows*[9]), isto é, estabelecer os critérios para permitir ou não a interconexão de redes de comunicações do Brasil com redes de outros países. No entanto, o Poder Executivo vetou esse item (art. 7º, X), sob a justificativa de que o tema dizia respeito à segurança nacional e deveria, portanto, respeitar o posicionamento político por parte do governo.

Formalmente, define-se CBDF como "qualquer ligação estabelecida entre dois países para intercâmbio de dados, com atividades de processamento ou armazenamento em uma das pontas, ou ambas" [168]. No século 21, a interconexão de redes de comunicações pode parecer, a um observador, uma banalidade, mas no final dos anos 1970 e ao longo da década seguinte foi intenso o debate internacional sobre a comunicação entre países. Na ONU, atendendo a demandas, principalmente, de países em desenvolvimento, a Organização das Nações Unidas para a Educação, a Ciência e a Cultura (Unesco) promoveu encontros e criou grupos de trabalho sobre o tema. Sob a bandeira de propiciar uma *Nova Ordem Mundial da Informação e da Comunicação,* elaboraram relatórios e recomendações, com o objetivo de equilibrar as relações de poder entre os órgãos de imprensa dos países desenvolvidos e os do mundo em desenvolvimento. A queixa principal era de que as instituições dominantes acabavam por definir a narrativa e decidir quais temas e visões entrariam para a agenda mundial de discussão. Nesse contexto, em que se tratava dos rumos da comunicação em geral, os CBDF surgiram como um tema de menor impacto, que somente ganhariam protagonismo na década de 1990. Contudo, vê-se pelo tratamento dado pelo governo brasileiro que seu impacto, no Brasil, foi significativo [169]–[172].

Na prática, a responsabilidade por autorizar ou proibir a interconexão com redes estrangeiras era da Comissão de Coordenação das Atividades de Processamento Eletrônico (Capre), no período entre 1972 e 1979, período após o qual a SEI passou a ser o órgão responsável. Com a aprovação da Política Nacional de Informática, apesar do explícito veto presidencial, o Conin passou a ser a entidade responsável pelos CBDF. Sobre os critérios adotados pelo Conin, Lins reporta que o conselho sempre aprovava as solicitações de CBDF para redes de computadores. A validade das autorizações era de três anos, renovável [137, p. 60–61], [173, p. 179], [168].

Nos últimos anos, em meio a uma onda de imposição de barreiras aos CBDF, o tema ressurgiu em diferentes fóros. O *think tank* norte-americano McKinsey Global Institute estima que os CBDF aumentaram 18 vezes entre 2005 e 2012. Ainda segundo eles, o impacto desse tráfego no

---

[9] Por vezes chamado de *Transborder Data Flows* [167].

PNB mundial, em 2014, representou U$2,8 trilhões — consequência de aumento da produtividade em diferentes setores [174]. Com isso, cresce a tensão entre governos, que favorecem regras de localização de dados; e prestadores de serviços na internet, empresas que Wu chama de *mercantes da atenção* [175]. É, em outros termos, o conflito entre um ideal de livre-trânsito de dados e a tentativa de não se perderem, na rede, soberanias nacionais.

O Fórum Econômico Mundial estabeleceu, em 2016, que a inovação em um país está correlacionada a quanto esse país pode compartilhar de dados com outros países e a quão livre e acessível é a conexão à internet de seus cidadãos, de maneira que posiciona-se como favorável ao livre-tráfego entre países, a exemplo de sua posição em relação ao livre-comércio. De acordo com esse estudo, somente no período de 2015 a 2024, os ganhos proporcionados pela economia digital poderão chegar a U$23,8 trilhões no setor privado e a U$5,9 trilhões no setor público, benefício que poderá ficar prejudicado sem os CBDF [167], [176]. Em acordos comerciais recentes, como nos termos da Parceria Trans-Pacífico (TPP, na sigla em língua inglesa de *Trans-Pacific Partnership*), de 2016, há a proibição expressa de medidas de localização de informações e o compromisso de manutenção dos CBDF [177, p. 126].

Para o Fórum de Governança da Internet (IGF, na sigla em língua inglesa de *Internet Governance Forum*), um fator relevante, neste debate, deve ser a preservação da privacidade dos usuários na rede. Fator este responsável pela defesa, por alguns atores, de obrigações de manutenção de informações em bases de dados locais, sujeitas, assim, ao ordenamento jurídico do próprio país [178], [179].

Falsos Começos

Voltando aos primórdios da internet no Brasil, somente em 1980 é que, no escopo da RNTD, a Embratel disponibilizou o Serviço Digital de Transmissão de Dados via Terrestre (Transdata), SCD prestado em regime privado, com linhas e equipamentos dedicados, portanto. A demanda por conexão com o exterior logo fez com que a Embratel passasse a oferecer acesso, em caráter público, às redes Interdata, em 1982, e Findata, em 1983. Devido à própria natureza de seus negócios, as companhias aéreas e os bancos dispunham de redes do SCD em regime privado interconectadas a outros países. Nomeavam-se Airdata, com início da operação em 1981, e Interbank, respectivamente [164], [137, p. 63].

Vê-se que, até então, o acesso às redes de comunicações era considerado caro, restringindo-se, portanto, a certas aplicações comerciais. No entando, coube também à Embratel o primeiro passo no sentido contrário, da popularização do uso de redes de computadores no Brasil. Em 1982, a empresa franqueou a seus funcionários, mediante taxa, o acesso à plataforma de serviços de informações Ciranda. A partir de 1984, a conexão dava-se via Rede Nacional de Comunicação de Dados por Comutação de Pacotes (Renpac) e representava para empresa uma tentativa de aumentar o uso da rede que se mostrava com baixa demanda. Para tanto, a Embratel financiou a compra de computadores pessoais e modems, que eram instalados nas residências de seus funcionários, para o uso deles e de seus familiares. O projeto Ciranda contava com uma base de dados contendo agenda de aniversários, jogos, guias de compras, entre outros serviços. Em 1985, a Embratel incluiu novos serviços de informações na plataforma e passou a ofertar o acesso a ela para o público em geral, numa iniciativa que denominou projeto Cirandão. Contudo, considerou-se baixa a adesão tanto ao projeto Ciranda quanto ao Cirandão, sendo os principais motivos o custo elevado dos equipamentos e da assinatura, o limitado rol de serviços oferecidos e a falta de conhecimento da população para o uso de TICs. Incapaz de gerar interesse e tráfego o suficiente para que o projeto tornasse-se econômicamente viável, por fim, a Embratel transformou-no no Sistema de Tratamento de Mensagens (STM-400) [164], [137, pp. 64–67].

Em total alinhamento com a tendência internacional do período,[10] a Renpac entrou em operação utilizando o protocolo X.25. Inicialmente, os equipamentos eram de origem francesa e contavam, por isso, com a mesma tecnologia da rede Transpac.[11]

5.7.2 Redes Acadêmicas

Apesar dessas iniciativas da Embratel, não seria pela via comercial que o acesso à internet despertaria no Brasil. Aqui, como nos EUA,[12] seria necessário, antes, que surgisse o interesse da academia em conectar-se a outros centros de ensino e pesquisa.

Atribui-se a Liane Margarida Rockenbach Tarouco, professora da Universidade Federal do Rio Grande do Sul (UFRGS), a primeira iniciativa neste sentido. Em 1977, a pesquisadora teve acesso em primeira mão à Arpanet, fruto de um período de trabalho na Universidade Stanford, nos Estados Unidos da América. Ao retornar ao Brasil, Tarouco avaliou conectar a UFRGS à Arpanet, mas isso mostrou-se inviável. Mesmo sua intenção de formar uma rede regional, capaz de compartilhar recursos computacionais com outras universidades do estado, foi frustrada. A Rede Sul de Teleprocessamento (RST) nem mesmo chegou a ser colocada em prática [137, pp. 73–74].

Em 1979, criou-se o Laboratório Nacional e Redes de Computadores (Larc). Para tanto, inicialmente, dez intituições juntaram esforços [180]:

- Secretaria de Educação Superior do Ministério da Educação (SESu/MEC);
- Inpe;
- UFRGS;

[10] Conforme relatado na Seção 5.4.
[11] Rede francesa mencionada, anteriormente, na Seção 5.6.2.
[12] Como mostrado na Seção 5.5.

- Universidade Federal de Minas Gerais (UFMG);
- Universidade Federal de Pernambuco (UFPE);
- Universidade Federal de Campina Grande (UFCG, então campus vinculado à Universidade Federal da Paraíba — UFPB);
- Universidade Federal do Rio de Janeiro (UFRJ);
- Universidade de São Paulo (USP);
- PUC-Rio; e
- Universidade Estadual de Campinas (Unicamp).

Os integrates do projeto não constuiram uma rede física unindo seus laboratórios de computação, mas juntaram esforços na pesquisa do tema. Os seguintes objetivos constam de seu estatuto, os quais demonstram as expectativas dessas instituições para com a rede [180]:

> "Art. 1º O LABORATÓRIO NACIONAL DE REDES DE COMPUTADORES é uma associação, sem fins lucrativos, tendo como objetivo:
>
> I – Integrar os esforços institucionais na área de redes de computadores, gerando um "Know-how" de âmbito nacional nesta área de conhecimentos;
>
> II – Promover o intercâmbio de "software" e informação científica, através da interligação de laboratórios de computação locais;
>
> III – Promover, através do intercâmbio científico, o desenvolvimento de capacitações locais que conduzam todas as instituições membros a uma plena participação no esforço global do LABORATÓRIO;
>
> IV – Possibilitar o desenvolvimento de pesquisas interdisciplinares e de âmbito nacional compatíveis com os programas locais das entidades membros do LABORATÓRIO;
>
> V – Promover, em âmbito nacional, a formação de recursos humanos e o desenvolvimento de tecnologia especializada no setor;
>
> VI – Promover a aquisição de experiência na gestão do programas científicos e tecnológicos de âmbito nacional e alto grau de sofisticação;"

Foi do Núcleo de Computação Eletrônica da UFRJ (NCE/UFRJ) o primeiro projeto a sair do papel, uma rede local com topologia em anel, de 1981. No ano seguinte, também no Rio de Janeiro, a PUC-Rio associou-se a Telebras, Embratel e USP para o desenvolvimento de uma rede distribuída, nomeada Redpuc. Esta atingia taxa de transmissão de 10 Mbps e fazia uso do protocolo X.25 [137, pp. 74–75].

Fora do eixo Rio–São Paulo, criou-se, em 1982, o Centro Piloto de Serviços de Teleinformática para Aplicações em Ciência e Tecnologia na Região Norte–Nordeste (Cepinne). Todavia, interrompeu-se o projeto prematuramente, em 1985, devido à disponibilização, pela Embratel, da Renpac [137, p. 75].

Outro projeto desse período foi a Rede Rio, com início em 1984, que buscava interligar centros de pesquisa na cidade do Rio de Janeiro e que chegou a desenvolver protocolos baseados no modelo OSI [137, p. 75].

A partir de 1986, o Larc tomou a frente das iniciativas para a formação de uma rede nacional acadêmica de computação e da busca por sua conexão com as dezenas de redes congêneres então em operação no exterior. Após diversas reuniões, dentro e fora do país, esse laboratório recrutou aliados e propôs, em 1988, a criação da Rede Nacional de Pesquisa (RNP)[13] [137, pp. 76–78].

A proposta do prof. Paulo Henrique de Aguiar Rodrigues, então presidente do Larc, baseava-se no uso de protocolos aderentes ao padrão OSI. O correio eletrônico, por exemplo, utilizaria o protocolo UIT-T X.400 [181]. A Embratel seria demandada em duas frentes. As conexões entre as instituições fariam uso da Renpac e os enlaces internacionais dedicados seriam contratados da empresa. Com isso, a viabilidade econômica do projeto dependia da cobrança pelos ramais internacionais a custo fixo e não por volume de dados trafegados, modelo de cobrança padrão da Renpac. A dissonância entre os interesses da comunidade acadêmica, por um lado, e o modelo de negócios para as comunicações de dados da Embratel, por outro lado, levou a rusgas entre os envolvidos e provocou um impasse no estabelecimento da RNP [137, pp. 79–81].

Em junho de 1988, ciente das dificuldades enfrentadas — não somente pela comunidade acadêmica do Brasil, mas por Organizações Não Governamentais (ONGs) e instituições de outros países em desenvolvimento —, o Pnud interveio, propondo ao Instituto Brasileiro de Informação em Ciência e Tecnologia (Ibict) e à Coordenação de Aperfeiçoamento de Pessoal de Nível Superior (Capes) a criação de uma rede. Todavia, nesse momento, o projeto não teve êxito. Em 1989, o Pnud apoiaria a conexão do Instituto Brasileiro de Análises Sociais e Econômicas (Ibase), do Rio de Janeiro, ao que se tornaria a Associação para Comunicações Progressivas (APC, na sigla em língua inglesa de *Association for Progressive Communications*)[14] [165], [137, p. 87].

Enquanto a UFRJ tentava viabilizar sua conexão à Arpanet, em atenção ao convite recebido da NSF, em 1987, em outra frente de negociações, o Laboratório Nacional de Computação Científica (LNCC) buscava conectar-se a um *gateway* Bitnet da Universidade de Maryland (UMD), nos Estados Unidos. Somente após uma reunião envolvendo SEI, Embratel, Larc e LNCC, onde ponderou-se sobre o interesse nacional e os CBDF, decidiu-se por autorizar a conexão do LNCC à Bitnet. O projeto concretizou-se em setembro de 1988 e abriu espaço para as aspirações de

[13]Posteriormente renomeada Rede Nacional de Ensino e Pesquisa.

[14]A entidade atua, ainda, em fóros de governança da internet [182].

conexão internacional de outras instituições de ensino e pesquisa do Brasil. Em relação ao Larc, a mediação da SEI foi conducente ao diálogo para solução de seu conflito com a Embratel [137, pp. 82–84].

Após autorização da Embratel, no final de 1988, a conexão do LNCC à Bitnet converteu-se em benefício a diversos outros centros de pesquisa espalhados pelo país, que passaram a utilizar o nó do laboratório como *gateway* para acesso à rede internacional [137, p. 86].

Também em 1988, o Ministério de Ciência e Tecnologia (MCT) formou uma comissão, coordenada por Eduardo Tadao Takahashi, engenheiro do Conselho Nacional de Desenvolvimento Científico e Tecnológico (CNPq), para estudar o tema. Após longo trabalho, a comissão decidiu-se por financiar a RNP. O próprio Takahashi[15] ficou encarregado pelo projeto [137, p. 89].

Provocada por pesquisadores de USP, Unicamp e Universidade Estadual Paulista (Unesp), a Fundação de Amparo à Pesquisa do Estado de São Paulo (Fapesp) construiu o que Carvalho considera como a primeira rede acadêmica no país, a *Academic Network at São Paulo* (ANSP). Em abril de 1989, a agência paulista conectou essa rede à Bitnet via Laboratório do Acelerador Nacional Fermi (Fermilab, no acrônimo em língua inglesa de *Fermi National Accelerator Laboratory*), localizado em Batavia, Illinois, EUA. O protocolo utilizado foi o proprietário Decnet[16] [137, p. 85].

Logo em seguida, em maio de 1989, por fim, a UFRJ conectou-se à Bitnet utilizando-se de um enlace com a UCLA, nos Estados Unidos [137, p. 86].

Assim, LNCC, ANSP e UFRJ gozavam de suas próprias conexões internacionais. No entanto, exceto por conexões de linha discada ao LNCC, as instituições acadêmicas brasileiras permaneciam largamente desconectadas entre si. Rompeu-se essa tendência em 1990, quando UFMG, já interligada ao LNCC, conectou-se à ANSP. Ainda nesse ano, interconectaram-se LNCC e UFRJ [137, p. 87].

Uma vez tomada a decisão de tirar do papel a RNP, formou-se, em agosto de 1989, novo grupo de trabalho, desta vez da Secretaria Especial da Ciência e Tecnologia, para dar seguimento ao projeto. Formalizou-se a criação dessa equipe, cujos trabalhos seriam coordenados por Adrian Ricardo Levinson, do CNPq, por meio da Portaria nº 107, de 29 de agosto de 1989. A princípio, a SEI opunha-se ao uso dos protocolos TCP/IP, considerando que a política de informática vigente favorecia o uso de tecnologias filiadas ao padrão OSI, da ISO. Por isso, o plano inicial era utilizar-se a Renpac e protocolos do modelo OSI. O governo federal seria responsável por integrar as redes regionais, sendo que estas ficariam a cargo dos governos estaduais. Entretanto, com a promulgação da Lei nº 8.248, de 23 de outubro de 1991, alterou-se sensivelmente a política pública de informática do país. Por meio desse documento, o recém empossado governo do presidente Fernando Collor interrompeu a reserva de mercado para equipamentos de TICs produzidos no país e relativizou

[15]Nomeado membro do Hall da Fama da Internet em 2017 por seu papel na RNP e, consequentemente, na internet no Brasil [183].

[16]Mencionado anteriormente na Seção 5.4.

a obrigação de utilizarem-se somente equipamentos que executassem os protocolos do padrão da ISO [137, pp. 89–91].

Os altos custos associados ao uso da Renpac, da Embratel, com cobrança por volume de tráfego, seguiam sendo um empecilho à viabilidade econômica da RNP. Outro entrave era a falta de capacidade da companhia telefônica para construir a infraestrutura necessária em tempo hábil. Esses fatores e a dificuldade de desenvolvimento de software de redes adequado ao modelo OSI fizeram com que se adotassem roteadores capazes de trabalhar com múltiplos protocolos, incluindo-se o par TCP/IP [137, pp. 91–92].

No início dos anos 1990, durante os primeiros anos de trabalho na RNP, chamou a atenção de representantes da internet norte-americana o fato de haver três conexões diferentes ligando o Brasil aos EUA. Outro problema identificado foi o uso de conexões limitadas a apenas um protocolo de rede. A multiplicidade de conexões, a essa altura, era prejudicial porque representava custos lesivos ao desenvolvimento das redes acadêmicas de comunicações no Brasil. Barry Leiner e Steve Goldstein, profissionais interessados em fomentar a interconexão da internet a outras redes ao redor do mundo, orientaram a coordenação da RNP e a comunidade acadêmica brasileira para que adotassem uma solução mais robusta. Para eles, o ideal seria a interligação das redes por meio de um enlace único, partindo da espinha dorsal da rede brasileira, ligando-a diretamente ao que se chamava, à época, de Ponto de Troca de Tráfego Internet Federal (FIX, na sigla em língua inglesa de *Federal Internet Exchange*)[17] [137, p. 93].

Avaliou-se também a conexão da RNP à Europa, preferencialmente com um enlace até o Cern, em Genebra, na Suíça, mas, de início, a conexão ocorreria mesmo apenas com os Estados Unidos [137, pp. 95–96].

Por pressão da comunidade acadêmica, notadamente LNCC, NCE/UFRJ e Instituto de Matemática Pura e Aplicada (Impa), a Fundação Carlos Chagas Filho de Amparo à Pesquisa do Estado do Rio de Janeiro (Faperj) optou, na segunda fase do projeto Rede Rio, pelo uso dos protocolos TCP/IP e por conectar-se à internet. O principal motivo dessa predileção foi a limitação de aplicações disponíveis na Bitnet. Nessa etapa do projeto, a Rede Rio pretendia interconectar LNCC, UFRJ e PUC-Rio [137, p. 97].

Ausente do grupo de trabalho formado em 1989, o prof. Ivan Moura Campos, da UFMG, trabalhou no projeto da RNP entre 1991 e 1993, na condição de diretor de Programas Especiais do CNPq. Atribui-se a ele a retomada do projeto. Inicialmente anunciado em 1989, até 1991, a RNP apresentava pouco progresso prático [184], [137, p. 101].

Em viagem aos Estados Unidos, em 1991, Demi Getschko,[18] então coordenador da ANSP na

[17]Hoje utiliza-se a expressão Ponto de Troca de Tráfego Internet (IXP, na sigla em língua inglesa de *Internet Exchange Point*).

[18]Nomeado membro do Hall da Fama da Internet em 2014 por seu papel na ANSP, RNP e, consequentemente, na internet no Brasil [185].

Fapesp, e Michael Stanton, então professor da PUC-Rio e responsável pela Rede Rio, definiram qual seria o roteamento do tráfego internet para a RNP. Com o envolvimento de Goldstein e Takahashi, levantaram também informações administrativas que seriam úteis na gestão da RNP [137, pp. 99–100].

Em São Paulo, a partir de fevereiro de 1991, a ANSP passou a disponibilizar a seus membros conexão à internet norte-americana, com os protocolos TCP/IP. Inicialmente, a 4800 bps e, depois, a 9600 bps. No entanto, ao contrário da conexão de espinha dorsal a espinha dorsal, desejada por Leiner e Goldstein, a RNP era ainda apenas um plano e a rede paulista conectou-se à Rede de Ciências Energéticas (Esnet, na sigla em língua inglesa de *Energy Sciences Network*) via Fermilab. A Esnet, sim, conectava-se diretamente à Nsfnet [137, pp. 98–99].

Dificuldades administrativas adiaram a execução da segunda etapa do projeto Rede Rio até 1992, quando adquiriram-se os equipamentos e interconectaram-se as instituições participantes. Coube à Telecomunicações do Estado do Rio de Janeiro (Telerj) a instalação dos enlaces de 64 kbps utilizados nas conexões metropolitanas. Inaugurou-se a Rede Rio, já com acesso à internet, em 22 de maio de 1992, sendo que concretizou-se esse ramal internacional via conexão satelital a San Diego, California, EUA [137, p. 105].

Enfim, em 1992, entrou em operação a RNP. A topologia inicial incluía Pontos de Presença (PoPs, na sigla em língua inglesa de *Points of Presence*) em Belém, Belo Horizonte, Brasília, Curitiba, Florianópolis, Fortaleza, Porto Alegre, Recife, Rio de Janeiro, Salvador e São Paulo. Aqui, como nos EUA, buscava-se, dentre outros objetivos, ligar os centros de pesquisa espalhados pelo país aos recursos computacionais disponíveis. Em nosso caso, o supercomputador instalado na UFRGS [137, p. 102].

Ainda sob a gestão de Campos, a Diretoria de Programas Especiais, do CNPq, firmou convênio com o Pnud, em outubro de 1992. O objetivo do projeto, que dispunha de recursos tanto do Pnud quanto do CNPq, era fomentar o desenvolvimento do setor de TICs no Brasil. Especificamente em relação à RNP, o acordo viria a financiar a rede acadêmica por oito anos, em um período crítico para o estabelecimento e popularização da internet no país [137, p. 103].

5.7.3 Popularização da Internet e Exploração Comercial do Acesso

É certo que as redes acadêmicas tiveram um papel pioneiro e de grande relevância para o acesso de brasileiros à internet. Contudo, no início dos anos 1990, a rede servia apenas a um nicho. Em primeiro lugar, como visto, tanto o custo dos equipamentos quanto a cobrança mensal pelo uso das redes inviabilizavam o acesso da imensa maioria da população. Em segundo lugar, o grau de capacitação técnica necessário para estabelecer a conexão e para operar o terminal situava-se em um patamar inalcançável, mesmo para aqueles poucos que dispunham de recursos para adquirir microcomputador e modem. Por fim, a essa altura, não havia na internet aplicações capazes de gerar, no brasileiro médio, o interesse pelo acesso. Vê-se, por exemplo, que a empresa norte-americana Netscape somente lançaria seu navegador em dezembro de 1994 [186]. O site de buscas AltaVista, precursor do Google, iniciar-se-ia em 1996 [187].

Usenet, Bitnet e FidoNet[19] viabilizaram o acesso a redes de comunicações para norte-americanos capacitados, sobrepondo as barreiras de autorização oficial e altos custos que enfrentavam para conectarem-se à Arpanet ou à NSFNET. Todavia, a real popularização do acesso a redes, nos EUA, deu-se com os portais de serviços America Online (AOL), CompuServ e Prodigy, dentre outros.

A CompuServ, por exemplo, iniciou suas atividades ainda nos anos 1960, fundada por Jeff Wilkins e John Goltz. Inicialmente, seus negócios consistiam no aluguel por tempo de uso de computadores, no aluguel de software proprietário para gestão empresarial, além de cobranças pelo acesso a bases de dados desenvolvidas pela própria empresa. Com o passar dos anos, já no final da década de 1970, a empresa viu-se em dificuldades, haja vista que os microcomputadores haviam-se popularizado a ponto de competirem em pé de igualdade com o sistema de terminais e *mainframe* que era o cerne de suas receitas. Mesmo olhando em retrospectiva, é surpreendente que a empresa tenha usado a seu favor as mesmas condições que a colocaram em situação delicada. A saída encontrada foi prover serviços de armazenamento e processamento para o emergente mercado de entusiastas das primeiras gerações da computação pessoal. Isso foi possível porque os computadores da CompuServ eram mais utilizados pelo mercado corporativo durante a semana e em horário de expediente comercial. Assim, precisou-se de pouco investimento para alcançar um mercado ainda inexplorado. Adiante, no começo da década de 1990, quando privatizou-se a espinha dorsal da internet, foi a empresas como a CompuServ que a população americana, em geral, recorreu para acesso à internet e a serviços como email, salas de bate-papo e envio e recebimento de mensagens instantâneas. A interface simplificada e os serviços mais variados permitiram com que a internet deixasse de atender apenas a um nicho, para alcançar um público mais amplo. Foi esse modelo de negócios — e não o modelo estatal francês da Télétel/Minitel[20], por exemplo — que se replicou na maior parte dos países, nessa fase [188, cap. 3].

No Brasil, a partir de 1984, os entusiastas dos microcomputadores encontraram uma forma de satisfazer seu desejo de utilizar a tecnologia e de interagir em comunidade. Foi quando começaram a chegar ao país os BBSs[21] [137, pp. 107–108]. Para esse grupo, o formato de BBS atendia melhor a suas aspirações, uma vez que permitia que os próprios usuários disponibilizassem conteúdo, ao contrário do oferecido, por exemplo, pelo projeto Cirandão, da Embratel. Nota-se que, inicialmente, esse não era um grupo muito amplo, considerando-se que não havia aqui muitos usuários que tivessem recursos para adquirir um modem e um microcomputador, que pudessem pagar pelo acesso por linha discada e que tivessem capacidade técnica para configurar o sistema e para operar

[19]Redes mencionadas, anteriormente, na Seção 5.5.

[20]Conforme viu-se na Seção 5.6.2.

[21]Sistema introduzido na Seção 5.5.

a tecnologia. Não obstante, com algum atraso, essas redes privadas de pequeno porte cumpriram, no Brasil, papel semelhante ao desempenhado pelos BBSs nos EUA.

Lançou-se publicamento o primeiro BBS em Chicago, nos Estados Unidos, em 16 de fevereiro de 1978. Argumenta-se, inclusive, que esse sistema foi a semente que resultou, em última instância, na geração atual de redes sociais — plataformas que, em muitos sentidos, dominam a internet, contemporâneamente. Com amplo apoio e divulgação da comunidade de técnicos e aficionados em microcomputadores, logo replicou-se e aprimorou-se o sistema desenvolvido, originalmente, por Ward Christensen e Randy Suess. Em razão da tecnologia empregada, modems e linhas telefônicas comuns, o alcance de cada BBS limitava-se, para a maioria dos usuários, à região geográfica em que as ligações telefônicas eram consideradas locais.[22] A interface de usuário era bastante rudimentar, principalmente considerando-se os padrões atuais. A tecnologia antecede, em muitos anos, por exemplo, à ideia do hipertexto,[23] base da WWW, de maneira que o usuário precisava digitar opções em menus para navegar pelo sistema. Em 1984, Tom Jennings elaborou e distribuiu uma importante inovação para sistemas de *host* de BBSs. Com o código de Jennings, rompeu-se o isolamento tão característico dos BBSs, permitindo-se que diferentes sistemas interconectassem-se automaticamente. A essa rede deu-se o nome de FidoNet.[24] A interconexão permitiu a introdução de inúmeras aplicações, apesar da grande limitação imposta pela demora para a troca de informações, considerando-se que levavam-se dias, com muitos saltos, até que uma mensagem alcançasse BBSs longínquos. Apesar de tecnologicamente superado, há registros de que o formato esteja, ainda, em uso. Por exemplo, sabe-se da existência de grupos saudosistas, que permitem o acesso a BBSs pela internet, por telnet. Curiosamente, há também notícia do uso contemporâneo do sistema, como nos anos 1980 e 1990, por linha discada, por jovens, em Taiwan [189], [190].

Carvalho registra que o primeiro BBS a operar neste país, no início de 1984, foi o carioca BBS do Pinto, criação do engenheiro Paulo Sérgio Pinto. Em 1989, o BBS Hot-Line, também do Rio de Janeiro, passou a oferecer a seus usuários acesso à FidoNet, rede à qual conectaram-se via Argentina. Sem a supervisão da SEI, órgão extinto em 1990, que colocara barreiras aos CBDF, um crescente número de BBSs levou a conexão à FidoNet a diversas cidades brasileiras [137, pp. 108–111], [173, p. 22].

O movimento de interconexão de BBSs chegou ao Brasil no início dos anos 1990, período em

[22]Nesse período, nos Estados Unidos, um plano de serviço comum para a telefonia fixa incluía chamadas locais ilimitadas. No Brasil, nos anos 1990, pagava-se o valor de uma chamada curta apenas para ligações feitas diariamente, após a meia noite; em tardes e noites de sábado; e aos domingos. Dessa maneira, era frequente o acesso aos BBSs e, depois, à internet, por linha discada, apenas nesses períodos. Interessa observar, neste ponto, a materialização de uma ideia da sociologia da ciência e tecnologia. Segundo Latour, a sociedade manifesta-se em "*um tipo de conexão* entre coisas que não são, em si, sociais." [40, p. 5]. A diferença entre as regras de cobrança pelo serviço de telefonia no Brasil e nos Estados Unidos, característica técnica e econômica, refletiu-se no padrão social de adoção da tecnologia.

[23]Tema abordado, anteriormente, na Seção 5.5.

[24]Rede citada, anteriormente, na Seção 5.5.

que já havia aqui centenas de sistemas. Contribuiu para esse processo a realização, em 1992, no Rio de Janeiro, da Conferência das Nações Unidas sobre o Meio Ambiente e o Desenvolvimento (Eco-92), promovida pela ONU. O evento ocorreu em um momento crítico para o desenvolvimento da internet — não só no Brasil, mas no mundo. Além dos Estados membros da ONU, a conferência e seus eventos paralelos congregaram uma série de ONGs, jornalistas, membros da academia e outros interessados de inúmeras entidades. Ademais, de antemão, sabia-se que muitos desses interessados não poderiam viajar ao Rio de Janeiro, de forma que fez-se necessário criar uma infraestrutura de telecomunicação compatível com a relevância dos temas debatidos e das entidades participantes. O Ibase, membro da APC,[25] ficou responsável por trazer a internet até a conferência, projeto financiado pela Eco-92, com o apoio técnico do Pnud, da RNP e da Rede Rio. Foram, ao menos, dois os principais resultados da experiência. Em primeiro lugar, o sucesso do emprego da tecnologia TCP/IP no evento serviu de evidência de que se podia utilizá-la com segurança para aplicações críticas. Em segundo lugar, o enlace de 64 kbps da UFRJ à internet logo impeliu a ANSP a contratar seu próprio enlace desta dimensão, dando robustez à iniciativa de estabelecer-se uma espinha dorsal da RNP, interconectando ANSP, Rede Rio e redes de outros estados. Mesmo após a conferência, o Ibase seguiu conectado à internet. Inicialmente, como membro da Rede Rio e, posteriormente, ligado à ANSP. O braço tecnológico do Ibase, nomeado Alternex, tinha por missão interconectar BBSs, o que o colocou como provedor de acesso à internet para diversas entidades, servindo também de porta de acesso à Usenet [137, pp. 111–124].

Com o barateamento dos modems, o surgimento de aplicações de maior interesse público e com interface de usuário simplificada, além da maior difusão dos microcomputadores, logo surgiram provedores comerciais de internet. Nos Estados Unidos, a primeira empresa a adotar essa estratégia foi a *Commercial+Research* (CO+RE, no acrônimo em língua inglesa), derivada[26] do consórcio ANS.[27] Pouco depois, também em 1991, a CIX[28] passou a oferecer acesso a sua rede, destinada especificamente ao tráfego comercial. Esse é o marco definitivo do início da exploração comercial da rede [137, pp. 136–137].

Em relação ao Brasil, estima-se que, em 1995, os BBSs servissem a cerca de 20 mil usuários no país. Nesse mesmo ano, sabe-se que o BBS Mandic, de São Paulo, disponibilizava conexão à rede CompuServe, dos EUA. Apesar do alto custo das ligações internacionais, redes brasileiras de BBSs tornaram viável o acesso à internet, ainda que de forma indireta, em diversos municípios. Ao todo, considerando-se os diversos canais, estima-se que, em 1995, houvesse, no Brasil, entre 50 e 170 mil usuários de internet[29] [137, pp. 108–111], [193].

[25]Entidades mecionadas na Seção 5.7.2.

[26]É comum o uso do termo em língua inglesa *spin-off* para designar empresas que, como a CO+RE, desprenderam-se de outra companhia maior para atuar, independentemente, em um nicho de mercado.

[27]Empresa mencionada, anteriormente, na Seção 5.5.

[28]Associação introduzida na Seção 5.5.

[29]As fontes divergem, neste ponto. O dado oficial, internacional, dá conta de 170 mil usuários [191]. Por outro

Os pequenos provedores, no Brasil, somente saíram da sombra da Embratel após a publicação da Norma nº 4, aprovada pela Portaria nº 148, do Minicom, em 31 de maio de 1995. Com vistas ao programa de privatizações do presidente Fernando Henrique Cardoso, que já se desenhava, sob o comando de Sérgio Motta, definiu-se, nesse documento, que o acesso à internet, em si, não constituía serviço de telecomunicações. Esse conceito, bem como a portaria, seguem válidos na organização do setor de telecomunicações deste país. O acesso à internet, aqui, necessita de um serviço de telecomunicações que lhe dê suporte. Seja o STFC, no caso do acesso por linha discada, seja o SMP, no caso de acesso pela rede móvel terrestre, seja o SCM, no caso da rede banda larga fixa. Em 1995, era o equivalente a dizer que, para o acesso à internet, seria, ainda, necessário contratar uma linha telefônica do monopolista Sistema Telebras. Contudo, como um aceno ao futuro próximo, o Serviço de Conexão à Internet (SCI) seria, de pronto, prestado no regime de competição [137, p. 138].

Ao mesmo tempo em que retirou do projeto o protagonismo da Embratel — ou de qualquer outra empresa estatal —, o governo formalizou sua visão para esse mercado. Por meio da Portaria Interministerial nº 147, de 31 de maio de 1995, criou o CGI.br, cujas atribuições enumerou:

> "I – acompanhar o provimento de serviços INTERNET no País;
>
> II – estabelecer recomendações relativas a: estratégia de implantação e interconexão de redes, análise e seleção de opções tecnológicas, e papéis funcionais de empresas, instituições de educação, pequisa e desenvolvimento (IEPD);
>
> III – emitir parecer sobre a aplicabilidade de tarifa especial de telecomunicações nos circuitos por linha dedicada, solicitados por IEPDs qualificados;
>
> IV – recomendar padrões, procedimentos técnicos e operacionais e código de ética de uso, para todos os serviços INTERNET no Brasil;
>
> V – coordenar a atribuição de endereços IP (INTERNET PROTOCOL) e o registro de nomes de domínios;
>
> VI – recomendar procedimentos operacionais de gerência de redes;
>
> VII – coletar, organizar e disseminar informações sobre o serviços INTERNET no Brasil; e
>
> VIII – deliberar sobre quaisquer questões a ele encaminhadas."

Em nota conjunta emitida pelo Minicom e pelo MCT, em 15 de maio de 1995, disponibilizada em 31 de maio de 1995, delinearam-se os papéis a serem cumpridos pelas diferentes entidades envolvidas. Como linha mestra, adotou-se o princípio de que o "provimento de serviços comerciais Internet ao público em geral deve ser realizado, preferencialmente, pela inciciativa privada". Ainda,

lado, uma fonte da imprensa local, em informação publicada à época, registra 50 mil indivíduos conectados no início de março de 1995 [192].

a "participação das empresas e órgãos públicos no provimento de serviços Internet dar-se-á de forma complementar à participação da iniciativa privada, e limitar-se-á às situações onde seja necessária a presença do setor público para estimular ou induzir o surgimento de provedores e usuários". Nesse espírito, permitiu-se, temporariamente, por meio desse documento, o uso da espinha dorsal da RNP também por empresas privadas. Caberia ao Minicom e ao MCT a melhoria da infraestrutura da RNP. De maneira complementar, desejava-se que as unidades federativas constituíssem *backbones* regionais. Às empresas do Sistema Telebras, facultou-se a construção de redes de espinha dorsal nos âmbitos estadual e nacional. Estas não poderiam, entretanto, atuar como provedores de acesso à internet no mercado de varejo.

Depreende-se da Portaria Interministerial nº 183, de 3 de julho de 1995, por meio da qual Minicom e MCT nomearam pela primeira vez os membros do CGI.br, a variedade de interesses em conflito na rede que nascia no Brasil:

> "I – Representante do Ministério da Ciência e Tecnologia: IVAN MOURA CAMPOS
>
> II – Representante do Ministério das Comunicações: MARIO LEONEL NETO
>
> III – Representante do Sistema Telebrás: MÁRIO BERNARDINO JUBIM MARSTAJ
>
> IV – Representante do Conselho Nacional de Desenvolvimento Científico e Tecnológico — CNPq: EDUARDO MOREIRA DA COSTA
>
> V – Representante da Rede Nacional de Pesquisa: EDUARDO TADAO TAKAHASHI
>
> VI – Representante da comunidade acadêmica: JOSÉ CARLOS PEREIRA DE LUCENA
>
> VII – Representante de provedores de serviços: CARLOS ALBERTO AFONSO
>
> VIII – Representante da comunidade empresarial: NELSON PEIXOTO FREIRE
>
> IX – Representante da comunidade de usuarios do serviço INTERNET: SÍLVIO ROMERO DE LEMOS MEIRA"

Sem a Embratel no páreo, surgiram no Brasil pequenos provedores, muitos deles constituídos a partir de BBSs. Se, por um lado, o plano conjunto de Minicom e MCT resultou em um mercado efervescente para pequenos empreendedores, por outro lado, a demora no investimento em infraestrutura para a RNP representou uma importante barreira para a oferta do serviço na maior parte do país. Inclusive, considerando-se que o acesso dos usuários ao provedor era feito por linha discada, a própria dificuldade das empresas do Sistema Telebras em disponibilizar novas linhas telefônicas representava mais uma adversidade. Dentre os provedores pioneiros, destaca-se, a título de exemplo, o provedor Zaz, que iniciou suas atividades em 1996 [194]. O investimento em infraestrutura, realizado principalmente pela Embratel, somente ocorreria após o processo de privatização [137, pp. 143–144].

Aqui, em par com o que ocorrera nos Estados Unidos, o próximo passo seria a popularização do serviço por meio dos portais de acesso, por linha discada, à internet. Diz-se popularização porque a utilização da RNP, dos BBSs, da Bitnet, da Usenet e da FidoNet restringia-se, ainda, a um público tecnicamente muito capacitado. Os provedores comerciais certamente avançaram a adoção do serviço, mas restringiam-se, até então, a empresas e usuários capazes de arcar com os custos extras do provedor. Portais como o Terra (lançado em 1990 e originário do Zaz), Internet Group (iG, lançado no ano 2000) e outros propiciaram conteúdo e serviços que interessavam a muitos, ao mesmo tempo em que apresentaram interface de usuário compatível com seu novo público. Já sob o regime de competição entre redes de telecomunicações propiciado pela LGT e pelo Regulamento Geral de Interconexão, aprovado pela Resolução nº 40, de 23 de julho de 1998, esses portais associaram-se a concessionários e autorizatários do STFC para estabelecer o modelo de negócios que quebrou a última barreira para muitos que desejavam conectar-se à rede. Ao menos no tocante à cobrança pelo Provedor de Serviço de Conexão à Internet (PSCI), o acesso passou a ser gratuito para o usuário final. O motivo foi a nova mecânica de cobrança, entre as prestadoras, por chamadas, do STFC, iniciadas em uma rede e terminadas em outra (interconexão). Os portais de acesso por linha discada à internet tornaram-se importantes fontes de receitas, especialmente para empresas entrantes, cujo tráfego, de outra forma, fatalmente desembocaria na rede da incumbente[30].

A Fapesp iniciou a operação do primeiro IXP do Brasil em 1997, colocando em prática a recomendação que o CGI.br vinha fazendo desde sua criação. Foi somente aí que muitos dos pacotes trocados entre redes brasilciras distintas deixaram de, necessariamente, passar pelos Estados Unidos [137, p. 146].

Em relação à governança de internet, Carvalho relata que, desde 1989, essa mesma entidade, a Fapesp, dispunha de delegação da Autoridade de Números Atribuídos da Internet (Iana, na sigla em língua inglesa de *Internet Assigned Numbers Authority*) para a gestão dos nomes de domínio .br. O primeiro bloco de endereços IP destinados a entidades brasileiras foi concedido à PUC-Rio, em 1990. A Fapesp obteve outros em 1991 [137, pp. 147–148].

Espera-se que com esse relato do processo que levou, em última instância, à ampla adoção da internet possa-se perceber, em primeiro lugar, que, até muito recentemente, não era evidente que essa rede teria, como tem hoje, um papel tão central na vida de tantas pessoas. Ao percorrer o caminho trilhado pelo processo social que levou à construção desse conjunto de padrões tecnológicos, dispositivos, modelos de negócios e ferramentas de governança tão peculiares, uma característica

[30] Usualmente, chama-se de *incumbente* a empresa que detém maior poder de mercado. Em telecomunicações, era comum que existisse uma grande prestadora — a incumbente — atuando em um mesmo mercado que pequenas e novas prestadoras — as entrantes. O termo é considerado, por muitos, como um anglicismo desnecessário. Contudo, o fato é que não se escapa desse tipo de terminologia ao ler-se o noticiário especializado, as normas e os estudos do setor. A UIT define esse vocábulo como "o (antigo) serviço monopolista e provedor de rede em um país em particular" [195].

que resta saliente é a constante mudança. De rede militar devotada a evitar a mútua destruição nuclear na guerra fria, a rede passou a instrumento de pesquisa, então a plataforma comercial, a meio de comunicação aberto em via dupla, a território de jardins murados e redes sociais e assim por diante. Outro ponto importante diz respeito à tecnologia, que, como demonstrado, não prevaleceu por mera superioridade técnica, mas sim por uma sucessão de eventos melhor capturados pela sociologia da ciência e tecnologia que pela engenharia. Ao observar o panorama internacional, aqui retratado, vê-se que alternativas havia e que o sucesso da iniciativa americana deve-se, em grande parte, ao fracasso bastante circunstancial das alternativas colocadas. Olhando para o Brasil, de certa forma, surpreende perceber que desde muito cedo houve a percepção de que a rede mundial que nascia prosperaria aqui com um modelo de exploração comercial de mercado aberto, ao contrário do histórico estatal que caracterizava, até então, o setor de telecomunicações no país. Antes de concluir este capítulo, passa-se à apresentação dos mecanismos atuais de governança que emergiram desse processo histórico.

5.8 Entidades e Mecanismos de Governança da Internet

5.8.1 Governança de Quê?

É difícil conceber um conceito sucinto, claro e suficientemente abrangente para governança da internet. DeNardis considera a própria expressão *governança da internet* um oximoro. Isto é, uma expressão contraditória, um paradoxo, alegando, portanto, que a internet não seria governável, ou, ao menos, que não seria governável pela acepção mais típica do termo [196, cap. 1].

Ao abordar o tema sob sua óptica particular, Kurbalija descreve pelo menos duas ambiguidades em relação à governança da internet. A primeira diz respeito ao termo *internet*, que por vezes seria utilizado em substituição a expressões como *TICs* e *SI*. O segundo equívoco estaria na associação entre *governança* e *governo*, o que, de acordo com ele, daria a entender que o natural seria atribuir as atividades de governança da internet aos Estados-nações [3, p. 6]. Do relato de Mueller da primeira reunião do Fórum Internacional do *White Paper* (IFWP, na sigla em língua inglesa de *International Forum on the White Paper*), em Reston, VA, EUA, em julho de 1998, lê-se que "*governança da Internet* soou muito parecido com *um governo da Internet*" [197, p. 7].

A filosofia política da internet pode ser rastreada até os primeiros anos da rede, em que essa pequena comunidade fechada de técnicos concebeu que a tecnologia prevaleceria, mesmo sobre as questões políticas. É o que Mueller chamou de *ciberlibertarianismo,* ideologia que rechaçava qualquer envolvimento por parte de governos e que tinha suas bases na contracultura dos anos 1960 e em princípios de projeto de rede, como a arquitetura por camadas e o design fim a fim.

Entretanto, os ventos mudaram no período que sucedeu à primeira fase da Cúpula Mundial sobre a Sociedade da Informação (Wsis, na sigla em língua inglesa de *World Summit on the Information Society*), ocorrida em 2003, quando, temerosos pelo maior envolvimento da ONU em questões de governança de internet, a opinião pública norte-americana, bem como essa mesma comunidade técnica, passou a apoiar novo aumento da participação do governo dos EUA em questões sobre a governança da rede [198, cap. 1].

Para analisar o que se entende, exatamente, por governança da internet, um ponto de partida é identificar quais questões de políticas públicas estão usualmente presentes na arena internacional. Para DeNardis, algumas das principais questões abordadas pela governança da internet seriam: "liberdade de expressão na rede, segurança e estabilidade da infraestrutura da Internet, o papel político desempenhado pelas empresas da Internet, a eficácia dos protocolos da Internet, sistemas de controle da Internet coordenados globalmente, como o DNS, e a relação entre a fiscalização dos direitos de propriedade intelectual e a infraestrutura da Internet" [196, p. 6].

A Comissão de Ciência e Tecnologia para o Desenvolvimento (CSTD, na sigla em língua inglesa de *Commission on Science and Technology for Development*), da ONU, empreendeu esforços no sentido de mapear esses temas. Identificaram-se 41 pontos contenciosos, que foram, então, divididos em sete grupos. A grande diversidade de questões e de suas classificações indicam a alta complexidade e a natureza multidisciplinar associadas à tarefa de governar uma rede internacional. Discutem-se desde temas sociais, como é o caso do hiato digital, até questões técnicas, como segurança da informação, passando-se por educação e liberdade de expressão na rede. Adicionalmente, elencaram-se 680 mecanismos internacionais que têm por objetivo endereçar essas 41 questões. Expõem-se parte dos resultados alcançados pela força-tarefa na Tab. 5.1 [199].

Também segundo a CSTD e seus participantes, esses mecanismos podem ser classificados como um de três tipos. São eles [199]:

- *Processos* – Eventos, negociações, consultas, coordenação e monitoramento;
- *Acordos vinculantes ou não vinculantes* – Convenções, padrões, regulamentações, recomendações, decisões judiciais; e
- *Programas* – Treinamento, projetos de pesquisa.

Quanto à função, as ferramentas identificadas dividem-se entre estes objetivos [199]:

- *Discutir* – Discussão de políticas, pesquisa acadêmica e coordenação;
- *Decidir* – Convenções, tratados, resoluções, padrões e guias; e

[31] Tradução livre da expressão em língua inglesa, *cyber conflict*. Apesar de não haver ainda registro desse termo em dicionários de língua portuguesa, seu significado é de fácil compreensão por analogia.

Classificação	Questão
1 Infraestrutura e Padronização	**1.1** Infraestrutura de Comunicações **1.2** Padrões Técnicos **1.3** Padrões de Rede **1.4** Números IP **1.5** DNS **1.6** Zona de *Root* **1.7** Neutralidade de Rede **1.8** Computação em Nuvem **1.9** Convergência **1.10** Internet das Coisas
2 Segurança	**2.1** Cibesegurança **2.2** Cibercrime **2.3** Internet como Parte da Infraestrutura Crítica de Informação **2.4** Ciberconflito[31] **2.5** Segurança Infantil na Rede **2.6** Criptografia **2.7** Spam **2.8** Assinaturas Digitais
3 Direitos Humanos	**3.1** Liberdade de Expressão **3.2** Privacidade de Proteção de Dados **3.3** Direitos das Pessoas com Deficiências na Rede **3.4** Direitos das Mulheres na Rede
4 Direito	**4.1** Jurisdição **4.2** Arbitragem e Outras Formas de Resolução de Conflitos **4.3** Direito Autoral **4.4** Marca Registrada **4.5** Direito do Trabalho **4.6** Intermediação
5 Economia	**5.1** Comércio Eletrônico **5.2** Dinheiro Eletrônico e Moedas Virtuais **5.3** Proteção ao Consumidor **5.4** Tributação
6 Desenvolvimento	**6.1** Acesso **6.2** Hiato Digital **6.3** Desenvolvimento de Capacidades
7 Sociocultural	**7.1** Políticas de Conteúdo **7.2** Diversidade Cultural **7.3** Multilinguismo **7.4** Educação na Rede **7.5** Internet como Bem Público Global **7.6** Internet e Ética

Tabela 5.1 – Mapa de questões internacionais sobre políticas de internet [199].

- *Colocar em prática* – Fiscalização, monitoramento, adoção de política, resolução de conflitos e treinamento.

Em relação ao nível de participação associado a esses mecanismos, há as seguintes variações [199]:

- *Restrita a membros* – Apenas os membros de determinada instituição podem acompanhar e intervir no processo;

- *Observação* – Permite apenas a observação dos trabalhos por membros externos à instituição que promove a iniciativa;

- *Aberta a intervenções* – Membros externos podem incluir documentos no debate e, eventualmente, intervir; e

- *Participativa* – Qualquer interessado pode incluir itens na agenda, intervir e deliberar.

Outra classificação oferecida pela CSTD diz respeito à intersetorialidade desses recursos:

- *Mandato exclusivo* – Limitado a uma dada comunidade técnica, legal ou econômica;

- *Coordenação ad hoc* – Tipo de coordenação que ultrapassa as barreiras setoriais, mas que é informal e temporária;

- *Coordenação estruturada* – Composta por membros de diferentes setores, compondo grupos de coordenação; e

- *Cobertura intersetorial completa* – Abrange os diversos setores e as diferentes políticas associadas à governança da internet.

Ao fim de suas atividades, em 2005, o Grupo de Trabalho sobre Governança da Internet (WGIG, na sigla em língua inglesa de *Working Group on Internet Governance*), das Nações Unidas, com bastante reticência, registrou uma definição para governança da internet [200, p. 4]:

> "Governança da Internet é o desenvolvimento e aplicação por governos, setor privado e sociedade civil, em seus respectivos papéis, de princípios compartilhados, normas, regras, procedimentos de tomada de decisão e programas que moldem a evolução e o uso da Internet."

Incluiu-se, posteriormente, essa mesma definição na Agenda de Túnis para a Sociedade da Informação.[32] Nota-se que é uma definição bastante ampla, cujo efeito prático foi de pacificar, em partes, a disputa entre Icann e UIT sobre qual seria o organismo internacional por excelência na governança da internet. O trabalho do WGIG buscou deixar evidente que o tema é suficientemente complexo para tornar necessária a existência de diversos fóros de discussão, cada qual com seu mandato [201, p. 337].

DeNardis argumenta que seriam quatro os principais parâmetros associados à matéria [196, p. 19]:

[32] Conforme detalhar-se-á adiante, na Seção 5.8.2.

"(1) o estudo da governança da Internet é distinto do estudo do uso da Internet;

(2) questões de governança da Internet relacionam-se à arquitetura técnica única da Internet e não às esferas mais abrangentes de projeto e políticas de TICs;

(3) a prática da governança da Internet estende-se para além de instituições como a Corporação da Internet para Designação de Nomes e Números ([Icann, na sigla em língua inglesa de *Internet Corporation for Assigned Names and Numbers*]) e organizações definidoras de padrões, para incluir políticas industriais privadas, políticas nacionais, tratados internacionais e projeto de arquitetura técnica; e

(4) governança da Internet inclui formas de controle de arquitetura voltadas para a promoção da interoperabilidade e o acesso a conhecimento, mas, infelizmente, também inclui aquelas técnicas voltadas para a restrição da liberdade na Internet."

5.8.2 Principais Fóros e Suas Atribuições

Com o avanço do interesse por parte de diferentes setores e atores, em relação a temas que envolvem a internet, há hoje uma variada gama de fóros em que se constituem os mecanismos de governança da rede. Há inclusive quem critique a disseminação de instâncias a serem acompanhadas por países e entidades interessadas no tema. Por um lado, os defensores de um sistema descentralizado argumentam que a estrutura da governança de uma rede tão plural deve refletir as diferentes comunidades que a compõe. Por outro lado, os defensores de um sistema centralizado argumentam que essa profusão de fóros torna a participação nas discussões sobre a internet elitista, considerando-se que há elevados custos de recursos humanos e logística associados à presença em cada instância [3, p. 19].

Um outro ponto a observar-se, em relação aos fóros de debate sobre governança da internet, é que há um nítido cisma entre fóros multissetoriais,[33] de um parte, e fóros multilaterais, de outra parte. Observa-se, em primeiro lugar, que aqueles seguem uma estrutura típica de instâncias de debate de políticas de internet, em que atores de diferentes setores participam. Em oposição, vê-se que estes obedecem à estrutura tradicional do jogo diplomático, em que Estados-nações protagonizam a definição da agenda e as decisões sobre políticas. Não há um consenso sobre qual desses modelos seria o mais democrático. Veja-se, por exemplo, que no caso do sistema multilateral da ONU, cada país tem direito a um voto, enquanto que em fóros multissetoriais diversas empresas e instituições de um mesmo país participam das deliberações. Os norte-americanos, por sua vez, argumentam que se deve proteger a internet de países que defendem políticas repressivas na rede [196, p. 33]. Para utilizar a tipologia desenvolvida pela CSTD, as instâncias multissetoriais são, normalmente, fóros participativos, de coordenação intersetorial completa, enquanto que os

[33]Tradução escolhida para o termo em língua inglesa, *multistakeholder*.

multilaterais são, normalmente, restritos aos membros, de mandato exclusivo.

Muitas das entidades relacionadas nesta seção — e várias não mencionadas —, como ver-se-á, atuam na elaboração de padrões e isso é sintomático sobre a diversidade de iniciativas de padronização necessárias para atos cotidianos, como o de compartilhar um vídeo, ou o de redigir um email.

Corporação da Internet para Designação de Nomes e Números (Icann)

Comumente, diz-se que a tecnologia, em geral, é neutra, no sentido de que apenas poderiam-se atribuir valores ao uso de tecnologia, mas não à tecnologia em si. Um exemplo disso seria o uso militar da física nuclear. No entanto, após estudar, neste capítulo, o processo de construção da internet, nota-se que afirmações nesse sentido não se sustentam. Como já mencionado, segundo Levy, tecnologia e sociedade são indissociáveis, o que por si só já invalida a acertiva em análise [62]. No exemplo dado, não se pode olvidar toda a malha de inter-relações que levou ao desenvolvimento da técnica de fissão nuclear. São essas conexões que Latour chama de *o social* [40], [202]. De forma bem-humorada, Kranzberg capturou esse espírito em uma frase: "A tecnologia não é boa, nem ruim; muito menos neutra" [203]. Ou como Whelchel observou, a tecnologia não é imune aos valores humanos que concorreram para sua criação e adoção [204].

Uma manifestação do caráter político, e por isso parcial, da internet, está no poder que representa o controle de Infraestruturas Críticas da Internet (CIRs, na sigla em língua inglesa de *Critical Internet Resources*). Fazem parte das CIRs endereços IP, nomes de domínios e Números de Sistema Autônomo (ASNs, na sigla em língua inglesa de *Autonomous System Numbers*). Sem um endereço IP nenhum usuário pode conectar-se à rede, da mesma forma que, sem um ASN, nenhum provedor de acesso à internet pode conectar-se ao conjunto de sistemas autônomos que compõe essa rede. De forma análoga, um nome de domínio apropriado pode representar a diferença entre o sucesso e o fracasso de uma empresa no mercado global. Apesar de não se tratar de bens físicos, esses números e nomes são recursos escassos e, por isso, seu controle confere poder. Assim, nota-se que mesmo para uma rede de natureza distribuída, como é o caso da internet, sua interoperabilidade depende de um sistema centralizado de gestão. Aqui, a solução de um problema técnico tornou necessário estruturar uma plataforma gerencial e, por que não, política, de interesse internacional.

A tarefa de coordenar a distribuição e atribuição[34] dos CIRs compete à Iana, entidade criada em 1988, mantida, inicialmente, por contrato entre o DoD e o Instituto de Ciências da Informação (ISI, na sigla em língua inglesa de *Information Sciences Institute*), da USC. No entanto, sabe-

[34]Utilizam-se os termos *distribuição* e *atribuição* como traduções dos termos em língua inglesa *allocation* e *assignment*, respectivamente. No contexto de governança da internet, a distribuição é o processo de delegação de um bloco de números IP para uma entidade de menor hierarquia. A atribuição, por outro lado, está associada à definição de um endereço IP a determinado usuário [196, p. 54].

se que, desde 1972, coubera a Postel e Joyce K. Reynolds, ainda vinculados à UCLA, a gestão desses recursos e dos registros de protocolos padrão. O contrato entre DoD e ISI vigorou até 1988, quando renovou-se até que houvesse a transição da supervisão da USC, para a Icann, ocorrida em janeiro de 1999. Mesmo sob a tutela da Icann, até 2016, a Iana seguiu sendo financiada pelo governo norte-americano, por meio de contrato com a NTIA. A transição completa para a iniciativa privada ocorreu em 2016 [205]–[209].

Além de Icann e Iana, participam desse processo Registros Regionais da Internet (RIRs, na sigla em língua inglesa de *Regional Internet Registries*), Registros Locais da Internet (LIRs, na sigla em língua inglesa de *Local Internet Registries*), Registros Nacionais da Internet (NIRs, na sigla em língua inglesa de *National Internet Registries*), registros de DNS e registros de nomes de domínio[35] [210]–[212]. Há cinco RIRs subordinados à Iana:

- *Afrinic* – Centro de Informações de Rede da África (no original, em língua inglesa, *African Network Information Centre*), com sede em Ebene, Maurício. Instituição participativa, formada em 2004, responsável pela distribuição e atribuição de IPs no continente africano;

- *Apnic* – Centro de Informações de Rede da Região Ásia–Pacífico (no original, em língua inglesa, *Asia–Pacific Network Information Centre*). É responsável pela distribuição e atribuição de endereços IPs para países da região Ásia–Pacífico, estabelecido em 1993, em Brisbane, Austrália;

- *Arin* – Registro Americano para Números da Internet (ou, no original, em língua inglesa, *American Registry for Internet Numbers*), com sede em Chantilly, VA, EUA. Encarregado dessas tarefas no Canadá, EUA e alguns países do Caribe;

- *Lacnic* – Centro de Informações de Rede do Caribe e América Latina (no original, em língua inglesa, *Latin America and Caribbean Network Information Centre*), com sede em Montevidéu, Uruguai. Responsável pelos endereços IP da América Latina e alguns países do Caribe; e

- *Ripe NCC* – Centro de Coordenação das Redes IP Europeias (no original, *Réseaux IP Européens Network Coordination Centre*), com sede em Amsterdã, Países Baixos. Encarregado pela distribuição e atribuição de endereços IP para a região da Europa, antiga URSS e Oeste da Ásia

A depender de cada país e região, os RIRs distribuem conjuntos de IPs a LIRs, NIRs e provedores de acesso à internet ou atribuem-nos a usuários finais. A criação de novos RIRs está sujeita ao juízo da Icann, que detém a palavra final sobre todas as questões ligadas a nomes e números da internet [196, pp. 53–54].

[35] Também conhecidos pelo termo em língua inglesa, *registrar*.

Inicialmente, até o início dos anos 1980, cada computador conectado à internet tinha um arquivo de texto identificando os endereços IP e os respectivos nomes de todos os *hosts* conectados à rede. Devido a essa arquitetura, a cada alteração, esse arquivo tinha que ser atualizado pelo NIC e redistribuído. Evidentemente, com o aumento de usuários da internet, nesse período, logo esse mecanismo mostrou-se inviável e, por isso, buscou-se uma alternativa. A solução adotada em 1983, mas frequentemente aprimorada, daí em diante, foi a construção de um sistema para consultas, nomeado DNS, proposto por Mockapetris [213]–[218]. Há, hoje, 13 servidores que distribuem a base de dados da zona raiz,[36] mostrados na Tab. 5.2 [219].

Nome de *Host*	Gestor
a.root-servers.net	VeriSign, Inc.
b.root-servers.net	Instituto de Ciências da Informação
c.root-servers.net	*Congent Communications*
d.root-servers.net	Universidade de Maryland
e.root-servers.net	*Internet Systems Consortium, Inc.*
f.root-servers.net	Centro de Informações de Rede
g.root-servers.net	Centro de Pesquisa do Exército
h.root-servers.net	Centro de Pesquisas Ames
i.root-servers.net	Netnod
j.root-servers.net	VeriSign, Inc.
k.root-servers.net	Ripe NCC
l.root-servers.net	Icann
m.root-servers.net	*Wide Project*

Tabela 5.2 – Servidores da zona raiz [219].

Como pode-se presumir do nome DNS, uma característica chave dessa solução é a hierarquia promovida pelo estabelecimento de domínios. Na prática, isso facilitou a gestão que pôde, assim, ser distribuída a diferentes entidades, ainda que sob a coordenação de Iana e Icann. A princípio, dividiram-se os Domínios de Nível Superior (TLDs, na sigla em língua inglesa de *Top Level Domains*) entre as diferentes finalidades das instituições que marcavam posição na internet. É o que atualmente chama-se de Domínio de Nível Superior Genérico (gTLD, na sigla em língua inglesa de *Generic Top Level Domain*). São eles, por exemplo: *.com, .gov, .int, .net, .org.*

Posteriormente, incluíram-se os Domínios de Nível Superior de Código de País (ccTLDs, na sigla em língua inglesa de *Country-Code Top Level Domains*). Esses, via de regra, seguem o padrão ISO de dois caracteres para códigos de país (ISO 3166-1 alpha-2 [220]), conforme observa-se nos exemplos: *.br, .cn, .ru.*

Desde então, a Icann promoveu, pouco a pouco, o aumento de TLDs. Há, inclusive, TLDs com símbolos diferentes do alfabeto grego, amparando escritas orientais. Os defensores dessas

[36] Tradução adotada para *root zone database*.

iniciativas argumentam que isso simplificou o uso da rede pelo usuário. No entanto, há empresas que criticam a política porque, tamanha variedade, implica em que tenham de adquirir uma série de domínios, para que não haja mal uso de suas marcas [196, p. 59].

Apesar de não ter tanta visibilidade quanto têm os nomes de domínio e endereços IPs, os ASNs cumprem um papel importante na estrutura da internet, que é o de identificar cada sistema autônomo conectado à rede. Um provedor de acesso à internet, bem como universidades e grandes empresas têm seus próprios ASNs, definidos segundo as regras do IETF. No início, os ASNs eram formados por números de 16 bits, mas, antes que esgotassem-se esses recursos, expandiram-nos para números de 32 bits [221]–[225].

Cabe à Iana também a administração do domínio *.arpa*, utilizado por protocolos que relacionam-se com o DNS [226].

A IETF, entidade vinculada à IAB, é encarregada da padronização de protocolos para internet, como viu-se anteriormente. Entretanto, é papel da Icann, por meio da Iana, gerenciar nomes e números associados a esses protocolos. São os chamados *parâmetros de protocolos.*

DeNardis destaca três questões contenciosas tangenciando os CIRs [196, p. 56]:

- A influência norte-americana na gestão desses recursos permanece alta. Apesar de não mais financiar a operação da Iana, essa entidade, e também a Icann, têm escritórios na California e, por isso, obedecem às leis locais.

- A questão técnica da identificação unívoca de usuários na rede, por meio do endereço IP e de dados de cadastro de provedores de acesso, tem consequências práticas na redução da privacidade pessoal. Quando governos autocráticos utilizam esse recurso, podem sistematizar a vigilância de opositores políticos e, até mesmo, influenciar comportamentos em uma sociedade cada vez mais digital. Há, portanto, a oposição entre dois valores muito caros à sociedade, considerando-se que a anonimidade confere liberdade para manifestações culturais e políticas ao mesmo tempo em que favorece o mal-uso da rede e o aumento da insegurança.

- A resolução de conflitos internacionais relacionados a marcas registradas e nomes de domínios, questão majorada pelo aumento recente do número de TLDs.

A participação de Estados-nações na Icann dá-se, desde 1999, por meio do Comitê Consultivo Governamental (GAC, na sigla em língua inglesa de *Governmental Advisory Committee*). Seus pareceres são submetidos ao Conselho da Icann na qualidade de comunicados, correspondências ou aconselhamentos, ou seja, sem poder vinculante [227].

A Icann promove anualmente três encontros itinerantes, destinados a diferentes públicos e objetivos. O Fórum Comunitário busca atender a uma audiência ampla, promovendo treinamentos e divulgando o trabalho da Icann para além de sua comunidade de voluntários. O Fórum de

Políticas destina-se aos que habitualmente atuam na entidade e coloca-se como foro para o desenvolvimento e tomada de decisões sobre as políticas em debate, bem como para que se estreitem os laços entre os profissionais envolvidos. O mais formal dos três encontros é a Reunião Geral Anual, em que os novos membros do conselho assumem suas posições. A participação é gratuita e conta com bolsas destinadas a participantes carentes, de comunidades sub-representadas na entidade. O GAC também reúne-se em cada um desses três encontros anuais da Icann.

Comitê Gestor da Internet no Brasil (CGI.br)

Conforme já mencionado, criou-se o CGI.br por meio da Portaria Interministerial nº 147, de 31 de maio de 1995, emitida pelo Ministério da Ciência e Tecnologia em conjunto o Ministério das Comunicações. Posteriormente, alterou-se e deu-se força de decreto presidencial a esse documento com a sanção e promulgação do Decreto nº 4.829, de 3 de setembro de 2003.

Trata-se de um órgão colegiado, que congrega representantes de diferentes setores, dentre as partes interessadas na internet no Brasil. Malcolm classifica o CGI.br como um modelo avançado de entidade sub-regional multissetorial de governança da internet [201, pp. 397–398]. Enquanto isso, Mueller diz que a instituição "tem sido elogiada globalmente como o modelo iluminado de governança multissetorial em nível nacional", contudo, aponta falhas, a seu ver, no fato de que é resultado de uma iniciativa governamental e de que abriga em sua direção diversos representantes desse setor. Isso deixaria o CGI.br muito suscetível a interferências por parte do governo nacional [228]. Constam desse decreto mais recente as atribuições atuais da instituição:

> "Art. 1º Fica criado o Comitê Gestor da Internet no Brasil — CGIbr, que terá as seguintes atribuições:
>
> I – estabelecer diretrizes estratégicas relacionadas ao uso e desenvolvimento da Internet no Brasil;
>
> II – estabelecer diretrizes para a organização das relações entre o Governo e a sociedade, na execução do registro de Nomes de Domínio, na alocação de Endereço IP (*Internet Protocol*) e na administração pertinente ao Domínio de Primeiro Nível (*ccTLD — country code Top Level Domain*), "**.br**", no interesse do desenvolvimento da Internet no País;
>
> III – propor programas de pesquisa e desenvolvimento relacionados à Internet, que permitam a manutenção do nível de qualidade técnica e inovação no uso, bem como estimular a sua disseminação em todo o território nacional, buscando oportunidades constantes de agregação de valor aos bens e serviços a ela vinculados;
>
> IV – promover estudos e recomendar procedimentos, normas e padrões técnicos e operacionais, para a segurança das redes e serviços de Internet, bem assim para a sua crescente e adequada utilização pela sociedade;
>
> V – articular as ações relativas à proposição de normas e procedimentos relativos à regulamentação das atividades inerentes à Internet;

VI – ser representado nos fóruns técnicos nacionais e internacionais relativos à Internet;

VII – adotar os procedimentos administrativos e operacionais necessários para que a gestão da Internet no Brasil se dê segundo os padrões internacionais aceitos pelos órgãos de cúpula da Internet, podendo, para tanto, celebrar acordo, convênio, ajuste ou instrumento congênere;

VIII – deliberar sobre quaisquer questões a ele encaminhadas, relativamente aos serviços de Internet no País; e

IX – aprovar o seu regimento interno."

O órgão elege seus representantes, democraticamente, desde 2004 e tem seu processo seletivo regulamentado pela Portaria Interministerial nº 266, de 21 de março de 2013, emitida pelo Ministério da Casa Civil e pelo Ministério da Ciência, Tecnologia e Inovação e das Comunicações. Conforme salientado por Mueller, compõem o CGI.br:

"Art. 2º O CGIbr será integrado pelos seguintes membros titulares e pelos respectivos suplentes:

I – um representante de cada órgão e entidade a seguir indicados:

a) Ministério da Ciência e Tecnologia, que o coordenará;

b) Casa Civil da Presidência da República;

c) Ministério das Comunicações;

d) Ministério da Defesa;

e) Ministério do Desenvolvimento, Indústria e Comércio Exterior;

f) Ministério do Planejamento, Orçamento e Gestão;

g) Agência Nacional de Telecomunicações; e

h) Conselho Nacional de Desenvolvimento Científico e Tecnológico;

II – um representante do Fórum Nacional de Secretários Estaduais para Assuntos de Ciência e Tecnologia;

III – um representante de notório saber em assuntos de Internet;

IV – quatro representantes do setor empresarial;

V – quatro representantes do terceiro setor; e

VI – três representantes da comunidade científica e tecnológica.

[...]

Art. 5º O Setor empresarial será representado pelos seguintes segmentos:

I – provedores de acesso e conteúdo da Internet;

II – provedores de infra-estrutura de telecomunicações;

III – indústria de bens de informática, de bens de telecomunicações e de software; e

IV – setor empresarial usuário."

O CGI.br promove reuniões ordinárias com frequência próxima a mensal, além de reuniões extraordinárias itinerantes. Estas visando a diversificar e intensificar a participação da comunidade nas decisões do comitê.

Sociedade da Internet (Isoc)

Inicialmente, ainda na fase do controle da rede pelos militares,[37] formou-se um pequeno conselho de técnicos para tratar da padronização de protocolos da internet, o IAB. Com o passar dos anos, esse conselho cresceu e, em uma reestruturação promovida nos anos 1980, criou-se a IETF, entidade subordinada ao IAB que ficou responsável pelos protocolos e outras questões técnicas da rede [119, pp. 205–208], [138], [196, pp. 69].

Seguindo-se a tipologia da CSTD, a IETF é um órgão participativo, ou seja, não tem restrições à participação em deliberações, que emite acordos não vinculantes, voltados a decidir pela adoção ou não de padrões. Diz-se, ainda, que a IETF é de mandato exclusivo, em razão de que a participação efetiva no foro está restrita a uma determinada comunidade técnica.

A IETF é estruturada por áreas que agregam diferentes grupos de trabalho. Os diretores de cada área compõe o Grupo de Direção da Engenharia da Internet (Iesg, na sigla em língua inglesa de *Internet Engineering Steering Group*). Assim, a IETF é subordinada ao Iesg, cujas decisões podem ser revistas pelo IAB. Recorda-se que a IRTF, em par com a IETF, é também hierarquicamente submissa ao IAB [229]. Alvestrand registrou, na RFC 3.935, de outubro de 2004, que o objetivo da entidade é "fazer com que a Internet funcione melhor." Elencou também cinco princípios a serem seguidos pela entidade e seus participantes para que alcançem o resultado desejado. São eles [230]:

- *Processo aberto* – Com a publicação de todos os documentos na internet e com a participação livre de restrições nas discussões, a IETF pretende abrir-se a contribuições de diferentes esferas da sociedade civil.

- *Competência técnica* – A força-tarefa deve ater-se a questões sobre as quais detém capacidade técnica e sobre as quais está apta a atuar em conjunto com especialistas na matéria.

- *Núcleo de voluntários* – Por tratar-se de trabalho voluntário, espera-se que os profissionais dedicados à IETF conduzam suas tarefas imbuídos do propósito da entidade, que é o de aprimorar a internet.

- *Consenso aproximado e código funcionando* – Deve-se desenvolver padrões com a avaliação da comunidade, com base nos resultados práticos obtidos.

- *Propriedade do código* – A força-tarefa deve restringir-se a tratar de seus próprios protocolos, mesmo que outros protocolos alheios à instituição afetem o desempenho da rede.

[37] Conforme visto, anteriormente, na Seção 5.5.

Os pontos mais controversos no discurso da IETF são a questão de que tem por base o trabalho voluntário e a afirmação de que é aberta à participação de todos. Isso porque, de uma forma ou de outra, os profissionais ali presentes são associados a terceiros interessados nas atividades da força-tarefa e, conforme já mencionado, é necessária competência técnica para que se possa participar ativamente das discussões.

Em 1992, com a publicação de um artigo, Cerf, Kahn e Lyman Chapin fundaram a Sociedade da Internet, ONG com sede em Reston, VA, EUA. Essa entidade abriga IETF, IRTF, Iesg e IAB. Era mesmo esse seu intuito inicial, o de dar guarida e independência às atividades de suporte ao aprimoramento e expansão da rede. O conselho administrativo da Isoc é composto, em parte, por profissionais eleitos e, em outra parte, por administradores indicados. O financiamento de suas atividades dá-se pelas taxas pagas por organizações membros. São membros da Isoc, por exemplo, fabricantes de equipamentos de telecomunicações, provedores de acesso, RIRs, entidades representativas de usuários da internet, provedores de serviços ou aplicações na rede, institutos de pesquisa e empresas de mídia. Já os afiliados, não pagantes, são ONGs cujos interesses sobrepõem-se aos da Isoc. O principal evento da entidade é sua reunião geral anual do conselho, cuja participação, ora é restrita a membros, ora aberta a ouvintes e ora aberta à participação de todos. Outro trabalho realizado pela instituição é a produção de relatórios sobre temas relacionados a suas atribuições [231]–[233].

Consórcio da Rede Mundial de Computadores (W3C)

Fundado por Berners-Lee em 1994, o Consórcio da Rede Mundial de Computadores (W3C, nas sigla em língua inglesa de *World Wide Web Consortium*) é outra entidade que atua na elaboração de protocolos para a internet. Formalmente, a administração do consórcio é uma responsabilidade compartilhada por MIT, Consórcio Europeu de Pesquisa para Informática e Matemática (Ercim, na sigla em língua inglesa de *European Resear Consortium for Informatics and Mathematics*), Universidade Keio e Universidade Beihang. Como em outras iniciativas de Berners-Lee, o interesse maior da entidade é o desenvolvimento de padrões abertos, tendo por objetivo, em última consequência, evitar a fragmentação da internet. São exemplos do trabalho da W3C a definição dos padrões HTML e XML (na sigla do original, em língua inglesa, *eXtensible Markup Language*) [196, pp. 74–76], [234].

Para sua manutenção, a instituição conta com taxas, pagas por seus membros, receitas de projetos de pesquisa, além de patrocínios e doações. Há uma grande variedade de instituições associadas à W3C, dos mais variados setores. Por exemplo: fabricantes de equipamentos de TICs, prestadores de serviços e aplicações na internet, agências governamentais, institutos de pesquisa e ONGs [234].

Anualmente, em parceria com o Comitê da Conferência Internacional da Rede Mundial de

Computadores (IW3C2, na sigla em língua inglesa de *International World Wide Web Conference Committee*), o W3C organiza a Conferência da Rede, um encontro acadêmico itinerante que passou pelo Brasil em 2013 [235].

DeNardis relata que, a exemplo da IETF, o W3C produz recomendações, ou seja, é um instância que busca decidir sobre padrões, mas cujas decisões não são vinculantes. Outra característica dos padrões propostos pela entidade é que devem ser livres de patentes, privilegiando sua ampla adoção pela comunidade. Como dito, a participação nos debates da entidade é restrita a membros, ainda que esses sejam provenientes de diferentes setores [196, p. 75], [234].

Organização das Nações Unidas (ONU)

A Sociedade das Nações (SDN, na sigla do original, em francês, *Société des Nations*), entidade criada em 1920, após a Primeira Guerra Mundial, com base no Tratado de Versalhes, tinha por objetivo evitar um novo confronto de dimensões mundiais. É natural, portanto, que após sua falha, alguns anos depois, com a insurgência da Segunda Guerra Mundial, buscasse-se, ao fim do conflito, cercar-se de novos mecanismos conducentes à manutenção da paz. É neste contexto que surge a ONU, com a Carta das Nações, de 26 de junho de 1945 [236].

Não obstante, argumenta-se que a criação da ONU é resultado de uma tradição mais antiga, que remonta, por exemplo, aos tratados de paz de Vestfália, aos acordos de paz entre reis egípcios e à complexa associação entre cidades-Estado gregas frente aos persas. No campo da filosofia, toma por base, por exemplo, a ideia iluminista de que as instituições públicas podem ser aperfeiçoadas e uma visão cosmopolita de mundo que transcende as fronteiras nacionais e a identidade religiosa. Sabe-se também que a proposta que levou à criação da SDN teve influência de Kant, que, ao tratar das condições para perpetuar a paz, cunhou a expressão *liga das nações*, outro nome pelo qual é conhecida a SDN [237], [238].

Mais que evitar a destruição e morte causadas por guerras, o Sistema ONU transformou-se, ao longo de sua história, em um importante cenário de discussão e proposição de soluções para assuntos tão diversos quanto desenvolvimento sustentável, combate ao HIV/AIDS (no acrônimo em língua inglesa de *Human Immunodeficiency Virus/Acquired Immunodeficiency Syndrome*) e direitos de pessoas com deficiência. Questões bastante intrincadas que somente poderão ter resultados expressivos com ações conjuntas da comunidade internacional. Ia nesse sentido a visão de Annan, registrada na virada do milênio [239]:

> "Mais do que nunca na história da humanidade, nós compartilhamos um destino comum. Poderemos dominá-lo apenas se o encararmos juntos. E isso, meus amigos, é a razão pela qual temos a Organização das Nações Unidas."

Diz-se Sistema ONU porque sua estrutura vai além da Assembleia Geral, do Conselho de Segurança, do Conselho Econômico e Social (Ecosoc, no acrônimo em língua inglesa de *Economic and*

Social Council), do Conselho de Tutela (inativo desde 1994), da Corte Internacional de Justiça e do Secretariado, órgãos que constituem a ONU, criados com amparo no art. 7º, da Carta das Nações. Nesse mesmo documento, em seu art. 57, estabeleceu-se que as diversas agências especializadas, criadas por tratados e acordos internacionais, deveriam relacionar-se, de alguma forma, com a instituição nascente [236], [240].

Elencam-se na Tab. 5.3 alguns dos principais órgãos, programas, fundos e agências especializadas associadas às Nações Unidas.

Categoria	Nome
Órgãos	Assembleia Geral Conselho Econômico e Social Conselho de Segurança Corte Internacional de Justiça Secretariado
Programas	Conferência das Nações Unidas sobre Comércio e Desenvolvimento Programa das Nações Unidas para Assentamentos Humanos Programa das Nações Unidas para o Desenvolvimento Programa das Nações Unidas para o Meio Ambiente Programa Mundial de Alimentos
Fundos	Fundo Internacional de Desenvolvimento Agrícola Fundo Monetário Internacional Fundo de População das Nações Unidas
Agências Especializadas	Agência Internacional de Energia Atômica Banco Mundial Organização Internacional do Trabalho Organização Mundial do Comércio Organização Mundial da Saúde Organização das Nações Unidas para Agricultura e Alimentação Organização das Nações Unidas para a Educação, a Ciência e a Cultura Fundo das Nações Unidas para a Infância Organização Mundial do Comércio União Internacional de Telecomunicações

Tabela 5.3 – Principais órgãos, fundos e programas, agências especializadas do Sistema ONU [219].

Muito cedo, antes mesmo das duas guerras mundiais, chegou-se, nas telecomunicações, a um problema de natureza semelhante. Isto é, a um problema para o qual a solução dependesse da participação da comunidade internacional. A interconexão é intrínseca às redes de telecomunicações, consequentemente, logo fez-se necessário estabelecer um fórum para a discussão de padrões. O objetivo, inicialmente, era permitir com que as redes de telégrafo pudessem alcançar além das fronteiras nacionais. Desde 1849, período em que o telégrafo ganhou espaço na Europa, colocando de lado os serviços de pombo-correio e o caro sistema de faróis, como alternativas aos correios, firmaram-se acordos bilaterais entre países vizinhos para a transmissão de mensagens por telégrafo. Veja-se, por exemplo, que data de 1851 a União Telegráfica Austro-Germânica e de 1858 a União

Telegráfica do Oeste Europeu [241]. A evolução desses acordos bilaterais de interconexão caminhou para a adoção de tratados mais amplos, abrangendo diversos países [242, cap. 2]. Para isso, reuniram-se, em Paris, em 1865, 20 nações, com a notória ausência da Inglaterra, cujo serviço de telégrafo era operado por companhias privadas. Devido a suas grandes dimensões territoriais, a Rússia participou do encontro, mas reservou-se o direito de não aderir ao sistema de tarifa única, adotado pelos demais presentes. Outros temas debatidos foram a adoção, na redação de telegramas, de qualquer das línguas oficiais de cada um dos participantes, o uso de criptografia e a definição de um protocolo que permitisse atestar o correto recebimento da informação transmitida [243], [244].

O presidente da conferência, o ministro de Relações Exteriores Édouard Drouyn de Lhuys, registrou que, do ponto de vista do Estado francês, a iniciativa de consolidar canais de comunicação entre os diferentes países representava também um importante passo no sentido de erigir a paz no continente europeu [244]. Portanto, é natural que a instituição resultante tenha passado, futuramente, a compor o Sistema ONU, na qualidade de agência especializada, conforme exibiu-se na Tab. 5.3. Headrick, contudo, faz uma leitura mais pragmática do período: "Antes que surgissem disputas sobre o controle e a segurança das comunicações internacionais, haveria de ter linhas telegráficas conectando os países uns aos outros, e essas linhas requereriam acordos internacionais" [242, cap. 2]. Outros admitem que a evolução e popularização dos telégrafos e correios, desde 1850 até a Primeira Guerra, faz parte da tendência geral de expansão comercial pelo qual passou o ocidente nesse período [241]. Na segunda Conferência Telegráfica Internacional, ocorrida em Vienna, Áustria, em 1868, criou-se o Bureau Internacional de Administrações Telegráficas (BIAT, na sigla em francês de *Bureau international des Administrations télégraphiques*), localizado em Berna, Suíca, considerado como o primeiro órgão internacional permanente [242, cap. 2], [245].

A telefonia passou também a fazer parte do trabalho da BIAT, oficialmente, em 1925, mas, somente em 1927, inaugurou-se o trabalho de padronização do uso do espectro radioelétrico. Até 1932, havia um grupo responsável pelo telégrafo, a Conferência Internacional do Telégrafo, e outro responsável pelas radiocomunicações, a Conferência Internacional de Radiotelegrafia. Essas duas conferências uniram-se, em 1932, após os dois eventos ocorrerem simultâneamente em Madri, Espanha. Foi também quando adotou-se o nome UIT, para a instituição [246].

A UIT, a exemplo de outras instituições similares, passou a integrar o conjunto de agências especiais das Nações Unidas após acordo firmado, com o Ecosoc, em 1947, com efeitos a partir de 1949 [247].

A instituição organiza-se em torno de três ramos, nomeados *setores*, além do Secretariado Geral. São eles:

- *UIT-R* – O Setor de Radiocomunicações é responsável por garantir o uso harmônico e equilibrado do espectro radioelétrico e das posições orbitais. Trata-se de recursos escassos, necessários para uma ampla gama de serviços e aplicações, de forma que suas conferências e grupos de trabalho são, frequentemente, palco de disputas entre empresas e países. As posições orbitais têm particular relevância, em razão de que são consideradas estratégicas para aplicações militares e comerciais. Suas atividades tem o suporte do Bureau de Radiocomunicações (BR), sua unidade administrativa.

- *UIT-T* – O Setor de Padronização é a instância, da UIT, incumbida pelas diversas iniciativas de padronização promovidas pela entidade. O trabalho é desenvolvido por meio de comissões de estudos,[38] cujas atribuições são definidas, em conferência, para períodos de quatro anos. São exemplos de padrões registrados na UIT: T.800, para a codificação de imagens; H.323, para Voz sobre IP; H.264, para a codificação de vídeo; E.164, para numeração em sistemas de telefonia; G.983, para redes de comunicações ópticas. Suas atividades tem o suporte do Bureau de Padronização das Telecomunicações (TSB, na sigla em língua inglesa de *Telecommunications Standardization Bureau*).

- *UIT-D* – O Setor de Desenvolvimento das Telecomunicações (UIT-D) é o ramo da UIT que busca promover a cooperação internacional, em TICs, como ferramenta de desenvolvimento. Está, por isso, envolvido no treinamento de profissionais de Estados membros, em iniciativas associadas à mitigação do impacto de desastres naturais, assim como na promoção da proteção ambiental com o auxílio de TICs. Historicamente, o trabalho, na UIT-D, estrutura-se em comissões de estudos, cujos mandatos são definidos na conferência mundial do setor. Há também o Grupo Consultivo de Desenvolvimento das Telecomunicação (Tdag, a sigla em língua inglesa de *Telecommunication Development Advisory Group*), usualmente responsável por assessorar o Bureau de Desenvolvimento das Telecomunicações (BDT) na tarefa de executar o plano de ação definido na conferência mundial mais recente.

- *Secretariado Geral* – O Secretariado Geral da UIT é o braço administrativo da instituição. Ocupa-se, portanto, dentre outras atribuições, de representá-la frente a outros órgãos e agências da ONU, bem como frente a instituições de fora do sistema. É o órgão responsável pelas Conferências Plenipotenciárias da UIT (PPs, na sigla em língua inglesa de *ITU Plenipotentiary Conference*).

A cada quatro anos, em anos subsequentes, cada um dos setores da UIT promove sua conferência mundial. É o momento em que avaliam os resultados dos trabalhos do período que se encerra, mas, também, o momento de definir os objetivos e estruturar os trabalhos do período seguinte. Com a mesma periodicidade, ocorre também a PP, a instância máxima da UIT, com raízes

[38]Adota-se *comissão de estudo* como tradução do termo em língua inglesa, *study group*.

na Conferência Telegráfica Internacional de Paris, ocorrida em 1865. É, por exemplo, quando se elegem os executivos que presidirão a UIT pelos próximos anos.

Grande parte das receitas da UIT advém de taxas pagas pelas instituições filiadas a cada um de seus setores. Os Estados membros têm a maior relevância, considerando-se que são, usualmente, os participantes votantes nas decisões da entidade. Empresas e outras organizações atuantes no mercado de TICs podem filiar-se aos setores da UIT na qualidade de associados. Um último grupo é composto por instituições acadêmicas.

Há inúmeras críticas à atuação recente da UIT, mais nitidamente à sua atuação em governança da internet. Diz-se, por exemplo, que a instituição deveria ater-se apenas à coordenação internacional do uso do espectro, sua atribuição mais tradicional [248]. O ponto alto dessas críticas foi, sem dúvida, a revisão das Regulações Internacionais de Telecomunicações (ITRs, na sigla em língua inglesa de *International Telecommunication Regulations*), conduzida na Conferência Mundial de Telecomunicações Internacionais (WCIT, na sigla em língua inglesa de *World Conference on International Telecommunications*), ocorrida em Dubai, em 2012.

Na esteira do histórico da UIT, as ITRs são um tratado que visa a promover a interoperabilidade das redes de telecomunicações. Antes da conferência de 2012, a última revisão da norma datava de 1988, em uma conferência ocorrida em Melbourne, Austrália. A justificativa para uma nova revisão era, portanto, a necessidade de adequar o marco regulatório às inovações tecnológicas do final do século 20 e início do século 21 [249]–[251]. Evidentemente, a maior revolução tecnológica desse período foi a popularização das redes de comunicações de dados, muito notoriamente, o avanço da internet. Nessa conferência, como em outros fóros de governança da internet, como visto, a opinião pública registra um embate entre nações como Rússia e China, de um lado, tentando afastar o controle dos mecanismos de governança da internet da zona de influência dos Estados Unidos e o bloco de países ocidentais, por outro lado, atuando pela permanência do modelo vigente [252]–[256]. Cerf, então representante do Google, não poupou críticas ao que classificou como uma tentativa, por parte de "regimes repressivos", de impedir a liberdade de expressão e de ferir direitos fundamentais. Para ele, a conferência de Dubai tinha o potencial de "colocar algemas na rede" [257]. Ao final, 89 dos 151 Estados-nações participantes, incluindo-se o Brasil, assinaram o tratado. Isso vai de encontro à tradição de decisões unânimes na elaboração de tratados internacionais, o que diminui a força das ITRs, tornando-as, na prática, não vinculantes.

O tema governança da internet ganhou destaque, no âmbito da ONU, com a realização da Wsis, reunião de cúpula conduzida em duas fases, sendo a primeira em Genebra, Suíça, em 2003 e a segunda em Túnis, Tunísia, em 2005. Plantou-se a semente desse encontro na PP de 1998, mas o evento ganhou força com a adesão de outras instâncias das Nações Unidas. Essas entidades moveram-se, em grande parte, pelo interesse que a internet ganhava, naquele período, vista como motor da SI que se encontrava em fase inicial.

A justificativa para o trabalho em duas fases foi de que a primeira fase ficaria encarregada pela Declaração de Princípios e pelo Plano de Ação de Genebra, enquanto que a segunda apresentaria resultados mais concretos [258]–[260]. Dada a resistência da comunidade internacional para chegar em acordos quanto a temas de governança da internet, criou-se o WGIG, para auxiliar a segunda fase da Wsis na elaboração do Compromisso de Túnis e da Agenda de Túnis para a Sociedade da Informação, os resultados da conferência [261]–[263]. Argumenta-se que o modelo hoje amplamente adotado, em governança da internet, de multissetorialismo, em oposição ao multilateralismo, típico da ONU, teve amparo formal pela primeira vez na documentação produzida na fase de Genebra da Wsis. A ironia disso reside em que a conferência, em si, pautou-se pelo multilateralismo, relegando entes privados e da sociedade civil a um papel secundário [201, pp. 322–324].

Para amplificar sua participação na Wsis — e posteriormente no IGF —, os membros da sociedade civil uniram-se na Frente da Sociedade Civil para a Governança da Internet (CS-IGC, na sigla em língua inglesa de *Civil Society Internet Governance Caucus*). O grupo estruturou-se nas reuniões preparatórias para a fase de Genebra da Wsis [201, p. 328].

Um dos principais resultados da primeira fase da Wsis foi a declaração de 11 pontos-chaves para a construção da SI [258]:

- *Papel das partes interessadas na promoção do desenvolvimento pelas TICs* – Atribui-se não somente aos governos e à ONU, mas também à sociedade civil e a entes privados, a responsabilidade pelo desenvolvimento da SI, compartilhando-se, inclusive, a tomada de decisões para que se alcance esse objetivo.

- *Infraestrutura de informação e comunicações* – Reconhece-se que o desenvolvimento de uma SI que acolha a todos está necessariamente ancorado na universalização do acesso à infraestrutura de telecomunicações, de energia elétrica e, até mesmo, ao serviço de correios. Para que isso ocorra, os participantes da conferência atribuem grande importância à existência de regulação local que conduza a um mercado competitivo, estável e que permita o atendimento de usuários que, a depender apenas do incentivo econômico, não seriam alcançados pela infraestrutura de TICs.

- *Acesso a informações e conhecimento* – Outro ponto-chave, enfatizado na Wsis, foi a necessidade de que informações de domínio público sejam amplamente difundidas pelas TICs. É a percepção de que não basta unicamente a conexão, mas sim que essa infraestrutura seja utilizada para a distribuição de informação e conhecimento, incluindo-se o conhecimento científico. Concorre para isso, segundo registrado, a distribuição e o desenvolvimento de software aberto e gratuito.

- *Treinamento* – Para que exista uma SI verdadeiramente inclusiva, considera-se necessário dotar os cidadãos das habilidades necessárias à participação ativa na SI e na economia da informação. Para tanto, reputa-se necessário disponibilizar de forma equânime conhecimentos específicos de TICs, mas também alfabetização e educação básica. Diz-se equânime tanto no tocante à dimensão de países desenvolvidos/em desenvolvimento, quanto em relação a populações usualmente desprivilegiadas, como mulheres.

- *Construção de confiança no uso das TICs* – Cuida-se, nesse ponto, tanto de questões técnicas, como a autenticação de usuários e a segurança de rede, quanto de direitos dos consumidores e da proteção de dados pessoais. A discussão no âmbito das Nações Unidas diferencia-se de outros fóros na medida em que se posiciona claramente pela necessidade de atuação em conflitos que levem à instabilidade internacional — uma das dimensões da cibersegurança.

- *Ambiente que possibilite o desenvolvimento da SI* – Atribui-se aos Estados e à comunidade internacional a responsabilidade de criar um ambiente legal e regulatório, tecnologicamente neutro, que corrija as falhas de mercado e favoreça o investimento em TICs. Encoraja-se, também, o equilíbrio entre a proteção de propriedade intelectual, por um lado, e a difusão do conhecimento, por outro lado. Em linha com os MDGs, e com os vindouros SDGs, os participantes da conferência reforçaram, nesse princípio, a necessidade de que a construção da SI ocorra em consonância com as preocupações ambientais que permeiam, neste milênio, todas as iniciativas das Nações Unidas. Do ponto de vista mais técnico, mais alinhado com o trabalho da UIT, registrou-se a necessidade e os benefícios resultantes da padronização tecnológica e da coordenação internacional no uso do espectro radioelétrico. Não suficiente, fez-se registrar que a "Internet evoluiu a uma facilidade global, disponível ao público e sua governança deve constituir uma questão central na agenda da Sociedade da Informação. O gerenciamento internacional da internet deve ser multilateral, transparente e democrático, com o envolvimento completo de governos, do setor privado, sociedade civil e organizações internacionais".[39] Propôs-se a criação do WGIG.

- *Aplicações de TICs* – Pugna-se pela disseminação do uso de TICs em diferentes aspectos da vida cotidiana, com um papel destacado de autoridades locais.

- *Diversidade cultural e de identidade* – Encoraja-se a participação, na SI, de diferentes setores da comunidade global, o que passa pela digitalização e disseminação de conteúdo em variadas línguas e representativo de diversas culturas.

[39] Chama-se à atenção o uso, nessa citação, do termo *multilateral* associado não somente à participação de diferentes Estados-nações, mas também de entes privados e da sociedade civil, um arranjo que se tem chamado, ao longo deste trabalho, de *multissetorialismo.* Malcolm, por sua vez, assinala que as instituições da comunidade técnica da internet, Icann e IETF, por exemplo, são chamadas nos documentos da Wsis de *organizações internacionais.* No entanto, ora são consideradas como um grupo setorial destacado, ora são parte das organizações intergovernamentais [201, pp. 332–333].

- *Mídia* – Em 2003, quando da elaboração do documento, a preocupação com a relação entre mídia e a SI estava ligada à preservação da independência e do pluralismo dos órgãos de imprensa. Na leitura atual, dos princípios propostos em Genebra, nota-se, em um primeiro momento, que não se vislumbravam ainda muitos dos efeitos, agora bastante evidentes, dos novos meios de comunicação, em especial de redes sociais, na comunicação de massa. Um segundo ponto não previsto é a forma como entrelaçam-se, hoje, temas como cibersegurança, comunicação política e os novos meios de comunicação. Se ocupavam-se, em 2003, de evitar a consolidação dos órgãos de mídia, reduzindo-se assim sua diversidade, hoje a preocupação maior é com a própria existência dessas instituições da mídia tradicional e com o impacto que essa perda representaria.

- *Dimensões éticas* – Registra-se a preocupação com a manutenção, na SI, de valores éticos como os direitos humanos e a manutenção da paz. A intenção é de que as TICs não sejam utilizadas como ferramenta para discriminação racial, xenofobia e intolerância religiosa, por exemplo.

- *Cooperação regional e internacional* – Repisa-se, nesse princípio, a importância da cooperação, não só internacional e regional, mas também multissetorial. "A Sociedade da Informação é intrinsecamente global por natureza e esforços nacionais devem ser apoiados por cooperação regional e internacional efetiva, entre governos, setor privado, sociedade civil e outros atores, incluindo-se instituições financeiras internacionais".

O outro produto resultante da primeira fase da Wsis é o Plano de Ação de Genebra. Nesse documento, tomando-se por base os princípios, já enunciados, propõem-se as linhas de ação a serem seguidas. Todavia, com a exceção da linha de ação C.6, que propõe a criaçao do WGIG, pelo secretário-Geral da ONU, os comandos são bastante genéricos, deixando em aberto a cada um dos atores envolvidos a definição de metas[40] [259], [201, pp. 333–334]. Exibe-se na Tab. 5.4 a relação das linhas de ação da Wsis, baseadas nos pontos-chave para a construção da SI [259].

Uma das características do WGIG, formado em novembro de 2004, é que se firmou, de fato, como um painel multissetorial. Sabe-se, por exemplo, que a CS-IGC teve êxito em nomear representantes de diferentes ramos da sociedade civil para o contingente inicial de 40 membros. É conspícua, também, a ausência de representantes dos EUA [201, p. 336]. Em seu relatório final, o WGIG introduziu dez recomendações, que deveriam ser consideradas na segunda fase da Wsis, na Tunísia [200]:

- *Administração dos arquivos da zona raiz e do sistema da zona raiz do DNS* – Propôs-se a definição da responsabilidade de cada um dos atores envolvidos no processo.

[40]Para todos os fins, consideram-se como metas os objetivos que tenham as seguinte características: específico, mensurável, decidido de comum acordo, realístico e baseado no tempo [264].

Linhas de Ação da Wsis
C1. Papel das autoridades públicas de governança e demais atores na promoção de TICs para o desenvolvimento
C2. Infraestrutura de informação e comunicação: Uma fundação essencial para a SI.
C3. Acesso à informação e ao conhecimento.
C4. Treinamento.
C5. Aumento da confiança e segurança no uso de TICs.
C6. Ambiente favorável.
C7. Aplicações de TICs: Benefícios em todos os aspectos da vida.
C8. Diversidade cultural e identidade, diversidade linguística e conteúdo local.
C9. Mídia
C10. Dimensões éticas da SI.
C11. Cooperação internacional e regional.

Tabela 5.4 – Linhas de açao constantes do Plano de Ação de Genebra [259].

- *Endereçamento IP* – Recomendou-se que se conduzisse a transição para o IPv6 de forma que se preservasse a alocação equânime dos recursos.

- *Custos de interconexão* – Tendo a criação do IGF em mente, encorajou-se a discussão multissetorial do tema após a segunda fase da Wsis.

- *Estabilidade da internet, segurança e cibercrime* – Ao mesmo tempo em que se manifestou a favor da organização de uma plataforma multissetorial dedicada a conter crimes na internet, registrou-se a necessidade de fazê-lo preservando-se os direitos individuais e humanos. Mencionou-se especificamente que se deveria endereçar a questão dos crimes na rede que transpusessem as fronteiras jurisdicionais nacionais.

- *Spam* – Devido à natureza difusa associada ao problema da distribuição de mensagens não solicitadas na internet, defendeu-se que a Wsis determinasse a coordenação internacional multissetorial buscando-se uma solução.

- *Liberdade de expressão* – Registrou-se, nessa recomendação, a preocupação de que, ao combater-se o cibercrime, prejudicasse-se a privacidade, a liberdade de expressão e outros direitos humanos. É o que se buscava evitar.

- *Participação significativa no desenvolvimento de políticas globais* – Recomendou-se que instituições internacionais e intergovernamentais atuassem em favor da efetiva participação de países em desenvolvimento nas discussões sobre governança da internet.

- *Proteção de dados e direitos de privacidade* – Encorajou-se a criação de leis nacionais de proteção de dados pessoais. No tocante às estruturas da internet que permitam a identificação dos usuários, recomendou-se que suas políticas fossem definidas em foro multissetorial.

- *Direitos do consumidor* – Dever-se-ia buscar soluções para a nova gama de problemas que surgiu nas relações de consumo existentes na rede. Deu-se principal atenção a inconsistências entre as leis locais e as regras aplicáveis ao comércio na internet.

- *Multilingualismo* – São duas as dimensões identificadas no relatório. Na primeira dimensão, recomendou-se que se tomassem medidas para a adoção de variados alfabetos em nomes de domínios. Na segunda dimensão, salientou-se a necessidade de promover a criação e distribuição de conteúdo, na internet, por variadas culturas e em variadas línguas.

Outra determinação feita pela Wsis ao WGIG foi de que identificasse os papéis exercidos pelos diferentes grupos de atores em discussões sobre governança da internet. Elencaram-se *governo, setor privado* e *sociedade civil* como os principais grupos, mas destacaram-se, também, os papéis exercidos pela academia e pela comunidade técnica. Podem-se ver na Tab. 5.5 os principais grupos e seus respectivos papéis.

Um último ponto do relatório do WGIG que merece destaque é a proposta que culminou na instituição do IGF. Segundo o grupo de trabalho, o novo organismo, encarregado por suprir lacunas deixadas por outros fóros, deveria obedecer a três princípios. A supervisão das atividades da Icann pelo governo dos EUA causava grande desconforto na Wsis. Por isso, registrou-se no primeiro princípio que nenhum Estado deveria ter papel de destaque na governança da internet. Em linha com o que já era realidade em outros fóros, a instituição proposta deveria ser "multilateral", envolvendo "governos, setor privado, sociedade civil e organizações internacionais". O último princípio era o envolvimento dos demais setores na função de governança, cada qual com seus devidos papéis, segundo enumerados nesse mesmo relatório e replicado na Tab. 5.5. Contudo, incapaz de chegar a um consenso, o WGIG acabou por propor quatro formatos para as instituições de supervisão da governança da internet [200], [201, pp. 341–342]:

- *GIC* – O Conselho Global da Internet (GIC, na sigla em língua inglesa de *Global Internet Council*) seria mais uma entidade nos moldes das agências especializadas da ONU, tendo como principal característica seu caráter participativo. Ou seja, os Estados-membros tomariam as decisões enquanto outros setores da comunidade internacional poderiam opinar. Nesse modelo, a Icann subordinar-se-ia ao GIC.

Grupos de Atores	Papéis
1 Governo	**1.1** Coordenação e implementação de políticas nacionais, coordenação de políticas regionais e internacionais. **1.2** Criação de um ambiente adequado para o desenvolvimento pleno das TICs. **1.3** Supervisão. **1.4** Desenvolvimento e adoção de leis, regulamentações e padrões. **1.5** Elaboração de tratados. **1.6** Desenvolvimento de melhores práticas. **1.7** Promoção do treinamentos tanto sobre TICs quanto por meio de TICs. **1.8** Incentivo a pesquisa e desenvolvimento de tecnologias e padrões. **1.9** Promoção do acesso a TICs. **1.10** Combate ao cibercrime. **1.11** Promoção da cooperação regional e internacional. **1.12** Promoção do desenvolvimento de infraestrutura e aplicações em TICs. **1.13** Busca de soluções para questões gerais sobre desenvolvimento. **1.14** Promoção de diversidade cultural e multilingualismo. **1.15** Resolução de conflitos e arbitragem.
2 Setor Privado	**2.1** Autorregulação promovida por entes privados do setor de TICs. **2.2** Desenvolvimento de melhores práticas. **2.3** Elaboração de propostas de políticas, guias e ferramentas para elaboração de políticas públicas. **2.4** Realização de pesquisa e desenvolvimento de tecnologia, padrões e processos. **2.5** Contribuições na elaboração de leis nos âmbitos nacional e internacional. **2.6** Promoção da inovação. **2.7** Resolução de conflitos e arbitragem. **2.8** Promoção de treinamentos.
3 Sociedade Civil	**3.1** Divulgação da importância das TICs e treinamento. **3.2** Promoção de objetivos de interesse público. **3.3** Facilitação da construção de redes de atores nos processos de políticas de governança da internet. **3.4** Mobilização dos cidadãos em processos democráticos. **3.5** Representação de grupos marginalizados. **3.6** Atuação em processos de políticas públicas. **3.7** Contribuição em processos de políticas públicas com perícia, conhecimento, habilidades e experiência em uma ampla variedade de políticas públicas de TICs. **3.8** Contribuição para tornar processos de políticas públicas mais inclusivos e centrados em pessoas. **3.9** Pesquisa e desenvolvimento de tecnologias e padrões. **3.10** Desenvolvimento e disseminação de melhores práticas. **3.11** Auxílio na garantia de que as forças políticas e de mercado estejam alinhadas com as necessidades de todos os membros da sociedade. **3.12** Atuação visando à responsabilidade social e à boa governança. **3.13** Defesa do desenvolvimento de projetos sociais e atividades que sejam críticos, mas que não sejam lucrativos ou vistosos. **3.14** Contribuição para construção de visões de SI centradas na humanidade, baseadas nos direitos humanos, em desenvolvimento sustentável, na justiça social e no compartilhamento de poder com marginalizados.

Tabela 5.5 – Grupos de atores e seus respectivos papéis na governança da internet [200].

- *IGF* – A segunda proposta consistia na criação do IGF como substituto do GAC, da Icann. Entretanto, nos termos do relatório, a instituição não teria poderes de supervisão das atividades da Icann.

- *IIC* – Em uma terceira alternativa, propôs-se a criação do Conselho Internacional da Internet (IIC, na sigla em língua inglesa de *International Internet Council*). Esse organismo seria semelhante ao, também proposto, GIC, distinguindo-se em que não teria vínculos com as Nações Unidas.

- *GIPC, WICANN, GIGF* – A última alternativa considerada pelo WGIG foi a distribuição de tarefas entre três novas organizações. O Conselho de Políticas Globais da Internet (GIPC, na sigla em língua inglesa de *Global Internet Policy Council*) ficaria encarregado pela decisão de políticas por parte de governos. A Corporação Mundial da Internet para Designação de Nomes e Números (WICANN, na sigla em língua inglesa de *World Internet Corporation for Assigned Names and Numbers*) seria um substituto da Icann, sem a influência da NTIA, vinculada à ONU e, portanto, sem a necessidade do GAC. O Fórum de Governança Global da Internet (GIGF, na sigla em língua inglesa de *Global Internet Governance Forum*), por sua vez, seria o órgão multissetorial para discussão de políticas públicas relacionadas à internet.

Sobre a fase de Túnis da Wsis, ocorrida em novembro de 2005, na Tunísia, como relatado anteriormente, teve dois documentos de resultados principais. No Compromisso de Túnis, no entanto, o primeiro desses documentos, apenas repisaram-se os acordos já firmados na fase de Genebra, em 2003 [261], [201, pp. 342–344].

Mesmo em relação ao outro documento, a Agenda de Túnis para a Sociedade da Informação, pouco decidiu-se na própria conferência. Nota-se, por exemplo, que a questão do financiamento das ações identificadas como necessárias para o desenvolvimento das TICs havia sido discutida extensivamente pela Força Tarefa sobre Mecanismos de Financiamento (TFFM, na sigla em língua inglesa de *Task Force on Financial Mechanisms*). Essa força tarefa havia sido criada, com esse propósito, pelo secretário-Geral da ONU, mas concorreu para a solução do problema de financiamento dos esforços da Wsis a criação do Fundo de Solidariedade Digital (DSF, na sigal em língua inglesa de *Digital Solidarity Fund*). De forma análoga, tomando-se por base o trabalho do WGIG, elaboraram-se, nas reuniões preparatórias para essa segunda fase da Wsis, boa parte dos entendimentos registrados na Agenda de Túnis para questões de governança da internet, tema largamente evitado na fase de Genebra [262].

Na Agenda de Túnis, definiram-se, também, os papéis de cada setor na governança da internet, ao mesmo tempo em que reiteraram a defesa da característica multissetorial dos fóros de governança da internet. Aos Estados cabem decisões sobre políticas públicas relacionadas à internet. O setor privado deve contribuir economicamente e tecnicamente para o desenvolvimento da rede.

A sociedade civil, por sua vez, fica encarregada por contribuir enquanto representante da comunidade ampla. Instituições intergovernamentais deve atuar na coordenação de questões de políticas públicas relacionadas à internet, enquanto que as instituições internacionais deve trabalhar no desenvolvimento de padrões técnicos [262].

Adotou-se, na Wsis, a proposta do WGIG da criação do IGF. A conferência acolheu a proposta como forma de aprimorar a cooperação internacional em questões de políticas associadas à governança da internet. Contudo, como esperado, a decisão enfrentou a oposição árdua dos EUA e de membros do setor privado que alegaram que se desequilibrariam as relações de poder entre os governos e as instituições privadas, com as alterações delineadas pelo WGIG. Representantes da UIT também não ficaram satisfeitos com o resultado, uma vez que a organização foi preterida em face a um outro órgão da própria ONU, que, até então, nem ao mesmo existia. A principal motivação teria sido de que a instituição centenária não foi considerada como um organismo verdadeiramente multissetorial, um dos pilares da proposta do WGIG [201, p. 344].

No acordo final instituiu-se o IGF como ente das Nações Unidas, mas sem poder de negociação de tratados ou decisões vinculantes. A NTIA deveria afastar-se da Icann que, por seu turno, não se submeteria à supervisão do IGF [201, p. 350].

Consta do texto da Agenda de Túnis o mandato para o IGF [262]:

> "**72. Pedimos ao Secretário-Geral da ONU,** em um processo aberto e inclusivo, para que convoque, para o segundo quarto de 2006, uma reunião do novo fórum para diálogo multissetorial de políticas — chamado de *Fórum de Governança da Internet* (IGF). O mandato do Fórum é para:
>
> **a)** Discutir questões de políticas públicas relacionadas a elementos-chaves da governança da Internet de forma que privilegie a sustentabilidade, robustez, segurança, estabilidade e o desenvolvimento da Internet.
>
> **b)** Facilitar o discurso entre entidades lidando com políticas públicas internacionais transversais sobre a Internet e discutir questões que não sejam do escopo de outra entidade existente.
>
> **c)** Servir de interface com organizações intergovernamentais apropriadas e outras instituições em questões que estão sob suas alçadas.
>
> **d)** Facilitar a troca de informações e melhores práticas e a esse respeito fazer pleno uso da perícia das comunidades acadêmica, científica e técnica.
>
> **e)** Aconselhar todos os atores a propor formas e condições para acelerar a disponibilidade e acessibilidade econômica da Internet no mundo em desenvolvimento.
>
> **f)** Fortalecer e aprimorar o engajamento dos atores em mecanismos existentes e/ou futuros de governança da Internet, particularmente aqueles de países em desenvolvimento.
>
> **g)** Identificar questões emergentes, levá-las à atenção de entidades relevantes e ao grande público e, quando apropriado, fazer recomendações.
>
> **h)** Contribuir para o treinamento em governança da Internet em países em desenvolvimento,

aproveitando totalmente fontes locais de conhecimento e perícia.

i) Promover e avaliar, de maneira contínua, a incorporação dos princípios da Wsis em processos de governança da Internet.

j) Discutir, *inter alia*, questões relacionadas a recursos críticos da Internet.

k) Tentar encontrar soluções para as questões que surgem do uso e do mau uso da Internet, com preocupação particular com usuários cotidianos.

l) Publique seus procedimentos."

Em reunião da AG da ONU, decidiu-se, em 2010, pela prorrogação dos trabalhos do IGF até 2015, mantendo-se os comandos do Parágrafo 72 da Agenda de Túnis, mas recomendando-se aprimoramentos [265].

A pedido da CSTD, formou-se, também em 2011, o Grupo de Trabalho sobre Melhorias do Fórum de Governança a Internet. O grupo reuniu-se em três oportunidades, entre 2011 e 2012, ocasiões em que formulou cinco conjuntos de recomendações, a saber [266]:

1. Expandir e diversificar a participação;

2. aperfeiçoar medidas para ampliar a participação;

3. aprimorar a visibilidade na rede e acessibilidade do IGF;

4. aprimorar a compreensão de todas as partes interessadas do IGF e das questões de governaça da internet; e

5. associar o IGF a outras entidades relacionadas à governança da Internet.

Realizou-se, em 2014, a reunião Wsis+10, na qual avaliaram-se os resultados alcançados e renovou-se o mandato do IGF por mais dez anos [267].

O IGF reúne-se anualmente, de forma itinerante, desde 2006. Foram duas passagens pelo Brasil até 2018; no Rio de Janeiro, em 2007, e em João Pessoa, Paraíba, em 2015. O fórum é composto pelo Secretariado, sua unidade administrativa, baseada em Genebra, Suíça, e pelo Grupo Consultivo Multissetorial (MAG, na sigla em língua inglesa de *Multistakeholder Advisory Group*). Este reúne-se três vezes ao ano e auxilia nos preparativos para o evento principal. Há também *workshops*, painéis e eventos de capacitação organizados pelo IGF todos os anos.

5.8.3 O Passo a Passo da Governança da Internet

Segundo Kurbalija, seriam 14 as fases pelas quais passou a governança da internet, às quais acrescentam-se os eventos mais recentes e outros considerados relevantes, totalizando, assim, 16 períodos [3, pp. 7–15]:

- *1970–1994* – Um marco deste período foi a fundação da IETF, em 1986. A partir de então, passou-se formalmente a tomar-se decisões técnicas em um processo voltado à formação de consenso e à participação das diferentes partes afetadas. Nesse período, deixou-se de lado a estrutura militar e, portanto, estatal, da gestão da internet, para dar lugar ao caráter liberal que ainda permeia a comunidade técnica envolvida no desenvolvimento de padrões e normas da rede.

- *1994–1998* – Trata-se dos anos em que ocorreu a chamada *Guerra dos DNS*, período no qual a NSF decidiu-se por delegar a um terceiro, privado, a manutenção e operação do DNS. Nesse movimento, os interesses de Estados opuseram-se aos de entidades já envolvidas na governança da rede. Por fim, optou-se por criar a Icann, ainda em atividade).

- *2003–2005* – Estes anos marcaram o acirramento da contenda entre a ONU e as diversas entidades afetas à governança da internet. Ocorreram neste período as duas fases da Wsis, promovidas pela ONU. Da reunião de novembro de 2005, na Tunísia, emergiu a proposta da criação do IGF [263].

- *2006* – Três eventos marcaram este período. Em primeiro lugar, a renovação do contrato entre a Icann e o governo norte-americano. Em segundo lugar, ocorreu neste ano uma reunião do IGF, inaugurando no Sistema Nações Unidas a prática de reuniões multissetoriais em que os governos deixam de ser protagonistas, para acomodar os diferente atores envolvidos no processo. O terceiro ponto foi a eleição de Hamadoun Touré para o cargo de secretário-Geral da UIT, com promessas de foco em cibersegurança, em seu mandato.

- *2007* – Discussões ocorridas no âmbito da Icann trouxeram à linha de frente, do debate diplomático, o papel do governo dos EUA nesse órgão. Em sua segunda reunião, realizada no Rio de Janeiro, o IGF abordou questões como a infraestrutura crítica associada à internet.

- *2008* – A eleição de Barack Obama para a presidência dos Estados Unidos chamou a atenção ao novo papel desempenhado pela internet e suas aplicações no processo democrático. Foi também neste ano que surgiu, para a sociedade em geral, a questão da neutralidade de rede.[41]

- *2009* – Renovou-se, em 2009, o contrato entre Icann e Departamento de Comércio dos Estados Unidos, colocando novamente no mapa o debate sobre a supervisão governamental da entidade considerada internacional pelo governo dos EUA. Na reunião do IGF no Egito, deliberou-se sobre os rumos a serem tomados pela entidade no anos seguintes. Colocaram-se, de um lado, os favoráveis a incrementar o papel do fórum — e consequentemente dos governos nacionais —

[41] Tema a ser estudado em detalhes no Cap. 6.

na governança da internet e, de outro lado, os favoráveis à manutenção das condições vigentes. Naturalmente, este prevaleceu frente àquele.

• *2010* – O acentuado crescimento da relevância das redes sociais na internet resultou em questionamentos sobre as políticas de privacidade adotadas para a proteção dos dados de seus usuários. Noutra ponta, a CSTD, da ONU, propôs a continuação dos trabalhos do IGF. Acolhendo esse pedido, decidiu-se em reunião da Assembleia Geral pela continuação do fórum por outros cinco anos [265].

• *2011* – Propelida por eventos como a Primavera Árabe, a governança da internet ganhou a grande mídia e um maior interesse por parte de governos nacionais [268], [269]. Em outra frente, a política internacional dos EUA, comandada por Hillary Clinton, colocou em pauta a liberdade de expressão na rede. O destaque do ano talvez tenha sido a promoção de diferentes visões para os princípios que devem permear a governança da internet, por diversas instituições, por exemplo, Instituto de Tecnologia e Sociedade do Rio (ITS), da Fundação Getúlio Vargas (FGV), Organização para a Cooperação e Desenvolvimento Econômico (OCDE) e EUA [270], [271].

• *2012* – Houve, em 2012, uma relevante mudança de rumos na Icann, com a troca de seu comando. Fadi Chehadé assumiu o posto de CEO em outubro de 2012, posição que exerceu até março de 2016 [272]. Outro evento importante foi a revisão das ITRs, conduzida na WCIT, em Dubai. Mais uma vez, os participantes dividiram-se entre aqueles que buscavam manter o papel secundário da UIT, de natureza multisetorial, nos procedimentos de governança da internet e outros que buscavam aumentar a relevância dos governos nacionais nas decisões do setor. No âmbito nacional dos Estados Unidos, mas com repercussão no debate global, duas iniciativas legislativas de 2011 levaram a protestos no início de 2012. Foram elas o Ato de Proteção do IP (Pipa, na sigla em língua inglesa de *Protect IP Act*) e o Ato de Interrupção da Pirataria na Rede (Sopa, na sigla em língua inglesa de *Stop Online Piracy Act*) [273], [274].

• *2013* – Como não poderia deixar de ser, a agenda internacional relacionada à internet, neste ano, pautou-se pelas revelações de Edward Snowden. O ex-analista de segurança demonstrou que a Agência Nacional de Segurança norte-americana (NSA, na sigla em língua inglesa de *National Security Agency*) espionava sistematicamente usuários da internet[42] [275], [276]. Com isso o tema da cibersegurança permaneceu em pauta por mais alguns anos.

• *2014* – A Administração de Informações e Telecomunicações Nacionais (NTIA, na sigla em língua inglesa de *National Telecommunications and Information Administration*), órgão vinculado ao Departamento de Comércio dos EUA, iniciou neste ano um processo de transição em

[42]Tema endereçado, adiante, na Seção 6.3.1.

que passaria a outra entidade sua tarefa de supervisão da Iana. Ocorreu em abril de 2014 a conferência NETmundial, em São Paulo[43] [277]. Outro foro de discussão dos rumos da governança da internet a reunir-se neste ano foi o Painel em Alto Nível sobre a Cooperação Global da Internet e Mecanismos de Governança (GICGM, na sigla em língua inglesa de *High-Level Panel on Global Internet Cooperation and Governance Mechanisms*), uma iniciativa do Fórum Econômico Mundial (WEF, na sigla em língua inglesa de *World Economic Forum*) [278]. Na Justiça da UE, surgiu, em maio, o *direito de ser esquecido* [279].

- *2015* – Com vistas a suas metas de médio prazo, a ONU estabeleceu o Mecanismo de Facilitação Tecnológica (TFM, na sigla em língua inglesa de *Technology Facilitation Mechanism*). O objetivo é endereçar o uso de tecnologia e inovação para que se alcancem as SDGs [280]. O ano de 2015 foi também um período para reavaliar metas e resultados, com a realização do evento Wsis+10. Renovou-se, também, o mandato do IGF por mais dez anos [281].

- *2016* – O Banco Mundial lançou, neste ano, um influente relatório sobre os benefícios, sociais e econômicos, resultantes do investimento em acessibilidade à rede [282]. Neste mesmo período, a Comissão Global sobre Governança da Internet (GCIG, na sigla em língua inglesa de *Global Commission on Internet Governance*) publicou um trabalho intitulado *One Internet*, em que prescreve políticas para a boa governança da *web* [283]. Na Icann, findo o processo de transição, criou-se a subsidiária Identificadores Técnicos Públicos (PTI, na sigla em língua inglesa de *Public Technical Identifiers*). Assim, encerrou-se o vínculo entre o governo norte-americano e a Iana. A eleição presidencial norte-americana de 2016, que elegeu Donald J. Trump, ficou marcada pelo início do debate recente sobre a influência de notícias falsas[44] no processo democrático. Seja pela suposta influência russa no pleito, seja pelo grande fluxo de desinformação, ficou patente que o uso da internet em eleições assumiu um novo patamar, após sua introdução como personagem do debate político nas eleições presidenciais dos EUA em 2008.

- *2017* – O IGF de 2017 ocorreu em Genebra, Suíça e abordou temas como uso das TICs para que se alcancem os SDGs, cooperação para a governança digital, impactos da digitalização na democracia, diversidade no acesso às TICs, dentre outros [284]. A CSTD publicou, em novembro, um relatório sobre o progresso do trabalho de colocar em prática as decisões tomadas na Wsis. Em relação à governança da internet, destacou que a SI tem também dimensões sociais e políticas. Enquanto, por um lado, os novos meios de comunicação facilitam o exercício da liberdade de expressão, por outro lado, a valorização dos dados de usuários conduz a uma menor privacidade dos cidadãos, tanto frente a empresas quanto a governos. Ainda segundo a CSTD, seguem relevantes as questões sobre cibersegurança e segurança nacional [285].

[43] Melhor contextualizado na Seção 6.3.1.

[44] Por isso mesmo conhecidas pelo termo em língua inglesa, *fake news*.

- *2018* – Em 2018, chegou a termo a atividade do Grupo de Trabalho sobre o Aumento da Cooperação em Questões de Políticas Públicas Relacionadas à Internet (WGEC, no acrônimo em língua inglesa de *Working Group on Enhanced Cooperation on Public Policy Issues Pertaining to the Internet*), estabelecido para os anos de 2016–2018 em atenção a decisão da Assembleia Geral na reunião Wsis+10, tomada em 2015. O grupo pretendia produzir dois conjuntos de propostas. O primeiro conjunto seria de recomendações quanto à criação de novos mecanismos institucionais e o segundo conjunto, de recomendações sobre a possibilidade de expansão dos papéis desempenhados por Assembleia Geral, CSTD e Ecosoc, em complemento aos papéis do IGF. Contudo, não se chegou a um consenso [286].

5.9 Conclusão

Olhando-se para o passado da internet, é difícil evitar posicionar-se ora com o pessimismo característico de Morozov ora com o otimismo exacerbado de tantos especialistas, empreendedores e jornalistas que acompanham as TICs e a internet. São os tecno-otimistas, de um lado, e os tecnopessimistas, do outro lado [26], [161], [287]–[294]. Contudo, atendo-se apenas aos fatos, é possível identificar algumas questões, de difícil solução, que estão em pauta e que, por isso mesmo, não têm resoluções em vista.

No plano internacional, por exemplo, ganha projeção a noção de que outros atores, que não os EUA, passarão a dominar diferentes dimensões do ciberespaço. Xi Jinping, o presidente Chinês, pretende levar o país a uma posição de destaque em governança da internet, em um futuro próximo. Essa ambição tem por base suas aspirações a que o país domine tecnologias como a inteligência artificial e a computação quântica, deixando os Estados Unidos para trás em cibersegurança e no mercado global de TICs [295]. Esse cenário configura risco à comunidade internacional, na medida em que a China e seus aliados podem levar a uma internet mais fragmentada e com arquitetura e mecanismos de governança que reflitam mais seus valores que os ideais democráticos hoje predominantes [296]. O que se vê com clareza, hoje, é que China, Rússia e alguns outros países tentam aumentar a influência de Estados-nações na rede, com o objetivo de projetar, no ciberespaço, as fronteiras jurisdicionais nacionais.

Apesar de a matéria estar ainda em investigação, sabe-se que, em maior ou menor medida, houve interferência russa no processo eleitoral norte-americano que levou à eleição de Donald J. Trump, por uma fina margem de votos, em 2016. Na base desse episódio está o modelo de negócios hoje predominante entre as aplicações da internet. O usuário final paga pela conexão à rede a um provedor de acesso. Uma vez conectado, no entanto, os serviços e aplicações estão disponíveis na rede de forma — aparentemente — gratuita. Basta, para tanto, que o usuário permita a exploração comercial dos dados associados a seu uso da plataforma. No caso particular da eleição presidencial dos EUA, sabe-se que uma empresa de publicidade digital inglesa, Cambridge Analytica, provavelmente contratada pelo governo de Wladimir Putin, utilizou-se de redes sociais, como o Facebook, para promover Trump [297]. Na metáfora já bastante desgastada, diz-se que os dados são o novo petróleo, tamanha é sua relevância. O que não se menciona com tanta frequência é que há uma gama de dilemas implícitos nessa relação comercial. Após a regulamentação pela UE, países como o Brasil já se preocupam com a proteção de dados pessoais na internet. Entretanto, nota-se que esse é apenas um passo no sentido da mudança dessa relação entre usuários e provedores de serviços na internet. O certo, por enquanto, é que a lista de permissões constantes dos contratos de adesão a serviços na rede continua extensa e que, via de regra, a fatura ainda é paga com informações de usuários. A identidade digital da Índia é um exemplo de iniciativa em que se inverte essa lógica. A garantia da identificação escorreita de qualquer cidadão talvez seja o dado pessoal mais básico. Dessa maneira, qualquer interessado pode atestar que uma pessoa é, de fato, quem faz querer crer que seja e, com isso, o próprio cidadão tem benefícios. Nota-se, por exemplo, que se reduz a burocracia para obter-se um empréstimo, marcarem-se consultas e realizarem-se transações que antes permaneciam na informalidade [298].

Ainda em relação aos dados gerados na internet, outra preocupação que ganha os holofotes é a de que a alta concentração dessas informações em empresas como Amazon, Apple, Facebook e Google podem gerar falhas em certos mercados relevantes.[45] Wu, por exemplo, argumenta nesse sentido. Para ele é questionável a legalidade da aquisição de Instagram e WhatsApp pelo Facebook, e de Waze, iMob e DoubleClick pelo Google [299], [300]. A nova dimensão dada ao problema no mercado de aplicativos na internet reside em que, conforme Mayer-Schönberger e Ramge argumentam, as medidas usuais aplicadas pelos mecanismos de proteção da concorrência, como a quebra de conglomerados para que deixem de ter poder de mercado significativo, podem gerar prejuízos aos usuários. Segundo eles, ao contrário do que houve com o fracionamento de empresas como a AT&T, no caso das gigantes da internet há maior valor a ser capturado pelos usuários no uso concentrado dos dados que em seu uso disperso. Isso equivale a dizer, por exemplo, que o fato de haver duas empresas, cada uma com acesso aos dados de metade das pesquisas feitas na internet, não se reflete em melhores resultados para o usuário que no caso de um monopólio, pelo contrário. Como o contrato entre as partes é de adesão, ou seja, não há como se discutir item a item, qualquer negociação sobre o uso de dados pessoais fica prejudicada [301], [302].

5.10 A Seguir

No capítulo seguinte, objetiva-se estudar com maior profundidade a questão da neutralidade de rede. O tema foi objeto de intensos debates na última década, o que por si só já justificaria

[45] Nos moldes do exposto no Cap. 2.

este espaço. Não obstante, a abordagem aqui utilizada propiciará, ao mesmo tempo, a exposição de temas mais abrangentes de políticas públicas, tendo na neutralidade de rede um rico estudo de caso.

> "Pois tudo que proíbe a liberdade e plenitude de comunicação cria barreiras que dividem os seres humanos em conjuntos e grupos exclusivos, em seitas e facções antagônicas, e, assim, mina o modo de vida democrático."
>
> —*John Dewey* [309, p. 342]

6 | Neutralidade de Rede

Em 2006, quando afirmou que "poucas pessoas [entendiam] a mecânica da discriminação de rede", Felten deu um testemunho da complexidade do tema que começavam a enfrentar [303]. Felizmente, desde então, muito se desenvolveu nos campos teórico e prático, sobre neutralidade de rede. Foram significativas contribuições, de variadas disciplinas, às quais se soma a experiência resultante das diversas iniciativas governamentais surgidas nos últimos anos.

Neste capítulo, apresentam-se, primeiramente, alguns dos conceitos associados à matéria, incluindo-se questões mais amplas de políticas públicas, como é o caso do mecanismo de formação da agenda governamental e do papel das consultas públicas na democracia. Em seguida, passa-se a um panorama internacional das políticas debatidas e colocadas em prática no Chile, EUA e União Europeia (UE). Ao final, procede-se ao relato do caso brasileiro, desde a proposição do Marco Civil da Internet (MCI) até a regulamentação em nível infralegal.

6.1 Preceitos Teóricos

Segundo Gilroy, pode-se dizer que qualquer definição de neutralidade de rede deve incluir ao menos estes dois princípios [304]:

1. Cabe aos usuários e não aos provedores de acesso à internet a definição de quais serviços serão utilizados na rede e de que forma; e

2. Não deve haver discriminação no acesso de provedores de conteúdo à rede.

Baumol et al. definem neutralidade de rede, entre outras coisas, como uma política para "regular como os provedores de internet gerenciam e precificam o uso de suas redes" [305]. Por outro lado, segundo Wu, devemos entender neutralidade de rede como um princípio de projeto de rede. Neste ponto de vista, a não discriminação pela rede com base no tipo ou origem do conteúdo "permitiria que a rede carregasse toda forma de informação e suportasse todo tipo de aplicativo" [306].

Nesse mesmo sentido se posiciona Economides, que dá ênfase à necessidade de "não haver discriminação de preços baseada em quantidade de pacotes transmitidos, identidade do transmissor ou receptor, aplicativo utilizado ou tipo de conteúdo que é transmitido" [307]. Yoo, por sua vez, define neutralidade de rede como a "limitação da autoridade da operadora de redes banda larga para impor restrições à habilidade de usuários finais acessarem conteúdo, executarem aplicativos, conectarem dispositivos e cobrarem de provedores de aplicativos e conteúdo, preços proporcionais à qualidade de serviço oferecida" [308].

O assunto é ainda objeto de intensos estudos uma vez que, em grande parte dos países, segue sendo pequena a competição entre os provedores de acesso banda larga. Segundo Marcus, a falha basilar, cujo reflexo é um cenário que incentiva a quebra da neutralidade de rede, é na verdade uma imperfeição acentuada na competição no provimento de acesso [310]. Outro fator que torna o assunto relevante é o fato de a internet ser cada vez mais popular e ter se tornado uma plataforma eficaz para o provimento de serviços, além do comércio.

A falta de consenso no debate entre provedores de acesso, em uma ponta, e provedores de conteúdo, aplicativos e serviços, em outra, tem reflexo nos órgãos reguladores, que devem mediar o conflito. Por parte dos órgãos reguladores, Guttentag vê três abordagens possíveis, o que chama de níveis de regulação. São elas: nenhuma regulação, regulação total e regras de não discriminação [311].

No caso de nenhuma regulação, os provedores de acesso banda larga não teriam restrição alguma à discriminação de pacotes que trafeguem em suas redes, além das regras antitruste. Segundo Economides e Tåg, tal cenário provocaria alteração no arranjo de pagamentos de internet de forma a configurar um *mercado de dois lados* [307], [312]. Já Yoo acredita que esta abordagem permitiria que os provedores de acesso à internet se sobressaíssem neste debate em detrimento dos provedores de conteúdo, aplicativos e serviços, impondo assim suas aspirações para a divisão dos lucros da internet [308].

Bauer classifica que a regulação total envolveria a definição detalhada, pelo órgão regulador, "de investimentos, preços, qualidade e condições de acesso à rede" [313]. Por esse mesmo motivo, Baumol et al. acreditam que em um mercado dinâmico, como é o de telecomunicações, com uma tecnologia que avança rapidamente, é difícil para os reguladores determinar que preços seriam adequados. Uma provável consequência é que os custos excederiam os benefícios, quando comparado o bem-estar do mercado regulado com o do mercado sujeito à competição [305]. Mesmo Wu, que advoga a favor da neutralidade de rede, vê a imposição de restrições completas, estruturais, como "potencialmente contraproducentes" [314].

Uma terceira alternativa é a imposição de regras de não discriminação. Essa solução, defendida por Lehr et al., buscaria a preservação do princípio da transferência de pacotes por *melhor esforço*, sem imposição de regulação de preços — considerando-se que esta poderia ser prejudicial ao crescimento da internet e à inovação em conteúdo, aplicativos e serviços [315].

Percebe-se que o debate sobre a neutralidade de rede é bastante polarizado, com a formação nítida de dois grupos. De um lado, os defensores da neutralidade de rede, de outro os detratores da ideia. Assim, é possível identificar e classificar os principais argumentos, de lado a lado, com ênfase para os originários da academia.

6.1.1 Argumentos Favoráveis à Neutralidade de Rede

Wu, autor de um dos textos seminais sobre o tema e a que se atribui a introdução da expressão *neutralidade de rede* neste contexto, é um dos mais influentes apologistas do conceito. Participou, inclusive, de uma das audiências públicas conduzidas pela FCC, em 2008, e de um intenso debate no meio acadêmico, tendo como principal interlocutor Yoo. Wu argumenta que uma rede sob regime de não discriminação daria aos usuários a possibilidade de utilizar quaisquer dispositivos e aplicativos e ter liberdade suficiente para inovar nesses mercados. Tal regime permitiria integração vertical tão eficiente quanto possível sem que houvesse dano aos direitos dos usuários [314].

Apesar de teoricamente os operadores da rede terem interesses coincidentes com aqueles dos usuários, visto que ambos beneficiar-se-iam do surgimento de bons aplicativos para a rede, um estudo conduzido por esse pesquisador mostra que, na prática, aqueles estão mais interessados nos benefícios que poderiam obter no curto prazo [314].

Partidários da neutralidade de rede veem a internet como uma plataforma neutra, ideal para que o processo de inovação possa fluir como uma competição em que somente os mais aptos entre os desenvolvedores de novos aplicativos consigam sobreviver [314]. Se os árbitros dessa competição fossem os usuários finais da rede, esse processo levaria à inovação darwiniana ou schumpeteriana. Esse argumento tem como base o *princípio de projeto fim a fim*: a rede deve ser mantida tão simples quanto possível e a inteligência deve ficar na borda ou fim da rede [316]. Ou seja, a plataforma deve ser neutra. O sucesso da internet seria, nesse cenário, uma evidência incontestável "da superioridade de uma rede projetada observando-se os princípios evolucionários" [289], [314]. Tem-se aqui, pela perspectiva dos detentores da infraestrutura, a rede como plataforma neutra, transportando bits sem se preocupar com sua origem ou conteúdo, como se fosse uma rede de tubulação abastecendo seus consumidores de água, o que fere seus interesses. Entretanto, sob outra perspectiva, tem-se a rede como o exemplo real mais próximo de um mercado de competição perfeita (ideal), conducente ao surgimento de uma oferta prolífica de conteúdo, aplicativos e serviços. Consagrou-se entre os profissionais do setor de telecomunicações e da mídia especializada chamar as empresas destes mercados de provedores de conteúdo, aplicativos ou serviços *Over-The-Top* (OTTs, na sigla em língua inglesa)[1].

Segundo Van Schewick, um argumento típico dos adeptos da neutralidade de rede é o de que os provedores de acesso à internet teriam incentivos para bloquear seletivamente os OTTs, valendo-se

[1] Ou ainda, *edge providers*.

da tecnologia e legislação vigente em muitos países [317]. Nessa mesma linha, Economides avalia que essa conduta poderia constituir prática restritiva vertical, tendo em vista que os provedores poderiam favorecer seus próprios serviços, aplicativos e conteúdo e eliminar serviços competitivos, determinando os vencedores nos mercados relevantes materiais de conteúdo, aplicativos e serviços [307].

Outros motivos para a exclusão de OTTs por parte dos provedores de acesso seriam gerenciamento de rede e bloqueio de acesso a conteúdo indesejado. O primeiro caso poderia ocorrer devido à estrutura de preço único, típica no acesso banda larga. Caso o uso da rede aumente, o que é uma tendência, tendo em vista a grande procura por vídeos na internet, os custos e a necessidade de investimentos por parte do provedor de acesso também aumentariam, mas sem a contrapartida de receita correspondente. O segundo caso estaria ligado à possibilidade de cerceamento da liberdade de expressão em situações em que os interesses do provedor de acesso fossem ameaçados [317].

Economides expõe que a quebra da neutralidade de rede, permitindo a priorização mediante pagamento da transmissão de pacotes originários de determinados provedores de conteúdo, aplicativos ou serviços, poderia incentivar a criação de escassez artificial por parte dos provedores de acesso. Isso decorre de que seria viável a degradação intencional do desempenho da rede, o que tornaria ainda mais importante para os OTTs a contratação do serviço de priorização na transmissão de seus pacotes [318]. Outro ponto considerado relevante por Economides é que pequenas empresas, com capital reduzido, dificilmente conseguiriam contratar o serviço de priorização. Em um mercado altamente competitivo, isso poderia ser uma significativa barreira à entrada, reduzindo a inovação em conteúdo, aplicativos e serviços [318].

Em outro trabalho, Economides e Tåg quantificam os possíveis efeitos que a manutenção ou não da neutralidade de rede teria sobre o bem-estar, com a criação ou não de um *mercado de dois lados* [312]. Esse conceito da ciência econômica, por vezes identificado como *mercado de múltiplos lados*, é central no discurso dos defensores da internet neutra. Todavia, seu exemplo mais elucidativo talvez seja aquele do mercado de intermediação financeira, mais especificamente, o serviço de administração de cartões de crédito. Neste, têm-se de um lado os lojistas, cujo interesse é negociar seus produtos dentre os portadores de cartões. De outro lado, estão os consumidores em geral — indivíduos atraídos tanto pelos bens comercializados no mercado amplo, quanto pelas facilidades proporcionadas pelo cartão de crédito. O *mercado de dois lados* caracteriza-se pelo modelo de negócios viabilizado neste cenário: o detentor da plataforma (a administradora de cartões de crédito, no exemplo) pode oferecer, a título oneroso, tanto o serviço de administração de cartões de crédito, ao usuário final, quanto o acesso a essa carteira de potenciais clientes, ao comerciante.

No paralelo com o acesso à internet, a rede de telecomunicações é a plataforma por meio da qual estabelecem-se relações comerciais entre internautas e OTTs. Sem a obrigação regulatória da manutenção da neutralidade, a operadora detentora da rede poderia cobrar tanto do consumidor, pelo acesso à rede, quanto dos OTTs, pelo uso intensivo dos recursos da rede no provimento de conteúdo, aplicativos e serviços ao usuário final. Os resultados obtidos por esses pesquisadores dão conta de que, a depender de características específicas do mercado, mesmo quando há alguma competição, a manutenção da neutralidade pode ser benéfica.

Para o engenheiro sul-africano Makau, a quebra da neutralidade de rede nos países desenvolvidos teria um efeito especialmente insidioso ao tráfego de conteúdo produzido naquele continente. Isso porque, muito dificilmente, OTTs de países em desenvolvimento teriam condições de pagar pelo tratamento privilegiado no transporte de seus dados [319].

Dentre as ponderações dos patrocinadores da neutralidade de rede, um último assunto, que emergiu em 2015, merece reflexão. Trata-se das reações a iniciativas em que prestadoras de serviço móvel, utilizado para acesso à internet, permitem o acesso a determinados serviços — ou a toda uma classe de serviços — sem que haja o respectivo desconto na franquia de dados associada ao plano de serviço contratado pelo usuário. Nem mesmo qualquer outra cobrança adicional. É o caso, no Brasil, de ofertas que permitem o acesso *gratuito* a aplicativos populares, como de redes sociais e envio de mensagens instantâneas. A divergência nas opiniões sobre a *tarifa zero*[2], mesmo entre os que se intitulam favoráveis à neutralidade, ilustra bem, no caso prático, a relevância da definição do problema no debate de políticas públicas[3].

Em uma ponta, coloca-se Getschko, conselheiro do CGI.br, desde 1995. Para ele, neutralidade de rede consiste em que "nenhum destino nos seja vedado, nenhuma aplicação restringida ou tecnicamente privilegiada" [320]. A questão do hiato digital, ou mesmo de preservação da ordem econômica, não confundir-se-ia, nesse quadro, com a neutralidade de rede. Com esse raciocínio, o engenheiro conclui que a regulação desse modelo de negócios foge ao escopo do MCI, devendo ser tratada em outra iniciativa.

Em outra ponta, identificam-se as colocações de Van Schewick sobre a matéria. Em documento protocolizado na FCC, no contexto da proteção e promoção da internet aberta, a advogada classifica a *tarifa zero* como uma modalidade de discriminação no acesso à rede. Esse seria, portanto, um problema da mesma natureza daquele que ensejou o início do debate sobre neutralidade de rede, qual seja, a discriminação técnica. São dois seus principais argumentos para a proibição de ofertas com acesso *gratuito*, a saber [321]:

- *"Tarifa zero tem um forte efeito discriminatório"* – A exemplo do pagamento por priorização na transmissão de dados, permitir o pagamento pelos OTT, aos prestadores de serviços de telecomunicações, pela oferta *gratuita* do uso de seus aplicativos, isenta de abatimento na franquia de dados do consumidor, poderia ocasionar práticas anticompetitivas. O caso mais

[2]Conhecida por técnicos e jornalistas da mídia especializada pelo termo em língua inglesa, *zero-rating*.
[3]Conforme destaca-se adiante, na Seção 6.1.3.

notório é o de possível favorecimento a aplicativos de empresas do mesmo grupo econômico do detentor das redes de telecomunicações, em detrimento dos demais competidores. No entanto, mesmo que fossem oferecidas condições isonômicas a todos os OTTs de determinada classe (de *vídeo sob demanda*, diga-se), novos entrantes dificilmente teriam condições de contratar a facilidade. Em última instância, isso prejudicaria a inovação no respectivo mercado relevante de produto, o que diminuiria o bem-estar do consumidor. Ademais, a pesquisadora considera falaciosa a alegação de que se trata de *tarifa zero*, uma vez que, nesse modelo de negócios, o OTT se beneficiaria da comercialização de dados e/ou veiculação de conteúdo publicitário.

- *A iniciativa "não endereça as necessidades de comunidades carentes"* – Alega-se, nesta corrente, que, para a prestadora do serviço de telecomunicações, a oferta com *tarifa zero* limitada a determinados aplicativos teria o mesmo custo que a oferta de consumo *gratuito* e irrestrito do valor médio de uso da franquia de dados no uso desse aplicativo. E o mais importante, o acesso à internet limitado a esses aplicativos dificilmente beneficiaria a esse público da mesma maneira que o acesso pleno poderia favorecê-los.

Salienta-se que, sob a perspectiva de Van Schewick, não haveria óbice a ofertas com *tarifa zero* de acesso a toda uma classe de aplicativos, com proibição de pagamentos pelo OTT ao provedor de serviço de telecomunicações.

6.1.2 Argumentos Contrários à Neutralidade de Rede

Baumol e outros economistas co-redigiram um influente artigo atacando a neutralidade de rede. Argumentam que, entre os proponentes da neutralidade de rede, haveria a crença de que caso fosse permitida a quebra da neutralidade, com cobrança dos OTTs para priorização, os provedores de acesso banda larga bloqueariam sítios da internet para seu próprio benefício, resultando em que a internet entrasse em colapso, o que lhes parece absurdo. Opositores da neutralidade de rede defendem que "a experimentação com novos modelos de negócio é a chave para a inovação na internet e para a expansão da rede, necessária para lidar com o rápido crescimento do tráfego na internet" [305].

Segundo esses economistas, a regulação de preços e serviços, endossada por alguns dos que advogam pela neutralidade de rede, seria temerária em um mercado que se altera com tanta velocidade. Apontam ainda estatísticas que indicam que, já em 2005, "93% das áreas de código postal dos EUA eram atendidas por dois ou mais provedores de acesso banda larga e 82% tinham três ou mais". Existe ainda a plataforma móvel que, segundo eles, em muitos casos, substitui ou complementa as redes fixas. Existiria, portanto, uma competição trabalhável (*workable competition*). Essa linha de pensamento é coerente com a Escola de Harvard do Direito da Concorrência, segundo a qual o objetivo deve ser a preservação da concorrência, evitando-se as "excessivas concentrações, que acabam por gerar disfunções prejudiciais ao próprio fluxo das relações econômicas" [74, p. 166]. Ou seja, a discussão sobre a regulação da neutralidade de rede deveria estar umbilicalmente ligada à questão de se existe ou não competição no mercado de provimento de acesso banda larga à internet.

Recomendam que os abusos cometidos por provedores de acesso banda larga sejam objeto de investigação pelas autoridades competentes. Pode-se entender essa recomendação como uma quarta alternativa a ser acrescentada ao rol de níveis de regulação enunciado por Guttentag[4]: análise caso a caso, *ex-post*.

Outra recomendação é que os provedores de acesso banda larga à internet deveriam ter liberdade para testar diferentes modelos de negócio. Segundo eles, a liberdade de preços levaria a uma alocação economicamente eficiente dos recursos. Esse argumento está relacionado ao princípio de que as tarifas e preços devem sinalizar a escassez e os custos para a produção do serviço, de forma que os serviços sejam alocados a quem lhes dará o uso mais valioso, ou seja, a quem tem maior disposição de pagar por eles. Esse é o *princípio da eficiência alocativa* [322].

A última recomendação de Baumol et al. é dirigida ao Congresso e agências reguladoras dos EUA. Sugerem que as autoridades competentes promovam a liberalização do espectro, com vistas a proporcionar novas oportunidades para a competição, o que em última instância levaria a um maior nível de inovação pelos OTTs. São dois os principais paradigmas teóricos aplicáveis a esse caso. Por um lado, pode-se argumentar que tal medida levaria à *Tragédia dos Comuns*. Esse é um dilema que surge na medida em que múltiplos indivíduos, agindo independentemente, racionalmente e baseados em seus próprios interesses, esgotam um recurso escasso compartilhado, mesmo quando isso não é do interesse de nenhuma das partes no longo prazo [323]. Por outro lado, a literatura atual mostra situações em que foi possível evitar esse tipo de revés por meio da criação de instituições dedicadas à governança de espectro livre (e.g. Henrich-Franke [324], Wormbs [325]). Essas soluções têm como base o trabalho desenvolvido por Ostrom referente a pastagens e recursos naturais, itens que, apesar de demandarem tão baixa tecnologia em sua exploração, compartilham características importantes com esse modelo de uso do espectro radioelétrico. Essa premiada pesquisadora concluiu em seu estudo que é possível ter êxito na utilização de um *recurso comum*, o que definiu como sendo um sistema de recursos em que é difícil, mas não impossível, a exclusão de outros interessados em sua exploração. Mas, para tanto, a comunidade deve adotar seus *oito princípios para a gestão de recursos comuns*, quais sejam [326, p. 90]:

1. *"Fronteiras claramente definidas"* – Deve-se definir nitidamente quem pode ou não usufruir dos recursos comuns;

2. *"Congruência entre regras de apropriação e de provisão e condições locais"* – Deve-se definir

[4]Citado na Seção 6.1.

o regime de exploração dos recursos comuns e de contribuições à instituição gestora dos recursos comuns, de acordo com as condições locais;

3. *"Arranjos de escolhas coletivas"* – Deve-se privilegiar a participação dos próprios afetados na alteração de regras operacionais;

4. *"Monitoramento"* – Os responsáveis pela fiscalização das condutas de apropriação e provisão devem ser os próprios beneficiários dos recursos comuns, ou estar subordinados a estes;

5. *"Sanções graduadas"* – As sanções ao não cumprimento de regras operacionais devem ser proporcionais à situação e à gravidade da violação;

6. *"Mecanismos de resolução de conflitos"* – Deve-se criar mecanismo rápido e de baixo custo para sanar eventuais divergências;

7. *"Reconhecimento mínimo dos direitos de organização"* – Os beneficiários dos recursos comuns devem ser capazes de formar instituições, independentemente da aprovação ou não de entes governamentais; e

8. *"Instituições aninhadas"* – Em instituições gestoras de recursos comuns que são parte integrante de outros sistemas, as atividades devem ser organizadas em camadas.

Em outra frente, críticos do princípio fim a fim alegam que a teoria de que a inovação evolucionária levou ao crescimento da internet seria uma falácia lógica do tipo *post hoc ergo propter hoc* (depois disso, logo causado por isso [327, p. 316]) [311].

Retomando o trabalho de Economides e Tåg [312], há uma interpretação que se pode considerar como um argumento contrário à manutenção da neutralidade. A dinâmica exposta por esses pesquisadores mostra que, por vezes, a depender de parâmetros específicos do mercado, sem a obrigatoriedade de manutenção da neutralidade de rede, seria possível transferir bem-estar dos OTTs para os consumidores. Os usuários de internet pagariam menos pelo acesso, visto que os provedores de acesso à internet poderiam cobrar a taxa de priorização dos OTTs. Apesar do bem-estar total ser possivelmente aquém do ótimo, esse cenário é particularmente relevante devido à característica internacional da internet. Se o regulador de um país com um mercado incipiente de OTTs não obrigasse a manutenção da neutralidade, seus usuários seriam beneficiados no curto prazo. O efeito colateral dessa política hipotética seria o desestímulo à criação de um mercado local de OTTs.

Um argumento empregado com frequência por provedores de acesso banda larga é o de que a receita extra obtida de OTTs, com o pagamento por priorização, poderia ser utilizada para prover acesso à rede a mais usuários [328]. Nota-se que haveria, nesse caso, incentivos a levar a rede a mais usuários, posto que provedores de conteúdo, aplicativos e serviços tenderiam a pagar mais para ter acesso a um número maior de usuários.

6.1.3 Formação da Agenda Governamental

As políticas públicas podem ser interpretadas como instrumentos que se prestam a solucionar questões identificadas como problemas por uma sociedade. Vê-se, portanto, que um passo inicial deve ser o de definir os problemas a serem endereçados, o que em uma democracia é feito por meio de uma construção social. Como registrou Birkland, "decidir se um problema é mesmo um problema é uma parte importante do debate político e de políticas públicas" [48, p. 188]. Outro aspecto a se considerar na definição das questões a serem abordadas por políticas governamentais é a distinção entre uma condição, "Um fato ou situação que pode ser desagradável mas sobre o qual nada pode ser feito" [48, p. 170], e um problema, um fato ou situação desagradável passível de ser solucionado por avanços sociais e tecnológicos desenvolvidos pela humanidade [48, pp. 187–188]. À engenharia, usualmente, cabe o papel de promover esses avanços técnicos que podem vir a solucionar questões tidas como problemáticas. Isso foge, contudo, ao escopo deste trabalho.

A definição de um problema e de suas causas deixa implícita a escolha de uma ou mais alternativas dentre todas as possíveis para sua solução. Dessa forma, é previsível que exista uma competição dentre os diversos atores envolvidos no processo, na tentativa de definir o problema em tela conforme seus próprios interesses e propensões ideológicas. Outro cenário dessa competição por poder é a formação da agenda governamental. Segundo Kingdon, a agenda "é a lista de temas ou problemas que são alvo em dado momento de séria atenção, tanto da parte das autoridades governamentais como de pessoas fora do governo, mas estreitamente associadas às autoridades" [329, p. 222]. Ou como sintetizou Birkland, "é uma coleção de problemas, entendimentos de causas, símbolos, soluções e outros elementos de problemas públicos que chegam à atenção de membros do público e de suas autoridades governamentais" [48, p. 170]. A agenda tem diversos níveis, que vão do universo da agenda (composto por todas as ideias factíveis), passando pela agenda sistêmica (composta pelas ideias adequadas às normas vigentes) e agenda institucional (ideias sob consideração das autoridades), até chegar à agenda de decisão (ideias que estão próximas de se tornar políticas). A rivalidade dos diferentes agentes envolvidos nesse processo está não só em tentar avançar suas ideias na agenda governamental, mas também em bloquear o progresso das percepções concorrentes [48, p. 170–172].

Dessas definições de agenda, da interpretação de políticas públicas como mecanismo de solução de problemas e da carência de recursos que em um nível ou outro acomete os governos, emerge o corolário de que a formação da agenda governamental está relacionada à priorização da ação e atenção a determinados problemas [330, p. iv]. Dada a escassez dos recursos disponíveis aos governos, elegem-se alguns problemas em detrimento de outros, que por isso avançam ou não na agenda governamental.

A capacidade de influenciar as instituições responsáveis por fazer leis ou regulamentos, que é a intenção peremptória de cada uma das partes interessadas no processo de políticas públicas, é a própria definição de poder político [331, p. 544]. Se esses diferentes grupos refletem uma variedade representativa da sociedade e competem em um sistema equilibrado, do qual resultam as políticas, diz-se que predomina o pluralismo. Se, de outro modo, forem preponderantes na confecção de políticas públicas as posições de uma minoria privilegiada, considerada uma elite (devido a terem mais educação e informação, serem mais abastadas, etc.), prevalece a teoria das elites [332]. De maneira geral, esta é considerada mais plausível no caso prático, enquanto aquela está mais próxima do ideal democrático.

Além disso, conforme demonstra-se adiante em relação à contenda que envolve a governança da rede mundial[5], são cada vez mais expressivas as influências exógenas na definição de agendas nacionais, o que torna a análise de problemas que envolvem internet bastante intrincada. Segundo Majone, isso se deve à grande interdependência política e econômica entre as nações [333, pp. 241–242], um quadro que é ainda mais saliente quando se trata da lógica de rede inerente à internet.

Outro fator que eleva a complexidade da análise do processo de políticas públicas é quando se considera que as partes interessadas podem agrupar-se em torno de valores periféricos e interesses comuns, quando e enquanto for conveniente. No debate público sobre neutralidade de rede no Brasil, identificam-se ainda conflitos de interesse substanciais e o envolvimento de múltiplos atores em diversos níveis de governo, o que segundo Sabatier e Weible caracteriza os *problemas perversos* [334].

6.1.4 Consultas Públicas Eletrônicas e a Democracia

Considerando-se o protagonismo dado à ferramenta da Consulta Pública (CP) na elaboração e regulamentação do MCI e da neutralidade de rede no Brasil, cabe uma breve exposição sobre o tema.

A CP é uma ferramenta que visa à ampliação da democracia nos processos legislativo e regulatório. Mas esse objetivo somente é atingido caso existam certas condições particulares.

Com frequência, a democracia é classificada como direta ou representativa. A democracia direta, também conhecida por democracia ateniense [331, p. 45], é aquela em que as decisões públicas são tomadas por meio de sufrágio, com a participação dos próprios cidadãos, sem qualquer intermediário. Evidentemente, o grande contingente de cidadãos de uma sociedade contemporânea inviabiliza esse sistema de governo, de sorte que o que se vê em prática atualmente no ocidente

[5] Na Seção 6.3.1.

é a democracia representativa. Nessa, compete a um representante, escolhido pelos cidadãos, o cumprimento da Constituição e a tomada de decisões levando-se em conta os interesses de seus eleitores. Ainda sobre a democracia representativa, Scruton atribui ao filósofo e político irlandês Edmund Burke a distinção entre essa e a delegação. Conforme Burke, "um delegado meramente reflete e registra as visões de seus constituintes, enquanto um representante é eleito para julgar de acordo com sua própria consciência" [331, pp. 591–592].

Mesmo que não se tenha atingido o acesso universal à internet na maior parte do mundo, inclusive no Brasil, a natureza aberta e interativa dessa rede rende-lhe a expectativa de que seja um instrumento apropriado para o aumento da participação popular nas decisões governamentais, o que faria com que a democracia representativa se aproximasse cada vez mais do *ideal* ateniense. No entanto, segundo Fishkin, a democracia ocorre de forma plena somente se proporciona igualdade política e deliberação [335, pp. 1–2]. A igualdade política consiste em que cada cidadão seja capaz de manifestar sua posição em relação aos tópicos constantes da agenda de decisão, imposta pela elite. Já a deliberação está associada a que a escolha pelo indivíduo ocorra somente após minuciosa discussão e exame da matéria. A dificuldade reside em que, sob o fito de promover a igualdade política em cada decisão, incorre-se, muitas vezes, na reunião de opiniões desinformadas e que não resultam de verdadeiro embate entre ideias opostas [335, p. 7]. Outro embaraço à ampliação da democracia é a autosseleção, atributo intrínseco a consultas e audiências públicas. Ainda que a contribuição a uma CP seja aberta ao público em geral, a tendência é que participem mais ativamente aqueles interessados diretamente na questão sob consulta. Normalmente, isso é ainda mais preponderante na regulação de indústrias que envolvam alto grau de tecnicidade e intrincada legislação e regulamentação, características próprias do setor de telecomunicações. Vê-se que, ao menos no campo teórico, nem tudo favorece o propósito democrático das CPs. Contudo, conforme assinalou Magalhães, "se seria [...] ingênuo dizer que a consulta expressa a *voz do povo* [...], ela claramente tornou possível um maior nível de diversidade de narrativas que o usualmente expresso nas arenas políticas tradicionais" [10, p. 15].

A natureza democrática da consulta e da audiência pública é observada também no embasamento jurídico dado a esses instrumentos. Assim ensina Di Pietro, que os identifica como inseridos na temática do *princípio da participação popular*, segundo o qual o cidadão tem um papel a exercer tanto na gestão quanto no controle da administração pública [336, pp. 709–710]. De acordo com a jurista, esse amparo se dá em disposições constitucionais, legais e regulamentares. No âmbito constitucional, registra-se que o poder concedido aos eleitos na democracia representativa é legítimo porque se origina do povo, o qual pode também exercer seu poder diretamente. Já na seara infraconstitucional, dispõe-se na Lei nº 9.784, de 29 de janeiro de 1999, que regula o processo administrativo no âmbito da Administração Pública Federal, a previsão, ainda que sua adoção não seja obrigatória, da CP, da audiência pública e da "participação dos administrados, diretamente ou por meio de organizações e associações legalmente reconhecidas". Consta também da Lei nº 9.784/99 a previsão da regulamentação pelos órgãos administrativos das formas de participação popular.

Determinou-se a realização de CPs pela Anatel na Lei nº 9.472, de 16 de julho de 1997 — Lei Geral de Telecomunicações —, a mesma que instituiu a criação da agência. A Presidência da República disciplinou esse comando por meio do Regulamento da Anatel, aprovado pelo Decreto nº 2.338, de 7 de outubro de 1997. Ainda, definiram-se os procedimentos pormenorizados que devem ser seguidos nas consultas através do Regimento Interno da Anatel (RIA), aprovado pela Resolução nº 612, de 29 de abril de 2013. Segundo apurou Sacheto, a iniciativa da agência de conduzir CPs com o uso de TICs foi pioneira no Brasil, remontando a 1999, e teve como objetivos "facilitar o acesso aos interessados em contribuir e dar transparência ao processo [de participação da sociedade]" [337, pp. 74–75].

No CGI.br, as consultas e audiências públicas são denominadas, respectivamente, *chamadas de contribuições* e *reuniões abertas*. Ali, esses mecanismos foram estabelecidos por meio da Resolução CGI.br/RES/2013/005, de 1º de fevereiro de 2013, e detalhados na Resolução CGI.br/-RES/2015/001, de 30 de janeiro de 2015.

O processo de elaboração legislativa é conduzido, no MJ, pela Secretaria de Assuntos Legislativos (SAL/MJ). Essa passou a realizar CPs em 2009, com o próprio debate sobre o MCI. Posteriormente, a SAL/MJ colocou em discussão pública temas como classificação indicativa, proteção de dados pessoais, Código de Processo Civil e Código Comercial — sempre com uso de plataforma *web 2.0*[6].

6.2 Panorama Internacional

Antes de analisar o caso brasileiro, é pertinente discorrer sobre o cenário internacional. Segue breve histórico da questão da neutralidade de rede no Chile, EUA e União Europeia (UE).

6.2.1 Chile

Segundo amplamente noticiado pelo governo chileno, o país foi o primeiro a fixar em lei a proteção da neutralidade de rede [339]. Proposto no início 2007, o projeto do que viria a ser a Lei nº 20.453/2010 cumpriu extenso processo legislativo até que seu texto definitivo fosse sancionado em 26 de agosto de 2010. A discussão sobre o tema teve início por moção de membros da Câmara

[6] O'Reilly, que popularizou a expressão *web 2.0*, formalizou sua definição nestes termos: "*Web 2.0* é uma revolução de negócios na indústria de computadores causada pela transição para a internet como uma plataforma e uma tentativa de se entender as regras para o sucesso na nova plataforma. A principal dessas regras é esta: Construa aplicativos que tomem proveito dos efeitos de rede para ficarem cada vez melhores à medida que mais pessoas os utilizem" [338].

dos Deputados do Chile, tendo avançado à agenda institucional após intensa campanha na internet [340]. Apesar de ter recebido emendas no Senado, por fim, aprovou-se a lei nas duas casas em votações praticamente unânimes.

Agregaram-se, dessa maneira, novos artigos à Lei nº 18.168, de 2 de outubro de 1982, a Lei Geral de Telecomunicações daquele país. Na nova redação, em seu art. 24 H, impuseram-se às concessionárias que prestem serviço a provedores de acesso à internet, e a estes, as obrigações de não "bloquear arbitrariamente, interferir, discriminar, entorpecer nem restringir o direito de qualquer usuário de internet para utilizar, enviar, receber ou oferecer qualquer conteúdo, aplicativo ou serviço, contanto que seja legal, através da internet, assim como qualquer tipo de atividade realizada através da rede." Isso deve ser alcançado com a oferta de serviço de acesso à internet ou de conectividade ao provedor de acesso à internet "sem distinção arbitrária de conteúdos, aplicativos e serviços baseada na origem ou propriedade dos dados." Entretanto, concedeu-se às concessionárias o direito de gerir o tráfego, salvo práticas anticompetitivas.

No art. 24 J da Lei nº 18.168/1982, estabeleceu-se que um regulamento disciplinaria diversas matérias. Em 15 de dezembro de 2010, promulgou-se o regulamento que trata das características e condições da neutralidade de rede no acesso à internet. Na prática, o Dec. nº 368/2010 estabeleceu diretrizes gerais, tais como: direitos dos usuários e provedores de acesso à internet; frequência de aferição dos indicadores técnicos de QoS; a adoção como metodologia das Recomendações Etsi EG 202 057 4 V1.2.1 (2008-07) [341] e Etsi EG 202 057-1 V1.2.1 (2005-10)[7], ambas do Etsi; relação de informações sobre os planos de serviço ofertados que devem ser disponibilizadas aos usuários de maneira atualizada; e relação de práticas consideradas restritivas à liberdade de utilização de conteúdo, aplicativos e serviços prestados pela internet.

Posteriormente, a Subsecretaria de Telecomunicações (Subtel) publicou o Protocolo de Medição da Qualidade de Serviço de Acesso à Internet, aprovado pela Res. nº 3.729 *livre*, de 18 de julho de 2011. Trata-se de documento eminentemente técnico que expõe em detalhes a maneira como devem ser calculados os indicadores definidos no citado decreto. Uma última norma infralegal que disciplina a neutralidade de rede no Chile é a Res. nº 6.267 *livre*, de 14 de novembro de 2011, também emitida pela Subtel, que tem por objeto fixar o sentido e o alcance de obrigações exaradas no Dec. nº 368/2010.

Mais recentemente, a Subtel oficiou às operadoras a fim de que cessassem a oferta de acesso gratuito a determinadas redes sociais. Com efeito, desde 1º de junho de 2014, está explícita a proibição à *tarifa zero* no Chile, com exceção da oferta gratuita a toda uma classe de serviços [343].

[7]Esta última já disponível na versão 1.3.1 [342].

6.2.2 Estados Unidos da América

Apesar de o conceito básico de neutralidade de rede ser originário da era do telegrama, a discussão atual nos EUA, em torno do acesso banda larga, teve início nos anos 1990 [344]. Um marco inaugural é o discurso de Al Gore, em 1994, quando se evidenciou a preocupação do governo norte-americano com a garantia de que a então nascente internet permitisse que todos fossem capazes de "competir abertamente pela oportunidade de prover qualquer serviço aos consumidores interessados". Outra inquietação de Gore estava relacionada a como garantir que esse novo mercado atingisse toda a extensão do país e que a internet fosse capaz de promover a educação, o crescimento econômico e a criação de empregos [345].

O acesso à internet com uso da *última milha* da rede de televisão por assinatura sempre fora classificado naquele país como um serviço de informação e não como serviço de telecomunicações. Por esse motivo, não se sujeitara às pesadas obrigações impostas, por exemplo, ao serviço fixo de telefonia (chamadas *common carrier regulations*). Em contraste, o acesso à internet utilizando a rede de telefonia fixa e mesmo o acesso banda larga com tecnologia *Digital Subscriber Line* (DSL) fora classificado, até 2005, como serviço de telecomunicações. Nessa ocasião, no entanto, a FCC o reclassificou como serviço de informação, fazendo com que o acesso banda larga com tecnologia DSL deixasse de estar sujeito às *common carrier regulations.* Foi também nessa oportunidade que a FCC publicou a Declaração de Política FCC 05-151, que ficou conhecida como Declaração de Política de Internet, onde relacionou quatro princípios da internet aberta. Segundo esse documento, os consumidores do serviço banda larga teriam direito a:

1. Acessar o conteúdo da internet de sua escolha, desde que fosse legal;

2. Executar aplicativos e utilizar serviços de sua escolha, sujeito às necessidades de regulamentação/fiscalização;

3. conectar dispositivos de sua escolha, desde que fossem legais e não prejudicassem a rede; e

4. Participar em um mercado onde haja competição entre provedores de rede, conteúdo, aplicativos e serviços.

Ocorre que esses princípios só passariam a ser obrigações se constassem de um regulamento da FCC ou de uma lei federal. Isso porque, conforme disse Martin, então executivo da FCC, "declarações de políticas não estabelecem regras nem são fiscalizáveis", o que gerou a discussão sobre a legalidade da cobrança pelos provedores de acesso banda larga dos OTTs, pela priorização do tráfego de seus pacotes na rede.

Em 2006, propôs-se o *Advanced Telecommunications and Opportunities Reform Act* [346], lei federal com o qual a Câmara daquele país pretendia combater a discriminação no tráfego de pacotes na internet. Dentre as diversas iniciativas legislativas sobre o tema, essa foi a que mais se aproximou da aprovação, mas, por fim, rejeitou-se a proposta no Senado. Em abril de 2007, a FCC solicitou que a sociedade se manifestasse a respeito dos seguintes tópicos [304]:

- Eventual incorporação à Declaração de Política de Internet de um novo princípio de não discriminação;
- Qual a definição de não discriminação; e
- Qual a melhor redação a ser dada para esse novo princípio.

A Comissão Federal de Comércio norte-americana (FTC) se posicionou em relatório de 2007 contra a neutralidade de rede, informando que acreditava que a regulação em um mercado tão jovem, como era então o da banda larga nos EUA, e sem falhas de mercado significativas poderia ter efeitos adversos ao bem-estar do consumidor, apesar das boas intenções de seus proponentes. Ainda em 2007, a empresa Comcast, maior operadora de televisão por assinatura e maior provedor de acesso à internet domiciliar nos EUA, foi acusada de interferir seletivamente em conexões de aplicativos de internet, violando dessa forma a liberdade dos consumidores de executar aplicativos e serviços de sua escolha [347].

Ao longo de 2008, a FCC promoveu audiências públicas sobre neutralidade de rede em importantes universidades dos EUA. Em agosto desse mesmo ano decidiu que a Comcast infringiu a lei ao alterar a largura de banda disponível para certos usuários que descarregaram arquivos utilizando o protocolo BitTorrent [348]. Contudo, foi somente em dezembro de 2009 que a empresa chegou a um acordo, apesar de não admitir bloqueio ou atraso na transmissão de pacotes de usuários que compartilharam arquivos na rede [349].

Em abril de 2010, um tribunal de apelações dos EUA decidiu que, pela legislação vigente à época, a FCC tinha autoridade limitada sobre a regulamentação do tráfego de internet. A decisão foi proferida em favor das alegações da Comcast de que teria o direito de gerenciar, tornando mais lento, o uso em sua rede de aplicativos de compartilhamento de arquivos. Na mesma instância, a Comcast aduziu que já havia alterado as práticas de gerenciamento de rede que levaram à decisão inicial desfavorável emitida pelo órgão regulador [350].

Em 21 de dezembro de 2010, a FCC aprovou o documento *Open Internet Order* em que enunciou um conjunto de princípios de neutralidade de rede, com o propósito declarado de preservar a internet como uma plataforma aberta, que fosse capaz de permitir a escolha do consumidor, a liberdade de expressão, o controle pelo usuário final, a competição, e a liberdade para inovar sem necessidade da permissão dos detentores da infraestrutura. Destacam-se os seguintes aspectos:

- *Transparência* – Consumidores e inovadores teriam o direito de saber as características básicas de desempenho de seu acesso à internet e de saber como sua rede estaria sendo gerenciada;

- *Sem Bloqueio* – Isso incluiria o direito de enviar e receber informações, desde que não houvesse restrição legal, e proibiria o bloqueio de conteúdo legal, aplicativos e serviços. Garantiria ainda o direito de conectar quaisquer dispositivos, desde que não prejudicassem a rede;

- *Igualdade de Condições* – Consumidores e inovadores teriam direito à igualdade de condições de competição. Isso significaria o banimento à discriminação não razoável de conteúdo. Não haveria aprovação para acordos de pagamento por prioridade envolvendo vias rápidas para algumas empresas, mas não para outras;

- *Gerenciamento de Rede* – Haveria uma permissão para que provedores de acesso banda larga realizassem certo gerenciamento de rede. Essas regras não proibiriam provedores de oferecer a assinantes níveis de serviço diferenciados, nem de cobrar com base na largura de banda dedicada ou quantidade de dados trafegados;

- *Móvel* – As obrigações de não discriminação não se aplicariam tão fortemente a dispositivos móveis. Dentre as aplicáveis estariam as regras de transparência e a proibição ao bloqueio do acesso a determinados sítios da internet e aplicativos; e

- *Vigilância* – Abrangeria a criação de um comitê (*Open Internet Advisory Committee*) para auxiliar a FCC no monitoramento do estado de abertura da internet e dos efeitos das regras.

Com efeito, a essa altura a FCC permitia alguma discriminação, o que a sujeitou a intensas críticas por parte dos defensores da neutralidade de rede.

Ao longo do ano de 2014, a agência propôs novas regras para o acesso à internet. Em 13 de maio permitiu a criação de vias rápidas e vias lentas na internet. Posteriormente, em 15 de julho, avançou na iniciativa submetendo o tema aos comentários do público. Essa consulta recebeu cerca de 3,7 milhões de contribuições, sendo sua vasta maioria favorável à neutralidade de rede.

Em 26 de fevereiro de 2015, com o aval explícito da Casa Branca, a FCC aprovou, por fim, a garantia da neutralidade de rede, com o serviço de acesso à internet reclassificado como serviço de telecomunicações — sujeito novamente, portanto, às *common carrier regulations* e à completa jurisdição da FCC.

É, de certa forma, paradoxal que se tenha aumentado o peso da regulamentação sobre o serviço com vistas à proteção da arquitetura original da rede, e que isso tenha sido inicialmente bem recebido mesmo dentre pioneiros da internet [351]. Isso porque, em 1996, em resposta à promulgação do *Telecommunications Act*, Barlow, co-fundador da Fundação da Fronteira Eletrônica (EFF, na sigla em língua inglesa de *Electronic Frontier Foundation*), publicou um influente manifesto intitulado *Uma Declaração da Independência do Ciberespaço*, em que repreendeu veementemente a legislação. Na ocasião, Louis Rossetto, então editor da revista *Wired*, classificou a iniciativa do governo norte-americano como absurda. Segundo ele, seria como se "os analfabetos pudessem lhe dizer o que deve ler" [352].

Passado mais de um ano dessa decisão da FCC, tanto defensores quanto críticos da neutralidade de rede mostraram-se insatisfeitos com os rumos tomados. Enquanto estes defendiam que fora um equívoco a regulação da internet como serviço de telecomunicações, aqueles viram na *tarifa zero* um novo vilão [353]. Nesse ínterim, a disputa migrou do âmbito administrativo para uma batalha no judiciário, ainda em curso [354]. Soma-se a essas indeterminações a prática pela empresa Netflix, grande ator do mercado de vídeo sob demanda, de discriminação em face de Verizon e AT&T [355]. A falta de previsão, na regulamentação, de sanção ao exercício inapropriado de poder dominante por parte do OTT — por degradar a qualidade da conexão de seus próprios usuários nessas redes — dá o tom enigmático com que a notícia foi recebida naquele mercado.

Para Van Schewick, que atua com frequência em processos na FCC[8], o ano de 2015 foi o de mais intensas discussões no EUA, quando para muitos tudo parecia já estar solucionado. Em palestra promovida pelo MJ e pela Universidade de Brasília, em 16 de outubro de 2015, disse ainda que a regulamentação da lei no Brasil tem grande relevância [357].

6.2.3 União Europeia

O relato do caso ímpar da UE, considerando que se trata de uma união político-econômica composta por diversos Estados-nações, entes soberanos, portanto, requer antes de mais nada um sucinto esclarecimento sobre a ordem legal vigente.

Em lugar de entender as normas da UE como um suplemento dos sistemas jurídicos nacionais, ou mesmo como uma coleção de tratados, Borchardt concebe que essas ordens legais estão entrelaçadas ao ponto de terem se tornado interdependentes. Significa dizer, em outros termos, que o cidadão de um Estado-membro é ao mesmo tempo cidadão da União; estando sujeito, por conseguinte, a dois ordenamentos jurídicos justapostos. Nesse regime, cabe a cada um dos Estados-membros executar as prescrições legislativas da UE [358, pp. 126–135].

São cinco os tipos de instrumentos do sistema normativo europeu [358, pp. 94–102]:

- *Regulamento* – frequentemente, no direito internacional, adota-se a regra de que um tratado somente cria obrigação a determinado Estado quando este o incorpora a seu ordenamento jurídico. Porém, devido ao caráter comunitário da UE, em que as regras devem vincular uniformemente a todos os Estados-membros, e à aplicabilidade direta, em que não há necessidade de qualquer transposição de regulamentos para o sistema jurídico nacional, as definições registradas em regulamento da UE se aplicam e vinculam a todos os seus Estados-membros e cidadãos.

[8]Na condição de *amicus curiae*. O chamado *amigo da corte* não é parte no processo, mas é convidado a prestar esclarecimentos sobre tema de alta complexidade ou de grande relevância para a comunidade [356, p. 14].

- *Diretiva* – aplica-se a todos ou a determinados Estados-membros, conforme opção do legislador, mas apenas no tocante ao resultado pretendido. Cabe a cada um dos Estados-membros a deliberação dos meios através dos quais os objetivos delineados na diretiva serão alcançados, o que é feito com regras definidas e aplicadas no âmbito nacional.

- *Decisão* – é a ferramenta com a qual as instituições da UE atuam concretamente sobre determinados cidadãos, empresas e todos ou determinados Estados-membros, com aplicabilidade direta a seus destinatários. Em razão de que é aplicável individualmente, deve constar da decisão a identificação inequívoca das partes afetadas. Outra característica deste instrumento é ser vinculativo por completo e não somente quanto aos resultados a serem alcançados, como no caso da diretiva.

- *Recomendação e Parecer* – são documentos emitidos por instituições da UE com efeitos não vinculativos e aplicabilidade a Estados-membros e outras instituições da União. Particularmente, a recomendação se aplica também a cidadãos determinados, mas o parecer pode ter destinatários indeterminados. Outra distinção é que a recomendação visa a sugerir "aos destinatários um dado comportamento, sem com isso lhes impor uma obrigação legal", ao passo que o parecer objetiva apreciar fatos ou situações pertinentes à UE.

Outro ponto relevante é que, pela hermenêutica jurídica em uso na UE, não obstante a inexistência de um comando legal nesse sentido, em caso de divergência entre a norma da UE e a lei nacional, prevalece aquela. Esse é o *princípio da primazia*, sem o qual seria inviável o estabelecimento de uma comunidade com espírito de solidariedade [358, p. 120].

Prosseguindo com a questão da neutralidade de rede, salienta-se que o Parlamento Europeu aprovou, em 27 de outubro de 2014, regulamento tratando de medidas para resguardar o "acesso aberto à internet", alteração de diretiva sobre universalização e direitos dos usuários e revisão de regulamento sobre itinerância[9] no serviço móvel em meio aos países da União (com a extinção da cobrança por itinerância até meados de 2017). Conforme mencionado anteriormente, em se tratando de um regulamento, essas regras devem ser atendidas por todos os Estados-membros, sem a necessidade de regulamentação ulterior na esfera nacional.

Segundo Marsden e Belli, seriam três os pilares da neutralidade de rede: proibem-se bloqueio, interferência no tráfego e pagamento por priorização. Entretanto, a UE teria protegido nesse regulamento apenas os dois primeiros; daí a ausência da expressão *neutralidade de rede* e a menção a *acesso aberto à internet* [359]. A principal crítica entre os que defendem a neutralidade de rede é que a restrição da oferta de garantia de QoS para conteúdo, aplicativos e serviços específicos a somente quando a capacidade da rede for suficiente no acesso à internet é na prática de difícil fiscalização.

[9]Também conhecida pelo termo na língua inglesa, *roaming*.

A efetiva adoção deste regulamento carece ainda de diretrizes, que serão elaboradas pelo Organismo de Reguladores Europeus das Comunicações Eletrônicas (Orece), objetivando que não haja interpretações divergentes entre os Estados-membros. Por fim, recorda-se que antes da regulamentação do tema pela UE, Holanda e Eslovênia haviam aprovado em junho e dezembro de 2012, respectivamente, leis para proteção da neutralidade de rede. Essas leis deverão agora, em caso de divergência com o regulamento da União, ser revistas.

Em termos históricos, a decisão de 2014 foi fruto do amadurecimento de noções que vinham sendo gestadas há anos na UE. Para os defensores mais puristas da neutralidade de rede, este regulamento mostra-se como uma evolução em relação ao disposto na *Comunicação sobre a Internet Aberta e a Neutralidade de Rede na Europa*, publicada em 19 de abril de 2011. Elaborada como resultado de CP e reunião de cúpula conjunta da Comissão e do Parlamento Europeu sobre o tema, ocorridas em 2010, essa comunicação permitira a interferência no tráfego de internet, desde que as medidas fossem do inteiro conhecimento do consumidor afetado [360, p. 133].

6.3 Neutralidade de Rede no Brasil

6.3.1 Histórico do Marco Civil da Internet

O MCI surgiu como uma contraproposta ao substitutivo do Senado Federal ao Projeto de Lei (PL) nº 84 de 1999. Enquanto o PL nº 84/99 consolidava uma série de iniciativas que tinham o objetivo comum de criar tipos penais para os *crimes digitais*, o MCI apresentou como traço principal a definição, por meio de construção colaborativa, de princípios, garantias, direitos e deveres para os usuários de internet[10]. Devido a esse tratamento principiológico da matéria, o MCI ficou conhecido como a Constituição da internet.

Até 2013, no entanto, não estava claro que se chegaria a um consenso e à aprovação, ainda que com alterações, do PL elaborado com a coordenação do MJ. Seria necessário um evento focalizador, que na concepção de Birkland é um "evento inesperado e repentino, capaz de gerar atenção a problemas ou questões públicas, particularmente questões e problemas que são, de fato ou potencialmente, prejudiciais" [48, p. 180]. A fagulha que reacendeu o interesse da mídia e com isso despertou o processo de formulação dessa política foi a denúncia de Edward Snowden ao jornal inglês The Guardian e ao brasileiro O Globo [362], [10, p. 1].

Segundo Snowden, as ligações telefônicas da presidente Dilma Rousseff estariam sendo monitoradas pelos EUA. A delação ocorreu dias após as revelações iniciais do ex-técnico da NSA de que o governo dos EUA dispunha de um aparato de espionagem capaz de obter informações de centenas

[10]Para uma descrição detalhada do processo histórico que levou à aprovação do MCI (e à rejeição do PL nº 84/99), veja-se Papp [361].

de milhões de usuários de internet e telefonia, sem a necessidade de autorização judicial [363, p. 84].

A crise diplomática entre Brasil e EUA teve seu ápice em setembro de 2013, quando a presidente abriu a Assembleia Geral das Nações Unidas com duras críticas às atuais políticas de governança da internet. Rousseff comunicou que o país apresentaria "propostas para o estabelecimento de um marco civil multilateral para a governança e uso da internet e de medidas que garantam uma efetiva proteção dos dados que por ela trafegam", e descreveu o episódio como "um caso grave de violação dos direitos humanos e das liberdades civis; da invasão e captura de informações sigilosas relativas a atividades empresariais e, sobretudo, de desrespeito à soberania nacional" [364].

No plano internacional, contestou-se a hegemonia norte-americana na governança da internet por meio do CGI.br. Inicialmente, isso se deu com a proposta, organização e acolhimento da reunião NETmundial em São Paulo, em abril de 2014. Esse foi um primeiro passo para o posterior estabelecimento da Iniciativa NETmundial, cujos termos de referência foram pactuados em 30 de junho de 2015 e registram os seguintes princípios do processo pretendido para a governança da internet: democrático; multissetorial e pluriparticipativo; aberto; participativo; baseado no consenso; transparente; responsável; inclusivo e equitativo; distribuído; colaborativo; e que permita a participação significativa [277]. O caráter multilateral dessa entidade deriva do reconhecimento de que as relações globais de poder passaram do tradicional nível dos Estados-nações, para uma dinâmica de participação mais difusa, ao menos no que tange à governança da internet [360, p. 28].

Na esfera nacional, a interpretação é de que, apesar de as políticas públicas serem confeccionadas por um grupo reduzido de indivíduos, especializados no tema e restritos a uma determinada região geográfica (especialistas em políticas públicas de telecomunicações no Brasil, no caso do MCI), o resultado final pode ser influenciado por eventos de maior escala [334, p. 191].

Contemporaneamente, quando se pensa sobre a governança da internet são duas as principais tendências. Segundo Magalhães, no imaginário preponderante considera-se que a abordagem dedutiva (de cima para baixo) não é efetiva e que a "*boa sociedade* será alcançada se os Estados estiverem limitados a garantir [...] o funcionamento de um livre mercado". Já o imaginário alternativo privilegia mecanismos de governança em pirâmide (de baixo para cima) e a produção colaborativa. Com isso, é tido como positivo, mas não como certo, "o livre fluxo de informações em uma internet aberta" [10, p. 8]. Portanto, é neste imaginário que surge a ideia de que é necessário garantir a neutralidade do fluxo de informações na rede. Vê-se que a neutralidade de rede pode ser compreendida como subsumida à questão da governança da internet. Dessarte, não surpreende que no âmbito nacional o debate sobre neutralidade de rede tenha aflorado na agenda pública no desenrolar desses acontecimentos.

O MJ colocou em prática a proposta de elaboração participativa do anteprojeto de lei do

MCI em outubro de 2009. Para isso, em parceria com a FGV, conduziu uma CP em duas fases, sendo a primeira de 29 de outubro a 17 de dezembro de 2009 e a segunda de 08 de abril a 23 de maio de 2010. Discutiram-se na primeira fase princípios gerais, agrupados por eixos, a saber: direitos individuais e coletivos; responsabilidade dos atores; e diretrizes governamentais. As 686 contribuições recebidas foram então analisadas e consolidadas em formato de texto normativo, que foi o objeto da segunda fase de consulta [365]. De posse das 1.141 contribuições à minuta colocada em consulta na segunda fase redigiu-se a versão final que foi encaminhada pelo Poder Executivo ao Legislativo por meio da Mensagem Presidencial nº 326, de 24 de agosto de 2011 [365], [366].

Na Câmara dos Deputados (CD), a matéria tramitou como PL nº 2.126/2011 e no Senado Federal (SF) como PL da Câmara nº 21/2014. Após intensas discussões, o texto definitivo foi sancionado por Rousseff em 23 de abril de 2014 (Lei nº 12.965/2014), durante a reunião NETmundial, e publicado no Diário Oficial da União (DOU) no dia seguinte.

6.3.2 Regulamentação

O MCI determinou em seu art. 2º, IV, que a preservação e garantia da neutralidade de rede é um dos fundamentos da disciplina do uso da internet no Brasil. Adiante, no documento, o legislador conceituou neutralidade de rede nestes termos:

> "Art. 9º O responsável pela transmissão, comutação ou roteamento tem o dever de tratar de forma isonômica quaisquer pacotes de dados, sem distinção por conteúdo, origem e destino, serviço, terminal ou aplicativo.
>
> §1º A discriminação ou degradação do tráfego será regulamentada nos termos das atribuições privativas do Presidente da República previstas no inciso IV do art. 84 da Constituição Federal, para a fiel execução desta Lei, ouvidos o Comitê Gestor da Internet e a Agência Nacional de Telecomunicações, e somente poderá decorrer de:
>
> I – requisitos técnicos indispensáveis à prestação adequada dos serviços e aplicações; e
>
> II – priorização de serviços de emergência.
>
> §2º Na hipótese de discriminação ou degradação do tráfego prevista no §1º, o responsável mencionado no caput deve:
>
> I – abster-se de causar dano aos usuários, na forma do art. 927 da Lei nº 10.406, de 10 de janeiro de 2002 — Código Civil;
>
> II – agir com proporcionalidade, transparência e isonomia;
>
> III – informar previamente de modo transparente, claro e suficientemente descritivo aos seus usuários sobre as práticas de gerenciamento e mitigação de tráfego adotadas, inclusive as relacionadas à segurança da rede; e

> IV – oferecer serviços em condições comerciais não discriminatórias e abster-se de praticar condutas anticoncorrenciais.
>
> §3º Na provisão de conexão à internet, onerosa ou gratuita, bem como na transmissão, comutação ou roteamento, é vedado bloquear, monitorar, filtrar ou analisar o conteúdo dos pacotes de dados, respeitado o disposto neste artigo."

Todavia, nota-se que o texto não é exaustivo na definição e remete ao Poder Executivo, consoante art. 9º, §1º, o encargo de regulamentar os casos excepcionais admitidos de discriminação ou degradação do tráfego, devendo-se ouvir nesse processo CGI.br e Anatel.

De forma a colher subsídios para balizar seus posicionamentos, Anatel, CGI.br e também MJ realizaram CPs sobre o tema. O CGI.br ouviu a comunidade no período entre 19 de dezembro de 2014 e 20 de fevereiro de 2015, quando obteve 150 contribuições válidas. Na Anatel, a CP nº 8/2015 ocorreu de 31 de março a 19 de maio de 2015 e resultou em 110 contribuições. A plataforma do MJ permitiu, em uma primeira etapa, a criação de pautas nos eixos: privacidade na rede; registros de acesso; neutralidade; e outros temas. Segundo o ministério, essa consulta, que se estendeu de 28 de janeiro a 30 de abril de 2015, resultou na criação de 339 pautas, que receberam 1.109 comentários. A segunda fase, quando disponibilizaram uma versão preliminar do regulamento, ocorreu no período de 27 de janeiro a 29 de fevereiro de 2016.

Em 11 de maio de 2016, por meio do Decreto nº 8.771, aprovou-se o regulamento, que trata de questões que concernem à degradação do tráfego, guarda e proteção de dados, dentre outras.

Antes do MCI, a Anatel abordara neutralidade de rede em ao menos duas oportunidades. Em um primeiro momento, quando da elaboração do Plano Geral de Atualização da Regulamentação das Telecomunicações no Brasil (PGR), aprovado pela Res. nº 516 de outubro de 2008, estabelecera-se como ação de médio prazo a regulamentação do tema. Mais especificamente, a agência propusera avaliar as condições de ofertas de facilidades incluindo capacidade e velocidade da comunicação pelas prestadoras de serviços de telecomunicações, com o objetivo de assegurar amplo acesso, com tratamento isonômico e não discriminatório ao tráfego cursado em suas redes. A Anatel voltara ao assunto quando do estabelecimento de condicionantes à aquisição da operadora Brasil Telecom pela Telemar/Oi. Em seu Ato nº 7.828, de 19 de dezembro de 2008, o órgão regulador definira como uma das contrapartidas à anuência ao ato de concentração a manutenção da neutralidade em sua rede.

Referências

[1] Organização das Nações Unidas, *Declaração do milénio.* Lisboa, PT: United Nations Information Centre, 2001, 16 pp. endereço: `http://www.br.undp.org/content/dam/brazil/docs/ODM/undp-br-declaracao_do_milenio.pdf` (acesso em 30/07/2018).

[2] D. Bell, *The Winding Passage: Sociological Essays and Journeys.* Herndon, VA, US: Transaction Publishers, 1991, 370 pp., ISBN: 0-88738-899-X.

[3] J. Kurbalija, *An Introduction to Internet Governance*, 7ª ed. Msida, MT: DiploFoundation, 2016, 252 pp., ISBN: 978-99932-53-30-3.

[4] S. C. Herring. (19 de out. de 2015). Should you be capitalizing the word 'internet'?, Wired, endereço: `http://www.wired.com/2015/10/should-you-be-capitalizing-the-word-internet/` (acesso em 30/07/2018).

[5] R. Lemos e M. D. Felice, em *A vida em rede*, sér. Coleção Papirus Debates, 1ª ed., Campinas, SP, BR: Papirus / 7 Mares, 2014, ISBN: 978-85-61773-61-8.

[6] U. Machado, P. C. Costa, S. Singer e V. G. Martins, ed., *Manual de redação. As normas de escrita e conduta do principal jornal do país*, 21ª ed. São Paulo, SP, BR: PubliFolha, 2018, 486 pp., ISBN: 978-85-94111-01-2.

[7] J. Kurbalija, *An Introduction to Internet Governance*, 4ª ed. Msida, MT: DiploFoundation, 2010, 202 pp., ISBN: 978-99932-53-23-5.

[8] S. Turkle, *Alone Together: Why We Expect More from Technology and Less from Each Other.* New York, NY, US: Basic Books, 2011, 360 pp., ISBN: 978-0-465-02234-2.

[9] N. Negroponte. (10 de jan. de 2002). Being wireless, Wired, endereço: `http://www.wired.com/2002/10/wireless/` (acesso em 30/07/2018).

[10] J. C. Magalhães, "Critically imagining Internet governance: A content analysis of the Marco Civil da Internet public consultation", diss. de mestr., Department of Media & Communications, London School of Economics & Political Science, London, GB, ago. de 2014, 55 pp.

[11] A. Escobar, em *Encountering Development: The Making and Unmaking of the Third World*, sér. Princeton Studies in Culture/Power/History, S. B. Ortner, N. B. Dirks e G. Eley, ed., Princeton, NJ, US: Princeton University Press, 1995, ISBN: 0-691-03409-5.

[12] J. Nederveen Pieterse, em *Development Theory: Deconstructions/Reconstructions*, sér. Theory, Culture & Society, R. Boyne, N. Gane, S. Lash, R. Robertson e C. Venn, ed., 2ª ed., Thousand Oaks, CA, US: SAGE Publications, 2010, ISBN: 978-1-4129-4514-1.

[13] E. Crewe e E. Harrison, *Whose Development?: An Ethnography of Aid.* London, GB: Zed Books, 1998, 214 pp., ISBN: 1-85649-605-8.

[14] Divisão Estatística das Nações Unidas (Organização das Nações Unidas). (2014). Standard country or area codes for statistical use, endereço: `http://unstats.un.org/unsd/methods/m49/m49.htm` (acesso em 30/07/2018).

[15] Organização das Nações Unidas, *General Assembly Resolution A/RES/70/1: Transforming our world—The 2030 Agenda for Sustainable Development*, without reference to a Main Committee (A/70/L.1). Seventieth session, agenda items 15 and 116., 25 de set. de 2015. endereço: `http://undocs.org/A/RES/70/1` (acesso em 30/07/2018).

[16] Conselho Econômico e Social (Organização das Nações Unidas), *Report of the Inter-Agency and Expert Group on Sustainable Development Goal Indicators: Document E/CN.3/2016/2/Rev.1*, Statistical Commission. Fourty-seventh session, item 3 (a) of the provisional agenda, 8–11 de mar. de 2016. endereço: `http://unstats.un.org/unsd/statcom/47th-session/documents/2016-2-IAEG-SDGs-Rev1-E.pdf` (acesso em 30/07/2018).

[17] Organização das Nações Unidas, *The Sustainable Development Goals Report: 2016.* New York, NY, US: Department of Economic e Social Affairs, United Nations, mai. de 2016, 56 pp., ISBN: 978-92-1-058259-9. endereço: `http://unstats.un.org/sdgs/report/2016/` (acesso em 30/07/2018).

[18] A. Aust, *Handbook of International Law.* Cambridge, GB: Cambridge University Press, 2005, 496 pp., ISBN: 978-0-511-13699-3.

[19] J. E. Katz, "Information", em *The Cambridge Dictionary of Sociology*, B. S. Turner, ed. Cambridge, GB: Cambridge University Press, 2006, pp. 291–300, ISBN: 978-0-511-37145-5.

[20] União Internacional de Telecomunicações (Organização das Nações Unidas). (2011). A common vision of the Information Society?, endereço: `https://www.itu.int/osg/spu/wsis-themes/Vision/Vision.html` (acesso em 30/07/2018).

[21] F. Webster, em *Theories of the Information Society*, sér. International Library of Sociology, K. Mannheim, ed., 4ª ed., Abingdon, GB: Routledge, 2014, ISBN: 978-1-315-86785-4.

[22] T. L. Friedman, *The Lexus and the Olive Tree: Understanding Globalization*, 2ª ed. New York, NY, US: Picador, 2012, 490 pp., ISBN: 978-1-4299-9428-6.

[23] ——, *The World Is Flat: A Brief History of the Twenty-First Century.* New York, NY, US: Farrar, Straus e Giroux, 2005, 660 pp., ISBN: 978-0-374-29278-2.

[24] N. Negroponte, *Being Digital.* London, GB: Hodder & Stoughton, 1995, 243 pp., ISBN: 0-340-64525-3.

[25] M. J. Piore e C. F. Sabel, *The Second Industrial Divide: Possibilities for Prosperity.* New York, NY, US: Basic Books, 1984, 355 pp., ISBN: 978-0-465-07561-4.

[26] C. Shirky, *Cognitive Surplus: Creativity and Generosity in a Connected Age.* New York, NY, US: The Penguin Press, 2010, 242 pp., ISBN: 978-1-101-43472-7.

[27] S. Crawford, "The origin and development of a concept: The Information Society", apresentado em The 83rd annual meeting of the Medical Library Association, 4, vol. 71, Houston, TX, US, out. de 1983, pp. 380–385.

[28] F. Machlup, *Knowledge: Its Creation, Distribution and Economic Significance.* Princeton, NJ, US: Princeton University Press, 1984, vol. 3, 644 pp., ISBN: 0-691-04233-0.

[29] M. U. Porat, "The information economy: Definition and measurement", OT-SP-77-12(1), mai. de 1977, 242 pp. endereço: `http://eric.ed.gov/?id=ED142205` (acesso em 30/07/2018).

[30] M. Castells e G. Cardoso, ed., *The Network Society: From Knowledge to Policy.* Washington, DC, US: Center for Transatlantic Relations, Paul H. Nitze School of Advanced International Studies, Johns Hopkins University, 2005, 434 pp., ISBN: 0-9766434-5-6. endereço: `https://www.researchgate.net/publication/301788885_The_Network_Society_From_Knowledge_to_Policy` (acesso em 30/07/2018).

[31] D. Bell, *The Coming of Post-industrial Society: A Venture in Social Forecasting.* New York, NY, US: Basic Books, 2008, 352 pp., ISBN: 0-465-01281-7.

[32] D. Barney, *The Network Society*, sér. Polity Key Concepts in the Social Sciences. Hoboken, NJ, US: Polity Press, 2013, 198 pp., ISBN: 0-7456-2669-6.

[33] J. Goddard, "Networks of transactions", em *Understanding Information: Business, Technology and Geography*, K. Robins, ed. London, GB: Belhaven Press, 1992, ISBN: 1-85293-109-4.

[34] J. Baudrillard, "In the shadow of the silent majorities: Or the end of the social, and other essays", em, sér. Foreign Agents, trad. do francês por P. Foss, P. Patton e J. Johnston, New York, NY, US: Semiotext(e), 1983, ISBN: 978-1-58435-038-5.

[35] M. Poster, *The Mode of Information: Poststructuralism and Social Context.* Cambridge, GB: Polity Press, 1990, 179 pp., ISBN: 978-0-7456-0326-1.

[36] T. Roszak, *El culto a la información: Tratado sobre alta tecnología, inteligencia artificial y el verdadero arte de pensar*, trad. do inglês por J. Beltran. Barcelona, ES: Editorial Gedisa, set. de 2005, 270 pp., ISBN: 84-9784-073-9.

[37] P. A. David e D. Foray, "An introduction to the economy of the knowledge society", *International Social Science Journal*, v. 54, n. 171, pp. 9–23, 2002, ISSN: 1468-2451. DOI: 10.1111/1468-2451.00355.

[38] Y. M. Boutang, *Cognitive Capitalism*, trad. do francês por E. Emery, com pref. de N. Thrift. Cambridge, GB: Polity Press, 2011, 240 pp., ISBN: 978-0-7456-4732-6.

[39] P. Lévy, em *O que é virtual?*, sér. Coleção TRANS, trad. do francês por P. Neves, 2ª ed., São Paulo, SP, BR: Editora 34, 2011, ISBN: 978-85-7326-036-6.

[40] B. Latour, em *Reassembling the Social: An Introduction to Actor-Network-Theory*, sér. Clarendon Lectures in Management Studies, Oxford, GB: Oxford University Press, 2005, ISBN: 0-19-925604-7.

[41] M. C. Ramos, *Às margens da estrada do futuro: Comunicações, políticas e tecnologia*, sér. Coleção FAC. Brasília, DF, BR: Editorial Eletrônica, jan. de 2000, 195 pp.

[42] S. J. S. de Azevedo, "Contribuições demográficas para a formulação de ações políticas: O exemplo das telecomunicações em Campinas (SP)", diss. de mestr., Departamento de Demografia, Instituto de Filosofia e Ciências Humanas, Universidade Estadual de Campinas, Campinas, SP, BR, jun. de 2005, 155 pp.

[43] R. Joiner, C. Stewart e C. Beaney, "Gender digital divide: Does it exist and what are the explanations?", em *The Wiley Handbook of Psychology, Technology, and Society*, L. D. Rosen, N. A. Cheever e L. M. Carrier, ed. Malden, MA, US: John Wiley & Sons, 2015, cap. 4, pp. 74–88, ISBN: 978-1-118-77202-7.

[44] J. E. Katz, "Digital divide", em *The Cambridge Dictionary of Sociology*, B. S. Turner, ed. Cambridge, GB: Cambridge University Press, 2006, p. 143, ISBN: 978-0-511-37145-5.

[45] P. Norris, em *Digital Divide: Civic Engagement, Information Poverty, and the Internet Worldwide*, sér. Communication, Society and Politics, W. L. Bennett e R. M. Entman, ed., Cambridge, GB: Cambridge University Press, 2001, ISBN: 0-521-80751-4.

[46] G. Regonini, "El estudio de las políticas públicas", *Documentación Administrativa*, v. 0, n. 224–225, 1990, ISSN: 1989-8983.

[47] H. D. Lasswell, *Politics: Who Gets What, When, How*. Whitefish, MT, US: Literary Licensing, 2011, 274 pp., ISBN: 978-1-258-13959-9.

[48] T. A. Birkland, *An Introduction to the Policy Process: Theories, Concepts, and Models of Public Policy Making*, 3ª ed. Armonk, NY, US: M. E. Sharpe, 2011, 339 pp., ISBN: 978-0-7656-2532-8.

[49] T. R. Dye, *Understanding Public Policy*, 14ª ed. New York, NY, US: Pearson Education, 2013, 372 pp., ISBN: 978-0-205-23882-8.

[50] T. J. Lowi, "Four systems of policy, politics, and choice", *Public Administration Review*, v. 32, n. 4, pp. 298–310, 1972, ISSN: 1540-6210.

[51] H. Heinelt, "Do policies determine politics?", em *Handbook of Public Policy Analysis: Theory, Politics, and Methods*, F. Fischer, G. J. Miller e M. S. Sidney, ed. Boca Raton, FL, US: CRC Press, 2007, cap. 8, pp. 109–119.

[52] P. deLeon, "The historical roots of the field", em *The Oxford Handbook of Public Policy*, M. Moran, M. Rein e R. E. Goodin, ed. Oxford, GB: Oxford University Press, 2006, cap. 2, pp. 39–57.

[53] M. Howlett, A. Perl e M. Ramesh, *Política pública: Seus ciclos e subsistemas*, trad. do inglês por F. G. Heidemann. São Paulo, SP, BR: Elsevier-Campus, 2012, 328 pp., ISBN: 85-352-5689-X.

[54] The Economist. (20 de ago. de 2016). Machine learning: Of prediction and policy, endereço: `http://econ.st/2aYUFaB` (acesso em 30/07/2018).

[55] J. Micklethwait e A. Wooldridge, *The Fourth Revolution: The Global Race to Reinvent the State*. New York, NY, US: The Penguin Press, 2014, 313 pp., ISBN: 978-1-101-60662-9.

[56] M. Davis, "Engineering as profession: Methodological problems in its study", em *Engineering Identities, Epistemologies and Values*, S. H. Christensen, C. Didier, A. Jamison, M. Meganck, C. Mitcham e B. Newberry, ed., sér. Philosophy of Engineering and Technology. Cham, CH: Springer, 2015, vol. 21, cap. 4, ISBN: 3-319-16172-5. DOI: `10.1007/978-3-319-16172-3`.

[57] N. G. Mankiw, *Principles of Economics*, 7ª ed. Stamford, CT, US: Cengage Learning, 2015, ISBN: 1-285-16587-X.

[58] C. Mitchell e C. Baillie, "On values, role models, and the importance of being me", *Proceedings of the Annual ASEE Conference*, v. 3, pp. 3.432.1–3.432.10, 1998.

[59] Y. Nahar, C. Baillie, G. Catalano e E. Feinblatt, "Engineering values: An approach to explore values in education and practice", apresentado em Research in Engineering Education Symposium (Cairns, QLD, AU), R. Hadgraft e L. Mann, ed., Melbourne School of Engineering, 2009, ISBN: 1-921047-61-5.

[60] R. E. Goodin, M. Rein e M. Moran, "The public and its policies", em *The Oxford Handbook of Public Policy*, M. Moran, M. Rein e R. E. Goodin, ed. Oxford, GB: Oxford University Press, 2006, cap. 1, pp. 3–35.

[61] J. Turnbull, "The context and nature of engineering design", apresentado em A Series of Seminars Held at The Royal Academy of Engineering, com pref. de K. Guy, vol. 1, Royal Academy of Engineering, jun. de 2010, cap. 4, pp. 30–34, ISBN: 1-903496-38-1. endereço: `http://www.raeng.org.uk/publications/reports/philosophy-of-engineering-volume-1` (acesso em 30/07/2018).

[62] P. Lévy, em *Cibercultura*, sér. Coleção TRANS, trad. do francês por C. I. da Costa, 3ª ed., São Paulo, SP, BR: Editora 34, 2010, ISBN: 978-85-7326-126-4.

[63] N. Bobbio, *Estado, governo, sociedade: Fragmentos de um dicionário político*, 20ª ed., trad. do italiano por M. A. Nogueira, com posf. de C. Lafer. Rio de Janeiro, RJ, BR: Paz & Terra, 2017, 255 pp., ISBN: 978-85-7753-365-7.

[64] G. Poggi, "State", em *The Cambridge Dictionary of Sociology*, B. S. Turner, ed. Cambridge, GB: Cambridge University Press, 2006, pp. 607–608, ISBN: 978-0-511-37145-5.

[65] M. G. Roskin, R. L. Cord, J. A. Medeiros e W. S. Jones, *Political Science: An Introduction*, 12ª ed. Glenview, IL, US: Longman, 2012, 383 pp., ISBN: 978-0-205-07594-2.

[66] B. S. Turner, "Civil society", em *The Cambridge Dictionary of Sociology*, B. S. Turner, ed. Cambridge, GB: Cambridge University Press, 2006, pp. 70–71, ISBN: 978-0-511-37145-5.

[67] N. Maquiavel, em *O príncipe*, sér. Penguin Clássicos, trad. do italiano por M. S. Dias, com pref. de F. H. Cardoso, São Paulo, SP, BR: Penguin Companhia, 2010, ISBN: 978-85-63397-60-7.

[68] Aristotle, em *The Politics*, sér. Penguin Classics, trad. do grego por T. A. Sinclair e Saunders, 3ª ed., London, GB: Penguin Books, 1992, ISBN: 0-14-044421-1.

[69] N. Wiener, *Cybernetics: Or Control and Communication in the Animal and the Machine*, 2ª ed. Cambridge, MA, US: The MIT Press, 1965, 212 pp., ISBN: 0-262-23007-0.

[70] J. Habermas, *The Structural Transformation of the Public Sphere: An Inquiry into a Category of Bourgeois Society*, 1ª ed., trad. do alemão por T. Burger e F. Lawrence, com pref. de T. McCarthy. Cambridge, GB: Polity Press, 1992, 328 pp., ISBN: 978-0-7456-0274-5.

[71] M. Castells, em *A Sociedade em Rede*, sér. A era da informação: Economia, sociedade e cultura, trad. do inglês por R. V. Majer, com pref. de F. H. Cardoso, 17ª ed., vol. 1, Rio de Janeiro, RJ, BR: Paz & Terra, 2016, ISBN: 978-85-7753-036-6.

[72] M. Weber, *Economy and Society: An Outline of Interpretive Sociology*, G. Roth e C. Wittich, ed., trad. do alemão por E. Fischoff, H. Gerth, A. M. Henderson, F. Kolegar, C. Wright Mills, T. Parsons, M. Rheinstein, G. Roth, E. Shils e C. Wittich. Berkeley, CA, US: University of California Press, 1968, 1469 pp., ISBN: 0-520-03500-3.

[73] A. S. de Aragão, *Agências reguladoras e a evolução do direito administrativo econômico*, 3ª ed. Rio de Janeiro, RJ, BR: Editora Forense, 2013, 535 pp., ISBN: 978-85-309-4801-6.

[74] P. A. Forgioni, *Os fundamentos do antitruste*, 8ª ed. São Paulo, SP, BR: Revista dos Tribunais, Thomson Reuters, 2015, 491 pp., ISBN: 978-85-203-6214-3.

[75] J. Ellig, "Economic regulation: Price, entry, and exit", em *Regulation: A Primer*, S. E. Dudley e J. Brito, ed., 2ª ed. Arlington, VA, US: Mercatus Center, George Mason University, 2012, cap. 6, pp. 65–75, ISBN: 978-0-9836077-3-1.

[76] S. E. Dudley e J. Brito, ed., *Regulation: A Primer*, 2ª ed. Arlington, VA, US: Mercatus Center, George Mason University, 2012, 117 pp., ISBN: 978-0-9836077-3-1.

[77] M. S. Z. Di Pietro, *Direito administrativo*, 29ª ed. Rio de Janeiro, RJ, BR: Editora Forense, 2016, 1088 pp., ISBN: 978-85-309-6876-2.

[78] J. E. Stiglitz, "Government Failure vs. Market Failure: Principles of Regulation", em *Government and Markets: Toward a New Theory of Regulation*, E. Balleisen e D. Moss, ed. Cambridge, GB: Cambridge University Press, 2009, cap. 1, ISBN: 978-0-521-11848-4.

[79] B. Jessop, "Regulation theory", em *The Cambridge Dictionary of Sociology*, B. S. Turner, ed. Cambridge, GB: Cambridge University Press, 2006, pp. 501–503, ISBN: 978-0-511-37145-5.

[80] C. Moreno. (5 de mai. de 2009). ad nutum, Sua Língua, endereço: `http://sualingua.com.br/2009/05/05/ad-nutum/` (acesso em 30/07/2018).

[81] A. Fascina, "De Alexandre Graham Bell à Anatel", *Pensamento & Realidade*, v. 11, n. 2, C. L. de Souza, F. Fukunaga, L. A. P. Junqueira e R. Padula, ed., pp. 48–61, 2002, ISSN: 2237-4418. endereço: `https://revistas.pucsp.br/pensamentorealidade/article/view/8493` (acesso em 04/05/2019).

[82] P. de Almeida Crossetti, "Serviços de Telecomunicações no Brasil: Evolução Histórica e Tecnológica", diss. de mestr., Instituto de Economia, Universidade Estadual de Campinas, Campinas, SP, BR, jan. de 1995, 186 pp. endereço: `http://repositorio.unicamp.br/handle/REPOSIP/285752` (acesso em 10/01/2019).

[83] M. Godet, *Creating Futures: Scenario Planning as a Strategic Management Tool*, 2ª ed., trad. do francês por A. Gerber e K. Radford, com pref. de J. F. Coates. Totnes, GB: Editions Economica, 2006, 349 pp., ISBN: 2-7178-5244-1.

[84] R. Araújo e P. Brandi, "Telebrás", em *Dicionário Histórico–Biográfico Brasileiro*, C. J. de Paula e F. Lattman-Weltman, ed., com pref. de A. Houaiss. Rio de Janeiro, RJ, BR: Centro de Pesquisa e Documentação de História Contemporânea do Brasil, Fundação Getúlio Vargas, 2010. endereço: `http://www.fgv.br/cpdoc/acervo/dicionarios/verbete-tematico/telebras` (acesso em 10/01/2019).

[85] A. A. de Abreu, "Conselho Nacional de Telecomunicações (CONTEL)", em *Dicionário Histórico–Biográfico Brasileiro*, C. J. de Paula e F. Lattman-Weltman, ed., com pref. de A. Houaiss. Rio de Janeiro, RJ, BR: Centro de Pesquisa e Documentação de História Contemporânea do Brasil, Fundação Getúlio Vargas, 2010. endereço: `http://www.fgv.br/cpdoc/acervo/dicionarios/verbete-tematico/conselho-nacional-de-telecomunicacoes-contel` (acesso em 10/01/2019).

[86] Teletime. (16 de jan. de 1997). Sai o texto do edital da banda B, Teletime, Converge Comunicações, endereço: `http://teletime.com.br/16/01/1997/sai-o-texto-do-edital-da-banda-b/` (acesso em 04/05/2019).

[87] Wikipédia, *Sérgio Motta.* endereço: `https://pt.wikipedia.org/wiki/S%C3%A9rgio_Motta` (acesso em 04/05/2019).

[88] D. Kronegger, "Spectrum caps", Cullen International, Auderghem, BE, CTTEEU20190051, 19 de abr. de 2019, 7 pp. endereço: `https://www.cullen-international.com/product/pdf/CTTEEU20190051` (acesso em 01/06/2019).

[89] M. Aquino. (1 de dez. de 2016). Bens reversíveis: O calcanhar de Aquiles, para o TCU, Telesíntese, endereço: `http://www.telesintese.com.br/bens-reversiveis/` (acesso em 10/01/2019).

[90] P. E. dos Reis Cardoso, "Avaliação da implementação da TV digital: Propostas regulatórias para melhoria da qualidade do serviço prestado", tese de dout., Faculdade de Engenharia Elétrica e de Computação, Universidade Estadual de Campinas, Campinas, SP, BR, d[illegible] 2018, 331 pp. endereço: `http://repositorio.unicamp.br/handle/REPOSIP/33`[illegible] (acesso em 04/05/2019).

[91] Wikipédia, *Set-top box.* endereço: `https://pt.wikipedia.org/wiki/Set-top_box` (acesso em 04/05/2019).

[92] W. Oyadomari, ed., *Pesquisa sobre o uso das tecnologias de informação e comunicação nos domicílios brasileiros: TIC Domicílios*, com pref. de D. Getschko. São Paulo, SP, BR: Comitê Gestor da Internet no Brasil, 2018, 412 pp., ISBN: 978-85-5559-068-9. endereço: `https://www.cetic.br/media/docs/publicacoes/2/tic_dom_2017_livro_eletronico.pdf` (acesso em 01/06/2019).

[93] H. B. P. Silva, D. da Silva Oliveira, P. R. de Moura, P. B. Griese, R. C. Rampaso, S. A. C. Macedo, D. L. S. Franca, H. G. Pinheiro e G. de Oliveira Aguiar, "Destaques na PNAD TIC: Relatório Técnico", Assessoria Técnica da Presidência, Agência Nacional de Telecomunicações, Brasília, DF, BR, abr. de 2019. endereço: `https://cloud.anatel.gov.br/index.php/s/753x2AekOz9LwC9` (acesso em 01/06/2019).

[94] H. Julião. (22 de mai. de 2019). Alcolumbre quer resolver PLC 79 ainda neste semestre, Teletime, Converge Comunicações, endereço: `http://teletime.com.br/22/05/2019/alcolumbre-quer-resolver-plc-79-ainda-neste-semestre/` (acesso em 01/06/2019).

[95] T. Szigeti, C. Hattingh, R. Barton e K. R. Briley Jr., *End-to-End QoS Network Design: Quality of Service for Rich-Media and Cloud Networks*, 2ª ed. Indianapolis, IN, US: Cisco Press, 2013, 1090 pp., ISBN: 978-1-58714-369-4.

[96] E. Albuquerque, *QoS: Qualidade de serviço em redes de computadores*, F. F. Redigolo, ed. Rio de Janeiro, RJ, BR: Elsevier-Campus, 2013, 147 pp., ISBN: 978-85-352-7232-1.

[97] M. Barreiros e P. Lundqvist, em *QoS-Enabled Networks: Tools and Foundations*, sér. Wiley Series in Communications Networking and Distributed Systems, J. Sventek, D. Hutchison e S. Fdida, ed., com pref. de J. Doyle, 2ª ed., Chichester, WSX, GB: John Wiley & Sons, 2016, ISBN: 978-1-11910-910-5.

[98] V. Mishra, J. Mathew e C.-T. Lau, em *QoS and Energy Management in Cognitive Radio Network: Case Study Approach*, sér. Signals and Communication Technology, Cham, CH: Springer, 2017, ISBN: 978-3-319-45858-8. DOI: `10.1007/978-3-319-45860-1`.

[99] M. Ma, M. K. Denko e Y. Zhang, em *Wireless Quality of Service*, sér. Wireless Networks and Mobile Communications, Y. Zhang, ed., Boca Raton, FL, US: CRC Press, 2009, ISBN: 978-1-4200-5130-8.

[100] União Internacional de Telecomunicações (Organização das Nações Unidas), *ITU-T Recommendation G.1000: Communications quality of service—a framework and definitions*, última atualização em 2001, 29 de nov. de 2001. endereço: `https://www.itu.int/rec/T-REC-G.1000-200111-I/` (acesso em 01/11/2018).

[101] Organização Internacional de Padronização, *ISO 8402:1994: Quality managemente and quality assurance — vocabulary*, substituída pela ISO 9000 em 2000. endereço: `https://www.iso.org/standard/20115.html` (acesso em 01/11/2018).

[102] ——, *ISO 9000:2015: Quality management systems — fundamentals and vocabulary*, última revisão em 2015. endereço: `https://www.iso.org/standard/29280.html` (acesso em 01/11/2018).

[103] M. Mason, *Igniting the Spirit at Work: Daily Reflections*. Center City, MN, US: Hazelden, 2001, 402 pp., ISBN: 1-56838-741-5.

[104] W. A. Foster, *ForbesQuotes: Thoughts on the business of life*, Forbes. endereço: `https://www.forbes.com/quotes/9698/` (acesso em 01/11/2018).

[105] União Internacional de Telecomunicações (Organização das Nações Unidas), *ITU-T Recommendation E.800: Definitions of terms related to quality of service*, última atualização em 2008, 23 de set. de 2008. endereço: `https://www.itu.int/rec/T-REC-E.800-200809-I` (acesso em 01/11/2018).

[106] Instituto Europeu de Padronização de Telecomunicações (União Europeia), "Network Aspects (NA); general aspects of Quality of Service (QoS) and Network Performance (NP): ETSI Technical Report 003", Sophia Antipolis, FR, 3, ago. de 1994, 31 pp. endereço: `https://www.etsi.org/deliver/etsi_etr/001_099/003/02_60/etr_003e02p.pdf` (acesso em 01/11/2018).

[107] União Internacional de Telecomunicações (Organização das Nações Unidas), *ITU-T Recommendation G.1010: End-user multimedia QoS categories*, última atualização em 2001, 29 de nov. de 2001. endereço: `https://www.itu.int/rec/T-REC-G.1010-200111-I/` (acesso em 01/11/2018).

[108] K. Brunnström, S. A. Beker, K. De Moor, A. Dooms, S. Egger, M.-N. Garcia, T. Hossfeld, S. Jumisko-Pyykkö, C. Keimel, M.-C. Larabi, B. Lawlor, P. Le Callet, S. Möller, F. Pereira, M. Pereira, A. Perkis, J. Pibernik, A. Pinheiro, A. Raake, P. Reichl, U. Reiter, R. Schatz, P. Schelkens, L. Skorin-Kapov, D. Strohmeier, C. Timmerer, M. Varela, I. Wechsung, J. You e A. Zgank, "Qualinet white paper on definitions of Quality of Experience", apresentado em Fifth International Workshop on Quality of Multimedia Experience (Alpen-Adria-Universität Klagenfurt, AT, 3–5 de jul. de 2013), Rede Europeia sobre Qualidade da Experiência em Sistemas e Serviços Multimídia, jul. de 2013. endereço: `https://hal.archives-ouvertes.fr/hal-00977812/` (acesso em 01/11/2018).

[109] S. Möller e A. Raake, em *Quality of Experience: Advanced Concepts, Applications and Methods*, sér. T-Labs Series in Telecommunication Services, S. Möller, A. Küpper e A. Raake, ed., Cham, CH: Springer, 2014, ISBN: 978-3-319-02680-0. DOI: 10.1007/978-3-319-02681-7.

[110] J. Nightingale, P. Salva-Garcia, J. M. A. Calero e Q. Wang, "5G-QoE: QoE modelling for Ultra-HD video streaming in 5G networks", *IEEE Transactions on Broadcasting*, v. 64, n. 2, pp. 621–634, jun. de 2018, ISSN: 0018-9316. DOI: 10.1109/TBC.2018.2816786.

[111] União Internacional de Telecomunicações (Organização das Nações Unidas), *ITU-T Recommendation P.10/G.100: Vocabulary for performance and quality of service*, última atualização em 2001, nov. de 2017. endereço: https://www.itu.int/rec/T-REC-G.100/ (acesso em 01/11/2018).

[112] A. Raake e S. Egger, "Quality and quality of experience", em *Quality of Experience: Advanced Concepts, Applications and Methods*, S. Möller e A. Raake, ed. Cham, CH: Springer, 2014, cap. 2, pp. 11–33, ISBN: 978-3-319-02680-0. DOI: 10.1007/978-3-319-02681-7.

[113] A. de Oliveira Lima, P. M. R. Dias, R. V. B. Dias e R. C. Rampaso, "Pesquisa de Satisfação e Qualidade Percebida: Relatório Analítico 2017", Agência Nacional de Telecomunicações (Brasil), Brasília, DF, BR, 3, mar. de 2018, 90 pp. endereço: http://www.anatel.gov.br/consumidor/pesquisa-de-satisfacao-e-qualidade/2017/ (acesso em 01/11/2018).

[114] A. Matais e J. Borba. (18 de jul. de 2012). Anatel decide suspender vendas de Claro, Oi e TIM a partir de segunda-feira, Folha de S.Paulo, endereço: https://www1.folha.uol.com.br/mercado/2012/07/1121986-anatel-decide-suspender-vendas-do-claro-oi-e-tim-a-partir-de-segunda-feira.shtml (acesso em 10/12/2018).

[115] R. Bitencourt, R. Rostás e F. Almeida. (18 de jul. de 2012). Anatel suspende vendas de planos da TIM, Oi e Claro, Valor Econômico, endereço: https://www.valor.com.br/empresas/2756802/anatel-suspende-vendas-de-planos-da-tim-oi-e-claro (acesso em 10/12/2018).

[116] D. Parmenter, *Key Performance Indicators: Developing, Implementing, and Using Winning KPIs*, 3ª ed. Hoboken, NJ, US: John Wiley & Sons, 2015, 448 pp., ISBN: 978-1-119-01983-1.

[117] P. Baran, S. P. Boehm e J. W. Smith, "On distributed communications", RAND Corporation, Santa Monica, CA, US, 1964. endereço: https://www.rand.org/about/history/baran-list.html (acesso em 30/07/2018).

[118] A. Abella, *Soldiers of Reason: The RAND Corporation and the Rise of the American Empire*, 1ª ed. New York, NY, US: Harcourt, Inc., 2008, 400 pp., ISBN: 978-0-15-603512-5.

[119] J. Abbate, em *Inventing the Internet*, sér. Inside Technology, W. E. Bijker, W. B. Carlson e T. Pinch, ed., Cambridge, MA, US: The MIT Press, 1999, ISBN: 0–262-01172–7.

[120] F. Capra e P. L. Luisi, *The Systems View of Life: A Unified Vision*. Cambridge, GB: Cambridge University Press, 2014, 498 pp., ISBN: 978-1-107-01136-6.

[121] M. Castells, *O poder da comunicação*, 2ª ed., trad. do inglês por V. L. M. Joscelyne e I. M. de Oliveira Fraga. Rio de Janeiro, RJ, BR: Paz & Terra, 2017, 629 pp., ISBN: 978-85-7753321-3.

[122] Instituto de Engenheiros Eletricistas e Eletrônicos, *IEEE project 802.3: IEEE draft standard for Ethernet*. endereço: `https://standards.ieee.org/develop/project/802.3.html` (acesso em 30/07/2018).

[123] P. Dyches. (23 de jan. de 2018). Explorer 1: The beginning of american space science, Jet Propulsion Laboratory, California Institute of Technology, endereço: `https://www.jpl.nasa.gov/news/news.php?feature=7043` (acesso em 30/07/2018).

[124] D. R. Williams. (21 de mar. de 2017). Vanguard TV3, National Aeronautics e Space Administration, endereço: `https://nssdc.gsfc.nasa.gov/nmc/spacecraftDisplay.do?id=VAGT3` (acesso em 30/07/2018).

[125] Store Norske Leksikon. (25 de out. de 2017). ARPANET, endereço: `https://snl.no/ARPANET` (acesso em 30/07/2018).

[126] H. Helms, "Organization and Technical Problems of the European Informatics Network", em *Interlinking of Computer Networks*, (Bonas, FR, 28 de ago.–8 de set. de 1978), K. G. Beauchamp, ed., sér. C, vol. 42, Dordrecht, NL: D. Reidel Publishing Company, 1978, pp. 45–64, ISBN: 978-94-009-9431-7. DOI: `10.1007/978-94-009-9431-7_3`.

[127] Wikipédia, *Danny Cohen (engineer)*. endereço: `https://en.wikipedia.org/wiki/Danny_Cohen_(engineer)` (acesso em 30/07/2018).

[128] União Internacional de Telecomunicações (Organização das Nações Unidas), *ITU-T Recommendation X.25: Interface between Data Terminal Equipment (DTE) and Data Circuit-terminating Equipment (DCE) for terminals operating in the packet mode and connected to public data networks by dedicated circuit*, última atualização em 1996. endereço: `https://www.itu.int/rec/T-REC-X.25/` (acesso em 30/07/2018).

[129] A. S. Tanenbaum e D. J. Wetherall, *Computer Networks*, 5ª ed. Essex, GB: Pearson Education, 2014, 803 pp., ISBN: 1-292-02422-4.

[130] Organização Internacional de Padronização, *ISO/IEC 13239:2002: Information technology — Telecommunications and information exchange between systems — High-level data link control (HDLC) procedures*, última revisão em 2007. endereço: `https://www.iso.org/standard/37010.html` (acesso em 30/07/2018).

[131] S. Deering e R. Hinden, *Protocol for Providing the Connectionless-Mode Network Services (Informally — ISO IP): RFC 926*, publicada em dezembro de 1984, Força Tarefa de Engenharia da Internet. endereço: `https://tools.ietf.org/html/rfc926` (acesso em 30/07/2018).

[132] Organização Internacional de Padronização, *ISO/IEC 8878:1992: Information technology — Telecommunications and information exchange between systems — Use of X.25 to provide the OSI Connection-mode Network Service*, última revisão e confirmação em 2002. endereço: `https://www.iso.org/standard/16385.html` (acesso em 30/07/2018).

[133] ——, *ISO/IEC 8073:1997: Information technology — Open Systems Interconnection — Protocol for providing the connection-mode transport service*, última revisão em 2002. endereço: `https://www.iso.org/standard/24077.html` (acesso em 30/07/2018).

[134] ——, *ISO/IEC 8208:2000: Information technology — Data communications — X.25 Packet Layer Protocol for Data Terminal Equipment*, última revisão e confirmação em 2005. endereço: `https://www.iso.org/standard/33080.html` (acesso em 30/07/2018).

[135] ——, *ISO/IEC/IEEE 8802-3:2017: Information technology — Telecommunications and information exchange between systems - Local and metropolitan area networks — Specific requirements - Part 3: Standard for Ethernet*, publicada em março de 2017. endereço: `https://www.iso.org/standard/72048.html` (acesso em 30/07/2018).

[136] A. McKenzie, *RFC 8200: Internet Protocol, Version 6 (IPv6) Specification*, publicada em julho de 2017, Força Tarefa de Engenharia da Internet. endereço: `https://tools.ietf.org/html/rfc8200` (acesso em 30/07/2018).

[137] M. S. R. M. de Carvalho, "A trajetória da Internet no Brasil: Do Surgimento das redes de computadores à instituição dos mecanismos de governança", diss. de mestr., Instituto Alberto Luiz Coimbra de Pós-Graduação e Pesquisa de Engenharia, da Universidade Federal do Rio de Janeiro, Rio de Janeiro, RJ, BR, set. de 2006, 239 pp. endereço: `https://www.cos.ufrj.br/uploadfile/1430748034.pdf` (acesso em 30/07/2018).

[138] Conselho de Arquitetura da Internet, *History: A brief history of the Internet Advisory / Activities / Architecture Board*. endereço: `https://www.iab.org/about/history/` (acesso em 30/07/2018).

[139] A. Wright. (22 de mai. de 2014). The secret history of hypertext, The Atlantic, endereço: https://www.theatlantic.com/technology/archive/2014/05/in-search-of-the-proto-memex/371385/ (acesso em 30/07/2018).

[140] V. Bush. (jul. de 1945). As we may think, The Atlantic, endereço: https://www.theatlantic.com/magazine/archive/1945/07/as-we-may-think/303881/ (acesso em 30/07/2018).

[141] B. Peters, em *How Not to Network a Nation: The Uneasy History of the Soviet Internet*, sér. Information Policy, S. Braman, ed., vol. 6, Cambridge, MA, US: The MIT Press, 2016, ISBN: 978-0-26-203418-0.

[142] A. I. Kitov, *Elektronnyye tsifrovyye mashiny*. Moscou, URSS, 1956. endereço: http://www.kitov-anatoly.ru/naucnye-trudy/izbrannye-naucnye-trudy-anatolia-ivanovica-v-pdf/elektronnye-cifrovye-masiny (acesso em 30/07/2018).

[143] Instituto V. M. Glushkov de Cibernética, *About the Institute*, Academia Nacional de Ciências da Ucrânia. endereço: http://incyb.kiev.ua/eng/about.html (acesso em 30/07/2018).

[144] Instituto Central de Economia e Matemática. (22 de jun. de 2007). Kak sozdavalsya TSEMI, Academia Nacional de Ciências da Rússia, via Internet Archive, endereço: https://web.archive.org/web/20070622022515/http://www.cemi.rssi.ru/rus/index0.htm (acesso em 30/07/2018).

[145] C. Garling. (30 de jun. de 2012). Before the web, AOL, and Prodigy, there was Minitel, Wired, endereço: https://www.wired.com/2012/06/services-begone/ (acesso em 30/07/2018).

[146] R. R. Longhi, "Videotexto como precursor do jornalismo nos novos meios", *Lumina*, v. 3, n. 2, dez. de 2009, ISSN: 1981-4070. endereço: http://www.academia.edu/6994680/Videotexto_como_precursor_do_jornalismo_nos_novos_meios (acesso em 30/07/2018).

[147] Revista Eletrônica Telebras. (out. de 2017). Os novos serviços e o programa de interiorização e popularização do telefone, Telebras, endereço: http://www.telebras.com.br/45anos/wp-content/uploads/2017/12/3%C2%AA-edic%CC%A7a%CC%83o-Revista-Eletro%CC%82nica-Telebras-45-anos.pdf (acesso em 30/07/2018).

[148] Telebras. (25 de mar. de 1982). Relatório da Administração: Exercício 1981, endereço: http://www.telebras.com.br/inst/wp-content/uploads/2011/03/RA1981.pdf (acesso em 30/07/2018).

[149] ——, (1985). Relatório da Administração: Exercício 1984, endereço: `http://www.telebras.com.br/inst/wp-content/uploads/2011/03/RA1984.pdf` (acesso em 30/07/2018).

[150] ——, (1986). Relatório da Administração: Exercício 1985, endereço: `http://www.telebras.com.br/inst/wp-content/uploads/2011/03/RA1985.pdf` (acesso em 30/07/2018).

[151] ——, (1987). Relatório da Administração: Exercício 1986, endereço: `http://www.telebras.com.br/inst/wp-content/uploads/2011/03/RA1986.pdf` (acesso em 30/07/2018).

[152] ——, (1988). Relatório da Administração: Exercício 1987, endereço: `http://www.telebras.com.br/inst/wp-content/uploads/2011/03/RA1987.pdf` (acesso em 30/07/2018).

[153] ——, (1989). Relatório da Administração: Exercício 1988, endereço: `http://www.telebras.com.br/inst/wp-content/uploads/2011/03/RA1988.pdf` (acesso em 30/07/2018).

[154] ——, (1990). Relatório da Administração: Exercício 1989, endereço: `http://www.telebras.com.br/inst/wp-content/uploads/2011/03/RA1989.pdf` (acesso em 30/07/2018).

[155] ——, (1991). Relatório da Administração: Exercício 1990, endereço: `http://www.telebras.com.br/inst/wp-content/uploads/2011/03/RA1990.pdf` (acesso em 30/07/2018).

[156] J. Mailland e K. Driscoll, em *Minitel: Welcome to the Internet*, sér. Platform Studies, N. Montfort e I. Bogost, ed., vol. 8, Cambridge, MA, US: The MIT Press, 2017, ISBN: 978-0-26-234019-9.

[157] J. Mailland. (16 de jun. de 2017). Minitel, the open network before the internet, The Atlantic, endereço: `https://www.theatlantic.com/technology/archive/2017/06/minitel/530646/` (acesso em 30/07/2018).

[158] E. Lucero, *Governança da Internet: Aspectos da Formação de um Regime Global de Oportunidades para a Ação Diplomática*. Brasília, DF, BR: Fundação Alexandre de Gusmão, 2011, 236 pp., ISBN: 978-85-7631-300-7.

[159] União Internacional de Telecomunicações (Organização das Nações Unidas), *ITU-T Recommendation V.23: 600/1200-baud modem standardized for use in the general switched telephone network*, Vigente, 1993. endereço: `https://www.itu.int/rec/T-REC-V.23/` (acesso em 30/07/2018).

[160] J. Mailland e K. Driscoll, "The french connection machine", *IEEE Spectrum*, v. 54, n. 7, pp. 32–37, jul. de 2017, ISSN: 0018-9235. DOI: 10.1109/MSPEC.2017.7951720. endereço: https://spectrum.ieee.org/tech-history/cyberspace/minitel-the-online-world-france-built-before-the-web (acesso em 30/07/2018).

[161] J. L. Zittrain, *The Future of the Internet: And How to Stop It*. New Haven, CT, US: Yale University Press, 2008, 342 pp., ISBN: 978-0-300-12487-3.

[162] T. Berners-Lee. (12 de mar. de 2018). The web is under threat: Join us and fight for it, Web Foundation, endereço: https://webfoundation.org/2018/03/web-birthday-29/ (acesso em 30/07/2018).

[163] M. Mazzucato, *The Entrepreneurial State: Debunking Public vs. Private Sector Myths*. London, GB: Anthem Press, 2013, 266 pp., ISBN: 0-85728-252-2.

[164] T. Benakouche, "Redes técnicas/redes sociais: Pré-história da Internet no Brasil", *Revista USP*, n. 35, pp. 124–133, set.–nov. de 1997. endereço: https://www.revistas.usp.br/revusp/article/download/26923/28702 (acesso em 30/07/2018).

[165] M. Stanton, "A evolução das redes acadêmicas no Brasil: Parte 1, da BITNET à Internet", *NewsGeneration*, v. 2, n. 6, 10 de jul. de 1998, ISSN: 1518-5974. endereço: http://memoria.rnp.br/newsgen/9806/inter-br.html (acesso em 30/07/2018).

[166] S. Nora e A. Minc, *L'informatisation de la société*. Paris, FR: La Documentation française, mai. de 1978, 901 pp., ISBN: 2-11-000161-5. endereço: http://www.ladocumentationfrancaise.fr/rapports-publics/154000252/index.shtml (acesso em 30/07/2018).

[167] W. J. Drake, "Data localization and barriers to Transborder Data Flows: Background paper", apresentado em Fórum Econômico Mundial (Genève, CH, 14–15 de set. de 2016), Genève, CH: Fórum Econômico Mundial, set. de 2016. endereço: http://www3.weforum.org/docs/Background_Paper_Forum_workshop%2009.2016.pdf (acesso em 30/07/2018).

[168] B. F. E. Lins, "O Tratamento do Fluxo de Dados Transfronteiras no Brasil", *Cadernos Aslegis*, v. 6, n. 16, pp. 88–101, jan.–abr. de 2002, ISSN: 1677-9010. endereço: http://bd.camara.gov.br/bd/handle/bdcamara/11400 (acesso em 30/07/2018).

[169] S. MacBride, ed., *Many Voices, One World: Towards a New, More Just and More Efficient World Information and Communication Order*, com pref. de A.-M. M'Bow. Paris, FR: Unesco, 1980, 312 pp., Comissão Internacional para o Estudo de Problemas de Comunicação, ISBN: 92-3-101802-7. endereço: http://unesdoc.unesco.org/images/0004/000400/040066eb.pdf (acesso em 30/07/2018).

[170] The New York Times. (15 de fev. de 1981). The debate sharpens on a new world information order, endereço: `https://nyti.ms/2LoN9nT` (acesso em 30/07/2018).

[171] Organização das Nações Unidas para a Educação, a Ciência e a Cultura (Organização das Nações Unidas), em *A Documentary History of a New World Information and Communication Order Seen as an Evolving and Continuous Process, 1975–1986*, sér. Communication and Society, vol. 19, Paris, FR: Unesco, 1987. endereço: `http://unesdoc.unesco.org/images/0008/000802/080202EB.pdf` (acesso em 30/07/2018).

[172] ——, *World Communication Report*. Paris, FR: Unesco, 1989, 551 pp., ISBN: 92-3-102628-3. endereço: `http://unesdoc.unesco.org/images/0018/001887/188715eo.pdf` (acesso em 30/07/2018).

[173] M. Vianna, "Entre burocratas e especialistas: A formação e o controle do campo da informática no Brasil, 1958–1979", tese de dout., Escola de Humanidades, Pontifícia Universidade Católica do Rio Grande do Sul, Porto Alegre, RS, BR, ago. de 2016, 559 pp. endereço: `http://tede2.pucrs.br/tede2/handle/tede/6980` (acesso em 30/07/2018).

[174] J. Manyika, S. Lund, J. Bughin, J. Woetzel, K. Stamenov e D. Dhingra, *Digital Globalization: The New Era of Global Flows*, com pref. de R. Dobbs, J. Manyika e J. Woetzel. New York, NY, US: McKinsey Global Institute, mar. de 2016, 156 pp. endereço: `https://www.mckinsey.com/~/media/McKinsey/Business%20Functions/McKinsey%20Digital/Our%20Insights/Digital%20globalization%20The%20new%20era%20of%20global%20flows/MGI-Digital-globalization-Full-report.ashx` (acesso em 30/07/2018).

[175] T. Wu, *The Attention Merchants: The Epic Scramble to Get Inside Our Heads*. New York, NY, US: Alfred A. Knopf, 2016, 403 pp., ISBN: 978-0-385-35202-4.

[176] R. Pepper, J. Garrity e C. LaSalle, "Cross-Border Data Flows, digital innovation, and economic growth", em *The Global Information Technology Report 2016: Innovating in the Digital Economy*, S. Baller, S. Dutta e B. Lanvin, ed. Genève, CH: Fórum Econômico Mundial, 2016, cap. 1.2, pp. 39–47, ISBN: 978-1-944835-03-3.

[177] M. Burri, "The governance of data and data flows in trade agreements: The pitfalls of legal adaptations", apresentado em Future-Proofing Law: From rDNA to Robots (Davis, CA, US, 27–28 de jan. de 2017), 1, vol. 51, Davis, CA, US: UC Davis Law Review, nov. de 2017, pp. 65–132. endereço: `https://lawreview.law.ucdavis.edu/issues/51/1/Symposium/51-1_Burri.pdf` (acesso em 30/07/2018).

[178] Fórum de Governança da Internet (Organização das Nações Unidas), "Final report", apresentado em 12ª Reunião Anual do Fórum de Governança da Internet (Genève, CH, 18–21 de dez. de 2017), Genève, CH: Secretariado do Fórum de Governança da Internet, 10 de

jan. de 2018. endereço: https://dig.watch/sites/default/files/IGF2017Report.pdf (acesso em 30/07/2018).

[179] I. Stadnik, "Data localisation and barriers to Crossborder Data Flows: WS32", apresentado em 12ª Reunião Anual do Fórum de Governança da Internet (Genève, CH, 18–21 de dez. de 2017), Genève, CH: Secretariado do Fórum de Governança da Internet, 19 de dez. de 2017. endereço: https://dig.watch/sessions/data-localisation-and-barriers-crossborder-data-flows-ws32 (acesso em 30/07/2018).

[180] Y. Vianna Filho, E. W. Bergamini, A. H. G. Vieira, C. J. P. de Lucena, N. de Castro Machado, L. M. R. Tarouco, G. C. Rodrigues, I. M. Campos, S. S. Sette e G. J. d. Lucena Filho, *Estatuto*, Laboratório Nacional de Redes de Computadores, 13 de dez. de 1979. endereço: http://www.larc.org.br/index.php/estatuto (acesso em 30/07/2018).

[181] União Internacional de Telecomunicações (Organização das Nações Unidas), *ITU-T Recommendation F.400/X.400: Message handling system and service overview*, última atualização em 1999. endereço: https://www.itu.int/rec/T-REC-X.400/ (acesso em 30/07/2018).

[182] Association for Progressive Communications, *History*. endereço: https://www.apc.org/en/about/history (acesso em 30/07/2018).

[183] Internet Hall of Fame. (2017). Inductees: Tadao Takahashi, endereço: https://internethalloffame.org/inductees/tadao-takahashi (acesso em 30/07/2018).

[184] I. M. Campos. (11 de dez. de 2017). Ivan Moura Campos: Currículo Lattes, Conselho Nacional de Desenvolvimento Tecnológico (Brasil), endereço: http://lattes.cnpq.br/0659907161193827 (acesso em 30/07/2018).

[185] Internet Hall of Fame. (2014). Inductees: Demi Getschko, endereço: https://internethalloffame.org/inductees/demi-getschko (acesso em 30/07/2018).

[186] Wikipédia, *Netscape navigator*. endereço: https://en.wikipedia.org/wiki/Netscape_Navigator (acesso em 30/07/2018).

[187] ——, *Web search engine*. endereço: https://en.wikipedia.org/wiki/Web_search_engine (acesso em 30/07/2018).

[188] M. A. Banks, *On the Way to the Web: The Secret History of the Internet and Its Founders*. Berkeley, CA, US: Apress, 2008, 215 pp., ISBN: 978-1-4302-0870-9.

[189] S. Gilbertson. (16 de fev. de 2010). Feb. 16, 1978: Bulletin board goes electronic, Wired, endereço: https://www.wired.com/2010/02/0216cbbs-first-bbs-bulletin-board/ (acesso em 30/07/2018).

[190] K. Driscoll, "Social media's dial-up roots", *IEEE Spectrum*, v. 53, n. 11, pp. 54–60, nov. de 2016, ISSN: 0018-9235. DOI: 10.1109/MSPEC.2016.7607028. endereço: https://spectrum.ieee.org/tech-history/cyberspace/social-medias-dialup-ancestor-the-bulletin-board-system (acesso em 30/07/2018).

[191] Banco Mundial, *Individuals using the Internet: IT.NET.USER.ZS, Brazil, 1995*, dados obtidos pela União Internacional de Telecomunicações, que obteve os dados pela Agência Nacional de Telecomunicação, que, por sua vez, obteve os dados da Telecomunicações Brasileiras S. A., 1998. endereço: https://data.worldbank.org/indicator/IT.NET.USER.ZS?%locations=BR (acesso em 30/07/2018).

[192] E. Alcântara, "A rede que abraça todo o planeta: A Internet inaugura a aldeia global na maior aventura tecnológica da História da humanidade", *Veja*, v. 28, n. 9, pp. 48–54, 1 de mar. de 1995, ISSN: 0100-7122.

[193] ——, "Brasília põe a mão: Vendo o sucesso da Internet, a Embratel assume o comando das ligações de brasileiros com a rede", *Veja*, v. 28, n. 9, pp. 56–58, 1 de mar. de 1995, ISSN: 0100-7122.

[194] Wikipédia, *ZAZ*. endereço: https://pt.wikipedia.org/wiki/ZAZ (acesso em 30/07/2018).

[195] Setor de Desenvolvimento da União Internacional das Telecomunicações (Organizaçao das Nações Unidas), *World Telecommunication Development Report: Glossary, Acronyms and Abbreviations*. 1999. endereço: http://www.itu.int/ITU-D/ict/publications/wtdr_99/material/glossary.html (acesso em 30/07/2018).

[196] L. DeNardis, *The Global War for Internet Governance*. New Haven, CT, US: Yale University Press, 2014, 288 pp., ISBN: 978-0-300-18135-7.

[197] M. L. Mueller, *Ruling the Root: Internet Governance and the Taming of Cyberspace*. Cambridge, MA, US: The MIT Press, 2002, 317 pp., ISBN: 0-262-13412-8.

[198] ——, em, *Networks and States: The Global Politics of Internet Governance*, sér. The Information Revolution and Global Politics, W. J. Drake e E. J. Wilson III, ed., Cambridge, MA, US: The MIT Press, 2010, ISBN: 978-0-262-01459-5.

[199] Comissão de Ciência e Tecnologia para o Desenvolvimento (Organização das Nações Unidas), "Mapping of international Internet public policy issues", apresentado em 18ª sessão da Comissão de Ciência e Tecnologia para o Desenvolvimento (Genève, CH, 4–8 de mai. de 2015), New York, NY, US: Organização das Nações Unidas, 17 de abr. de 2015. endereço: https://unctad.org/meetings/en/SessionalDocuments/ecn162018crp3_en.pdf (acesso em 30/07/2018).

[200] N. Desai, A. Al-Darrab, C. A. Afonso, P. H. Ang, K. Banks, F. Beji, V. Bertola, J. A. Bicalho, K. Cheon, T. Clarke, A. Doria, W. Drake, R. Echeberría, D. Erriah, B. Esmat, J. Fernandez, A. Hassan, D. Hendon, Q. Hu, W. Jensen, W. Kleinwächter, J. Kurbalija, J. C. Legrand, D. MacLean, A. Miller, J. A. M. O. N. Nzépa, A. Pisanty, K. Qazi, R. Ramaraj, M. Sakamaki, J. Sarr, P. Seadat, C. Sha'ban, L. Shope-Mafole, W. Siganga, J. C. S. Moreno, M. Yakushev, P. Zangl e J.-P. Zens, "Report of the Working Group on Internet Governance", Grupo de Trabalho sobre Governança da Internet (Organização das Nações Unidas), Château de Bossey, jun. de 2005, 24 pp. endereço: https://www.wgig.org/docs/WGIGREPORT.pdf (acesso em 30/07/2018).

[201] J. Malcolm, *Multi-Stakeholder Governance and the Internet Governance Forum*. Perth, AU: Terminus Press, 2008, 611 pp., ISBN: 978-0-9805084-1-3.

[202] B. Latour, "Technology is society made durable", *The Sociological Review*, v. 38, n. 1, pp. 103–131, mai. de 1990, ISSN: 1467-954X. DOI: 10.1111/j.1467-954X.1990.tb03350.x.

[203] M. Kranzberg, "Technology and history", *Technology and Culture*, v. 27, pp. 544–560, 3 jul. de 1986. DOI: 10.2307/3105385.

[204] R. J. Whelchel, "Is technology neutral?", *IEEE Technology and Society Magazine*, v. 5, n. 4, pp. 2–8, dez. de 1986, ISSN: 1937-416X. DOI: 10.1109/MTAS.1986.5010049.

[205] V. G. Cerf e J. Postel, *Well known socket numbers: RFC 322*, publicada em 26 de março de 1972, Força Tarefa de Engenharia da Internet. endereço: https://tools.ietf.org/html/rfc322 (acesso em 07/10/2018).

[206] J. Postel e N. Neigus, *Socket number list: RFC 433*, publicada em 22 de dezembro de 1972, Força Tarefa de Engenharia da Internet. endereço: https://tools.ietf.org/html/rfc433 (acesso em 07/10/2018).

[207] V. G. Cerf e J. Postel, *IAB official protocol standards: RFC 1.083*, publicada em dezembro de 1988, Força Tarefa de Engenharia da Internet. endereço: https://tools.ietf.org/html/rfc1083 (acesso em 07/10/2018).

[208] Wikipédia, *Internet Assigned Numbers Authority*. endereço: https://en.wikipedia.org/wiki/Internet_Assigned_Numbers_Authority (acesso em 01/10/2018).

[209] ICANNWiki. (10 de out. de 2016). Internet Assigned Numbers Authority, Corporação da Internet para Designação de Nomes e Números, endereço: https://icannwiki.org/Internet_Assigned_Numbers_Authority (acesso em 01/10/2018).

[210] ——, (9 de jan. de 2017). Top-Level Domain, Corporação da Internet para Designação de Nomes e Números, endereço: https://icannwiki.org/Top-Level_Domain (acesso em 01/10/2018).

[211] ——, (7 de mar. de 2017). Registry, Corporação da Internet para Designação de Nomes e Números, endereço: https://icannwiki.org/Registry (acesso em 01/10/2018).

[212] ——, (7 de mar. de 2017). Regional Internet Registry, Corporação da Internet para Designação de Nomes e Números, endereço: https://icannwiki.org/Regional_Internet_Registry (acesso em 01/10/2018).

[213] P. Mockapetris, *Domain names — concepts and facilities: RFC 882*, publicada em novembro de 1983, Força Tarefa de Engenharia da Internet. endereço: https://tools.ietf.org/html/rfc882 (acesso em 07/10/2018).

[214] ——, *Domain names — implementation and specification: RFC 883*, publicada em novembro de 1983, Força Tarefa de Engenharia da Internet. endereço: https://tools.ietf.org/html/rfc883 (acesso em 07/10/2018).

[215] ——, *Domain names — concepts and facilities: RFC 1.034*, publicada em novembro de 1987, Força Tarefa de Engenharia da Internet. endereço: https://tools.ietf.org/html/rfc1034 (acesso em 07/10/2018).

[216] ——, *Domain names — implementation and specification: RFC 1.035*, publicada em novembro de 1987, Força Tarefa de Engenharia da Internet. endereço: https://tools.ietf.org/html/rfc1035 (acesso em 07/10/2018).

[217] D. Eastlake, *Domain Name System security extensions: RFC 2.535*, publicada em março de 1999, Força Tarefa de Engenharia da Internet. endereço: https://tools.ietf.org/html/rfc2535 (acesso em 07/10/2018).

[218] Conselho de Arquitetura da Internet, *IAB technical comment on the unique DNS root: RFC 2.826*, publicada em maio de 2000, Força Tarefa de Engenharia da Internet. endereço: https://tools.ietf.org/html/rfc2826 (acesso em 07/10/2018).

[219] Autoridade de Números Atribuídos da Internet, *Root servers*. endereço: https://www.iana.org/domains/root/servers (acesso em 01/10/2018).

[220] Organização Internacional de Padronização, *ISO 3166: Country codes*, Genève, CH. endereço: https://www.iso.org/iso-3166-country-codes.html (acesso em 01/10/2018).

[221] J. Hawkinson e T. Bates, *Guidelines for creation, selection, and registration of an Autonomous System (AS): RFC 1.930*, publicada em março de 1996, Força Tarefa de Engenharia da Internet. endereço: https://tools.ietf.org/html/rfc1930 (acesso em 01/10/2018).

[222] Q. Vohra e E. Chen, *BGP support for four-octet AS number space: RFC 4.893*, publicada em maio de 2007, Força Tarefa de Engenharia da Internet. endereço: https://tools.ietf.org/html/rfc4893 (acesso em 01/10/2018).

[223] G. Huston, *Autonomous System (AS) number reservation for documentation use: RFC 5.398*, publicada em dezembro de 2008, Força Tarefa de Engenharia da Internet. endereço: https://tools.ietf.org/html/rfc5398 (acesso em 01/10/2018).

[224] Q. Vohra e E. Chen, *BGP support for four-octet Autonomous System (AS) number space: RFC 6.793*, publicada em dezembro de 2012, Força Tarefa de Engenharia da Internet. endereço: https://tools.ietf.org/html/rfc6793 (acesso em 01/10/2018).

[225] J. Mitchell, *Autonomous System (AS) reservation for private use: RFC 6.996*, publicada em julho de 2013, Força Tarefa de Engenharia da Internet. endereço: https://tools.ietf.org/html/rfc6996 (acesso em 01/10/2018).

[226] G. Huston, *Management guidelines and operational requirements for the address and routing parameter area domain ("arpa"): RFC 3.172*, publicada em setembro de 2001, Força Tarefa de Engenharia da Internet. endereço: https://tools.ietf.org/html/rfc3172 (acesso em 01/10/2018).

[227] Corporação da Internet para Designação de Nomes e Números, *About the GAC*. endereço: https://gac.icann.org/about/index (acesso em 01/10/2018).

[228] M. L. Mueller. (17 de ago. de 2017). Brazilian Internet Steering Committee under threat?, Internet Governance Project, Georgia Institute of Technology, endereço: https://www.internetgovernance.org/2017/08/17/brazilian-internet-steering-committee-under-threat/ (acesso em 01/11/2018).

[229] Força-Tarefa de Engenharia da Internet, *Who we are*. endereço: https://www.ietf.org/about/who/ (acesso em 01/10/2018).

[230] H. T. Alvestrand, *IETF mission statement: Best current practice, RFC 3.935*, publicada em outubro de 2004, Força Tarefa de Engenharia da Internet. endereço: https://tools.ietf.org/html/rfc3935 (acesso em 01/10/2018).

[231] Sociedade da Internet, *The Internet Society and Internet history*. endereço: https://www.internetsociety.org/history/ (acesso em 01/10/2018).

[232] V. G. Cerf, R. Kahn e L. Chapin, *Announcing the Internet Society*, Sociedade da Internet, 1992. endereço: https://www.internetsociety.org/internet/history-of-internet/announcing-internet-society/ (acesso em 01/10/2018).

[233] M. Kende, "Promoting the african internet economy", Sociedade da Internet, Reston, VA, US, 22 de nov. de 2017. endereço: https://www.internetsociety.org/resources/doc/2017/africa-internet-economy/ (acesso em 01/10/2018).

[234] Consórcio da Rede Mundial de Computadores, *About W3C*. endereço: https://www.w3.org/Consortium/ (acesso em 01/10/2018).

[235] Wikipédia. (2 de ago. de 2018). The web conference, endereço: https://en.wikipedia.org/wiki/The_Web_Conference (acesso em 01/10/2018).

[236] Organização das Nações Unidas. (26 de jun. de 1945). Charter of the United Nations: And statute of the International Court of Justice, endereço: http://www.un.org/en/charter-united-nations/index.html (acesso em 01/10/2018).

[237] I. Kant, em *Toward Perpetual Peace: And Other Writings on Politics, Peace, and History*, sér. Rethinking Western Tradition, P. Kleingeld, ed., trad. do alemão por D. L. Colclasure, com introd. de P. Kleingeld, New Haven, CT, US: Yale University Press, 2006, ISBN: 978-0-300-11794-3.

[238] L. Peters, *The United Nations: History and Core Ideas.* Houndmills, GB: Palgrave Macmillan, 2015, 183 pp., ISBN: 978-1-137-52866-7. DOI: 10.1007/978-1-137-52866-7.

[239] K. Annan. (31 de dez. de 1999). The Secretary-General message for the new millennium: UNIS/SG/2480, Serviço de Informações das Nações Unidas, endereço: http://www.unis.unvienna.org/unis/en/pressrels/1999/sg2480.html (acesso em 01/10/2018).

[240] Conselho de Chefes Executivos para Coordenação (Organização das Nações Unidas), *About.* endereço: http://www.unsystem.org/content/un-system (acesso em 01/10/2018).

[241] T. Magder, "The origins of international agreements and global media: The post, the telegraph, and wireless communication before World War I", em *The Handbook of Global Media and Communication Policy*, R. Mansell e M. Raboy, ed., sér. Global Handbooks in Media and Communication Research. Malden, MA, US: Wiley-Blackwell, 2011, cap. 2, pp. 23–39, ISBN: 978-1-4051-9871-4.

[242] D. R. Headrick, *The Invisibe Weapon: Telecommunications and International Politics, 1851–1945*, 2ª ed. Oxford, GB: Oxford University Press, 2012, 304 pp., ISBN: 978-0-19-993033-3.

[243] União Internacional de Telecomunicações (Organização das Nações Unidas), "Documents Diplomatiques", apresentado em Conférence Télégraphique Internationale (Paris, FR, 1 de mar.–17 de mai. de 1865), É. D. de Lhuys, ed., Genève, CH: União Internacional de Telecomunicações, 2007. endereço: http://handle.itu.int/11.1004/020.1000/4.1.51.fr.200 (acesso em 01/10/2018).

[244] ——, "International Telegraph Conference in Paris, 1865: Signature of the convention by twenty sovereign states opens era of international co-operation", *Telecommunication Journal*, v. 32, n. 5, C. MacKenzie, ed., pp. 180–184, mai. de 1965. endereço: http://handle.itu.int/11.1004/020.1000/4.1.57.en.100 (acesso em 01/10/2018).

[245] R. Hill, *The New International Telecommunication Regulations and the Internet: A Commentary and Legislative History*, com pref. de R. H. Weber. New York, NY, US: Springer Science+Business Media, 2014, 173 pp., ISBN: 978-3-642-45416-5. DOI: 10.1007/978-3-642-45416-5.

[246] União Internacional de Telecomunicações (Organização das Nações Unidas), *Historical timeline.* endereço: http://itu150.org/historical-timeline/ (acesso em 01/10/2018).

[247] Conselho Econômico e Social (Organização das Nações Unidas), "Draft agreement between the United Nations and the International Telecommunication Union: E/RES/90(V)", apresentado em 5ª Sessão do Conselho Econômico e Social das Nações Unidas (Lake Success, NY, US, 19 de jul.–16 de ago. de 1947), New York, NY, US: Organização das Nações Unidas, 16 de ago. de 1947, pp. 61–67. endereço: http://repository.un.org/handle/11176/206902?show=full (acesso em 01/10/2018).

[248] M. O'Rielly. (8 de ago. de 2018). Reining in UN's little known International Telecommunication Union, The Hill, endereço: https://thehill.com/opinion/technology/400990-reigning-in-uns-little-known-international-telecommunication-union (acesso em 01/10/2018).

[249] União Internacional de Telecomunicações (Organização das Nações Unidas), "International Telecommunication Regulations", em *Final Acts of the World Conference on International Telecommunications*, (Dubai, AE, 3–14 de dez. de 2012), M. N. Al-Ghanim, ed., Genève, CH: União Internacional de Telecomunicações, abr. de 2013. endereço: https://www.itu.int/en/wcit-12/Pages/itrs.aspx (acesso em 01/10/2018).

[250] ——, "International Telecommunication Regulations", em *Final Acts of the World Administrative Telegraph and Telephone Conference*, (Melbourne, AU, 28 de nov.–9 de dez. de 1988), P. S. Wilenski, ed., Genève, CH: União Internacional de Telecomunicações, 1989, ISBN: 92-61-03921-9. endereço: https://www.itu.int/osg/csd/wtpf/wtpf2009/documents/ITU_ITRs_88.pdf (acesso em 01/10/2018).

[251] ——, "The CCITT plenary and WATTC", *Telecommunication Journal*, v. 56, n. 3, R. E. Butler, ed., pp. 139–140, mar. de 1989. endereço: http://search.itu.int/hist HistoryDigitalCollectionDocLibrary/4.33.57.en.100.pdf (acesso em 01/10/20

[252] J. Kiss. (3 de dez. de 2012). ITU and Google face off at Dubai conference over future of the internet: The battle lines are drawn for an east v west showdown at a UN conference on telecoms regulation starting on monday, The Guardian, endereço: https://www.theguardian.com/technology/2012/dec/03/telecoms-unitednations (acesso em 01/10/2018).

[253] T. B. Lee. (13 de dez. de 2012). Why the ITU is the wrong place to set Internet standards: UN body won't 'take over' the Internet—but it could hold back its progress, Ars Technica, Wired Media, endereço: https://arstechnica.com/tech-policy/2012/12/why-the-itu-is-the-wrong-place-to-set-internet-standards/ (acesso em 01/10/2018).

[254] E. Dourado. (20 de dez. de 2012). Behind closed doors at the UN's attempted 'takeover of the Internet': Conflicting visions for the future of the Internet collide in Dubai, Ars Technica, Wired Media, endereço: https://arstechnica.com/tech-policy/2012/12/behind-closed-doors-at-the-uns-attempted-takeover-of-the-internet/ (acesso em 01/10/2018).

[255] G1. (14 de dez. de 2012). Um total 89 países assinam polêmico tratado sobre telecomunicações, Globo, endereço: http://g1.globo.com/tecnologia/noticia/2012/12/um-total-89-paises-assinam-polemico-tratado-sobre-telecomunicacoes-2.html (acesso em 01/10/2018).

[256] E. Pfanner. (13 de dez. de 2012). U.S. rejects telecommunications treaty, The New York Times, endereço: https://nyti.ms/UVsVTX (acesso em 01/10/2018).

[257] V. G. Cerf. (24 de mai. de 2012). Keep the Internet open, The New York Times, endereço: https://nyti.ms/2yDN7E5 (acesso em 01/10/2018).

[258] União Internacional de Telecomunicações (Organização das Nações Unidas), "Declaration of Principles: WSIS-03/GENEVA/DOC/4-E", apresentado em Cúpula Mundial sobre a Sociedade da Informação, Wsis-03 (Genève, CH, 10–12 de dez. de 2003), Genève, CH: União Internacional de Telecomunicações, 12 de dez. de 2003. endereço: https://www.itu.int/dms_pub/itu-s/md/03/wsis/doc/S03-WSIS-DOC-0004!!PDF-E.pdf (acesso em 01/10/2018).

[259] ——, "Plan of Action: WSIS-03/GENEVA/DOC/5-E", apresentado em Cúpula Mundial sobre a Sociedade da Informação, Wsis-03 (Genève, CH, 10–12 de dez. de 2003), Genève, CH: União Internacional de Telecomunicações, 12 de dez. de 2003. endereço: https://www.itu.int/dms_pub/itu-s/md/03/wsis/doc/S03-WSIS-DOC-0005!!PDF-E.pdf (acesso em 01/10/2018).

[260] ——, "Report of the Geneva phase of the World Summit on the Information Society: WSIS-03/GENEVA/9(Rev.1)-E", apresentado em Cúpula Mundial sobre a Sociedade da Informação, Wsis-03 (Genève, CH, 10–12 de dez. de 2003), Genève, CH: União Internacional de Telecomunicações, 18 de fev. de 2004. endereço: https://www.itu.int/dms_pub/itu-s/md/03/wsis/doc/S03-WSIS-DOC-0009!R1!PDF-E.pdf (acesso em 01/10/2018).

[261] ——, "Tunis Commitment: WSIS-05/TUNIS/DOC/7-E", apresentado em Cúpula Mundial sobre a Sociedade da Informação, Wsis-05 (Tunis, TN, 16–18 de nov. de 2005), Genève, CH: União Internacional de Telecomunicações, 18 de nov. de 2005. endereço: https://www.itu.int/net/wsis/docs2/tunis/off/7.pdf (acesso em 01/10/2018).

[262] ——, "Tunis Agenda for the Information Society: WSIS-05/TUNIS/DOC/6(Rev. 1)-E", apresentado em Cúpula Mundial sobre a Sociedade da Informação, Wsis-05 (Tunis, TN, 16–18 de nov. de 2005), Genève, CH: União Internacional de Telecomunicações, 18 de nov. de 2005. endereço: https://www.itu.int/net/wsis/docs2/tunis/off/6rev1.pdf (acesso em 01/10/2018).

[263] ——, "Report on the Tunis phase of the World Summit on the Information Society: WSIS-05/TUNIS/DOC/9(Rev.1)-E", apresentado em Cúpula Mundial sobre a Sociedade da Informação, Wsis-05 (Tunis, TN, 16–18 de nov. de 2005), Genève, CH: União Internacional de Telecomunicações, 15 de fev. de 2006. endereço: https://www.itu.int/net/wsis/docs2/tunis/off/9rev1.pdf (acesso em 01/10/2018).

[264] G. T. Doran, "There's a S.M.A.R.T. way to write management's goals and objectives", *Management Review*, v. 70, n. 11, pp. 35–36, nov. de 1981. endereço: https://community.mis.temple.edu/mis0855002fall2015/files/2015/10/S.M.A.R.T-Way-Management-Review.pdf (acesso em 01/10/2018).

[265] Organização das Nações Unidas, "Information and communications technologies for development: Resolution A/RES/65/141", apresentado em 65ª sessão da Assembleia Geral da Organização das Nações Unidas, 69ª Sessão Plenária (New York, NY, US, 20 de dez. de 2010), New York, NY, US: Organização das Nações Unidas, 2 de fev. de 2011. endereço: http://www.un.org/en/ga/search/view_doc.asp?symbol=A/RES/65/141 (acesso em 30/07/2018).

[266] Conselho Econômico e Social (Organização das Nações Unidas), "Report of the Working Group on Improvements to the Internet Governance Forum: Resolution A/67/65–E/2012/48", apresentado em 67ª sessão da Assembleia Geral da Organização das Nações Unidas, Conselho Econômico e Social, Sessão substantiva de 2012 (New York, NY, US, 16 de mar. de 2012), New York, NY, US: Organização das Nações Unidas, 16 de mar. de 2012. endereço: https://unctad.org/meetings/en/SessionalDocuments/a67d65_en.pdf (acesso em 01/10/2018).

[267] União Internacional de Telecomunicações (Organização das Nações Unidas), "WSIS+10 outcome documents", apresentado em WSIS+10 (10–13 de jun. de 2014), Genève, CH: União Internacional de Telecomunicações, jun. de 2014, ISBN: 978-92-61-14661-0. ende-

reço: http://www.itu.int/wsis/implementation/2014/forum/inc/doc/outcome/362828V2E.pdf (acesso em 01/10/2018).

[268] The Economist. (1 de out. de 2011). A plaything of powerful nations: Who should run the internet?, endereço: https://www.economist.com/international/2011/10/01/a-plaything-of-powerful-nations (acesso em 30/07/2018).

[269] C. Friedersdorf. (1 de ago. de 2011). The legislation that could kill internet privacy for good, The Atlantic, endereço: https://www.theatlantic.com/politics/archive/2011/08/the-legislation-that-could-kill-internet-privacy-for-good/242853/ (acesso em 30/07/2018).

[270] Internet Rights and Principles Coalition, "The charter of human rights and principles for the Internet", Forum de Governança da Internet, Genève, CH, jan. de 2018, 33 pp. endereço: http://internetrightsandprinciples.org/site/wp-content/uploads/2018/01/IRPC_english_5thedition.pdf (acesso em 30/07/2018).

[271] Organização para a Cooperação e Desenvolvimento Econômico, *OECD Council recommendation on principles for internet policy makings*, 13 de dez. de 2011. endereço: https://www.oecd.org/internet/ieconomy/49258588.pdf (acesso em 30/07/2018).

[272] ICANNWiki. (21 de nov. de 2017). Fadi Chehadé, Corporação da Internet para Designação de Nomes e Números, endereço: https://icannwiki.org/Fadi_Chehad%C3%A9 (acesso em 30/07/2018).

[273] P. J. Leahy, *Protect IP Act: S.968 — 112th Congress*, Senado dos Estados Unidos da América, 12 de mai. de 2011. endereço: https://www.congress.gov/bill/112th-congress/senate-bill/968 (acesso em 30/07/2018).

[274] L. Smith, *Stop Online Piracy Act: H.R.3261 — 112th Congress*, Casa dos Representantes dos Estados Unidos da América, 26 de out. de 2011. endereço: https://www.congress.gov/bill/112th-congress/house-bill/3261 (acesso em 30/07/2018).

[275] G. Greenwald, E. MacAskill, J. Ball e D. Rushe. (7 de jun. de 2013). NSA Prism program taps in to user data of Apple, Google and others, The Guardian, endereço: https://www.theguardian.com/world/2013/jun/06/us-tech-giants-nsa-data (acesso em 30/07/2018).

[276] B. Gellman e L. Poitras. (7 de jun. de 2013). U.S., British intelligence mining data from nine U.S. Internet companies in broad secret program, The Washington Post, endereço: http://wapo.st/1888aNq?tid=ss_tw-bottom&utm_term=.35ad7b410118 (acesso em 30/07/2018).

[277] Conselho de Coordenação da Iniciativa NETmundial, "Terms of reference", apresentado em NETmundial (São Paulo, SP, BR, 23–24 de abr. de 2014), N. N. Quaynor, A. Maemura, J.-F. Abramatic, M. Maciel, W. J. Drake, A. Esterhuysen, I. Peter, J.-J. Subrenat, J. C. R. Caribé, E. Donahoe, K. Negm, L. Wei, A. Ansip, J. C. G. Allonca, P. Pritzker, A. Ngcaba, J. Ma, C. Steck, P. B. Arellano, J. Poisant, V. A. F. Almeida, T. Kamel, R. Samans e W. Kleinwächter, ed., Conselho de Coordenação da Iniciativa NETmundial, abr. de 2014. endereço: `http://netmundial.org/terms-reference` (acesso em 30/07/2018).

[278] Panel on Global Internet Cooperation and Governance Mechanism, "Towards a collaborative, decentralized Internet governance ecosystem", Fórum Econômico Mundial, mai. de 2014, 64 pp. endereço: `https://www.icann.org/en/system/files/files/collaborative-decentralized-ig-ecosystem-21may14-en.pdf` (acesso em 30/07/2018).

[279] Tribunal de Justiça da União Europeia (União Europeia), *Google Spain SL and Google Inc. v Agencia Española de Protección de Datos and Mario Costeja González: Document 62012CJ0131*, Groussherzogtum Lëtzebuerg, LU: União Europeia, 13 de mai. de 2014. endereço: `https://eur-lex.europa.eu/legal-content/EN/ALL/?uri=CELEX:62012CJ0131` (acesso em 30/07/2018).

[280] Conselho Econômico e Social das Nações Unidas (Organização das Nações Unidas), *Technology Facilitation Mechanism*, Organização das Nações Unidas. endereço: `https://sustainabledevelopment.un.org/tfm` (acesso em 30/07/2018).

[281] Organização das Nações Unidas, "Outcome document of the high-level meeting of the General Assembly on the overall review of the implementation of the outcomes of the World Summit on the Information Society: Resolution A/RES/70/125", apresentado em 70ª sessão da Assembleia Geral da Organização das Nações Unidas, 79ª Sessão Plenária (New York, NY, US, 15–16 de dez. de 2015), New York, NY, US: Organização das Nações Unidas, 1 de fev. de 2016. endereço: `http://www.un.org/en/ga/search/view_doc.asp?symbol=A/RES/70/125` (acesso em 30/07/2018).

[282] Banco Mundial, *Digital Dividends: World Development Report*, com pref. de J. Y. Kim. Washington, DC, US: World Bank Group, 2016, 330 pp., ISBN: 978-1-4648-0671-1. DOI: `10.1596/978-1-4648-0728-2`. endereço: `http://www.worldbank.org/en/publication/wdr2016` (acesso em 30/07/2018).

[283] Comissão Global sobre Governança da Internet, "One Internet", Centro para a Inovação Internacional em Governança, Waterloo, CA, 2016, 116 pp. endereço: `https://www.cigionline.org/sites/default/files/gcig_final_report_-_with_cover.pdf` (acesso em 30/07/2018).

[284] D. Leuthard. (21 de dez. de 2017). The 12th Internet Governance Forum (IGF): Chair's summary, Fórum de Governança da Internet, endereço: http://www.intgovforum.org/multilingual/index.php?q=filedepot_download/4223/919 (acesso em 01/11/2018).

[285] S. N. Sirimanne, A. G. Sanz, D. Wu, D. Souter e C. Contreras, "Implementing World Summit on the Information Society outcomes, 2016–2017: UNCTAD/SER.RP/2017/12", *UNCTAD Research Papers*, n. 12, nov. de 2017. endereço: https://unctad.org/en/PublicationsLibrary/ser-rp-2017d12_en.pdf (acesso em 01/11/2018).

[286] Grupo de Trabalho sobre o Aumento da Cooperação em Questões de Políticas Públicas Relacionadas à Internet (Organização das Nações Unidas), "Report of the Chair of the Working Group on Enhanced Cooperation: E/CN.16/2018/CRP.3", apresentado em 21ª sessão da Comissão de Ciência e Tecnologia para o Desenvolvimento (Genève, CH, 14–18 de mai. de 2018), New York, NY, US: Organização das Nações Unidas, 3 de mai. de 2018. endereço: https://unctad.org/meetings/en/SessionalDocuments/ecn162018crp3_en.pdf (acesso em 30/07/2018).

[287] E. Morozov, *The Net Delusion: The Dark Side of Internet Freedom.* New York, NY, US: PublicAffairs, 2011, 428 pp., ISBN: 978-1-61039-163-4.

[288] ——, *To Save Everything, Click Here: The Folly of Technological Solutionism.* New York, NY, US: PublicAffairs, 2013, 432 pp., ISBN: 978-1-610-39139-9.

[289] L. Lessig, *The Future of Ideas: The Fate of the Commons in a Connected World.* New York, NY, US: Random House, 2001, 377 pp., ISBN: 0-375-50578-4.

[290] D. Tapscott e A. D. Williams, *Wikinomics: How Mass Collaboration Changes Everything*, 2ª ed. New York, NY, US: Portfolio, 2008, 380 pp., ISBN: 978-1-4406-3948-7.

[291] C. Shirky, *Here Comes Everybody: The Power of Organizing without Organizations*, 2ª ed. New York, NY, US: Penguin Books, 2009, ISBN: 978-1-440-63224-2.

[292] E. Schmidt. (26 de ago. de 2011). Let luvvie embrace boffin in the digital future, The Guardian, endereço: https://www.theguardian.com/commentisfree/2011/aug/26/luvvie-boffin-digital-computing-television (acesso em 30/07/2018).

[293] J. Jarvis, *What Would Google Do?: Reverse-Engineering the Fastest Growing Company in the History of the World.* New York, NY, US: HarperBusiness, 2011, 288 pp., ISBN: 978-0-061-70969-2.

[294] S. Johnson, *Future Perfect: The Case for Progress in a Networked Age.* New York, NY, US: Riverhead Books, 2012, 234 pp., ISBN: 978-1-101-59697-5.

[295] A. Segal, "When China rules the web: Technology in service of the state", *Foreign Affairs*, v. 97, n. 5, G. Rose, ed., pp. 10–18, set.–out. de 2018, ISSN: 0015-7120. endereço: `https://www.foreignaffairs.com/articles/china/2018-08-13/when-china-rules-web` (acesso em 07/10/2018).

[296] W. J. Drake, V. G. Cerf e W. Kleinwächter, "Internet fragmentation: An overview", Fórum Econômico Mundial, Genève, CH, jan. de 2016, 76 pp. endereço: `http://www3.weforum.org/docs/WEF_FII_Internet_Fragmentation_An_Overview_2016.pdf` (acesso em 07/10/2018).

[297] S. Shane e M. Mazzetti. (20 de set. de 2018). The plot to subvert an election: Unraveling the Russia story so far, The New York Times, endereço: `https://nyti.ms/2Ddiwlm` (acesso em 07/10/2018).

[298] N. Nilekaṇi, "Data to the people: India's inclusive Internet", *Foreign Affairs*, v. 97, n. 5, G. Rose, ed., pp. 19–26, set.–out. de 2018, ISSN: 0015-7120. endereço: `https://www.foreignaffairs.com/articles/asia/2018-08-13/data-people` (acesso em 07/10/2018).

[299] T. Wu. (6 de dez. de 2018). Antitrust's most wanted: The ten cases the government should be investigating—but isn't, Medium, endereço: `https://medium.com/s/story/antitrusts-most-wanted-6c05388bdfb7` (acesso em 05/12/2018).

[300] ——, em, *The Curse of Bigness: Antitrust in the New Gilded Age*, sér. Columbia Global Reports, New York, NY, US: Columbia University Press, 2018, ISBN: 978-0-9997454-7-2.

[301] V. Mayer-Schönberger e T. Ramge, "A big choice for big tech: Share data or suffer the consequences", *Foreign Affairs*, v. 97, n. 5, G. Rose, ed., pp. 48–54, set.–out. de 2018, ISSN: 0015-7120. endereço: `https://www.foreignaffairs.com/articles/world/2018-08-13/big-choice-big-tech` (acesso em 07/10/2018).

[302] ——, *Reinventing Capitalism in the Age of Big Data*. New York, NY, US: Basic Books, 2018, 288 pp., ISBN: 978-0-465-09369-4.

[303] E. W. Felten, "Nuts and bolts of network neutrality", 6 de jul. de 2006. endereço: `https://www.cs.princeton.edu/courses/archive/fall09/cos109/neutrality.pdf` (acesso em 30/07/2018), pré-publicado.

[304] A. A. Gilroy, "Net neutrality: Background and issues", Washington, DC, US, RS22444, 16 de set. de 2008, 6 pp. endereço: `https://www.fas.org/sgp/crs/misc/RS22444.pdf` (acesso em 30/07/2018).

[305] W. J. Baumol, R. E. Litan, M. E. Cave, P. Cramton, R. W. Hahn, T. W. Hazlett, P. L. Joskow, A. E. Kahn, J. W. Mayo, P. A. Messerlin, B. M. Owen, R. S. Pindyck, V. L. Smith, S. Wallsten, L. Waverman, L. J. White e S. Savage, "Economists' statement on network neutrality policy", mar. de 2007. DOI: http://dx.doi.org/10.2139/ssrn.976889.

[306] T. Wu, *Network neutrality Frequently Asked Questions*. endereço: http://www.timwu.org/network_neutrality.html (acesso em 30/07/2018).

[307] N. Economides, "Net neutrality: Non-discrimination and digital distribution of content through the internet", *I/S: A Journal of Law & Policy for the Information Society*, v. 4, n. 2, pp. 209–233, 2008, ISSN: 2372-2967, 2372-2959.

[308] C. S. Yoo, "Network neutrality and the economics of congestion", *Georgetown Law Journal*, v. 94, n. 6, pp. 1847–1908, ago. de 2006, ISSN: 0016-8092.

[309] J. Dewey, "Creative democracy: The task before us", em *The Essential Dewey: Pragmatism, Education, Democracy*, L. A. Hickman e T. M. Alexander, ed. Bloomington, IN, US: Indiana University Press, 1998, vol. 1, pp. 340–343, ISBN: 0-253-21184-0.

[310] J. S. Marcus, "Network neutrality: The roots of the debate in the United States", *Intereconomics*, v. 43, n. 1, pp. 30–37, 2008, ISSN: 0020-5346.

[311] M. Guttentag, "The future of network neutrality", *Berkeley Undergraduate Journal*, v. 22, n. 1, 2009.

[312] N. Economides e J. Tag, "Network neutrality on the Internet: A two-sided market analysis", *Information Economics & Policy*, v. 24, n. 2, pp. 91–104, 2012.

[313] J. M. Bauer, "Dynamic effects of network neutrality", apresentado em 35th Research Conference on Communication, Information and Internet Policy (TPRC) (Alexandria, VA, US, 29 de set.–1 de out. de 2006), 2006. endereço: http://ssrn.com/abstract=2103820 (acesso em 30/07/2018).

[314] T. Wu, "Network neutrality, broadband discrimination", *Journal of Telecommunications & High Technology Law*, v. 2, pp. 141–180, jun. de 2003.

[315] W. H. Lehr, M. A. Sirbu, S. E. Gillett e J. M. Peha, "Scenarios for the network neutrality arms race", apresentado em 34th Research Conference on Communication, Information, and Internet Policy (TPRC) (Arlington, VA, US, 31 de ago. de 2006), 2006.

[316] J. H. Saltzer, D. P. Reed e D. D. Clark, "End-to-end arguments in system design", *ACM Transactions on Computer Systems*, v. 2, pp. 277–288, 4 nov. de 1984. DOI: 10.1145/357401.357402. endereço: http://web.mit.edu/Saltzer/www/publications/endtoend/endtoend.pdf (acesso em 30/07/2018).

[317] B. v. Schewick e D. Farber, "Point/counterpoint: Network neutrality nuances", *Communications of the ACM*, v. 52, n. 2, pp. 31–37, 2009, ISSN: 0001-0782. DOI: 10.1145/1461928.1461942. endereço: http://law.stanford.edu/wp-content/uploads/sites/default/files/publication/258996/doc/slspublic/van%20Schewick%20Network%20Neutrality.pdf (acesso em 30/07/2018).

[318] N. Economides, "Economic features of the internet and network neutrality", em *The Oxford Handbook on the Economics of Networks*, Y. Bramoullé, A. Galeotti e B. Rogers, ed. Oxford, GB: Oxford University Press, 2016, cap. 31, ISBN: 0-19-994827-5. endereço: http://www.stern.nyu.edu/networks/Economides_Economic_features_of_the_Internet_and_network_neutrality.pdf (acesso em 30/07/2018).

[319] T. Makau. (19 de nov. de 2010). Network neutrality: The african perspective. Tom Makau Blog, My Take on the Telecommunications, ICT and Power Industry, via Internet Archive, endereço: http://web.archive.org/web/20160328132644/http://tommakau.com/2010/11/19/network-neutrality-the-african-perspective/ (acesso em 30/07/2018).

[320] D. Getschko. (8 de fev. de 2015). O Marco Civil não é a cura de todos os males, Por Dentro da Rede, O Estado de S. Paulo, endereço: http://blogs.estadao.com.br/demi-getschko/o-marco-civil-nao-e-a-cura-de-todos-os-males/ (acesso em 30/07/2018).

[321] B. v. Schewick, "Network neutrality and zero-rating", Federal Communications Commission, 20 de fev. de 2015, Attachment to Barbara van Schewick's Ex Parte in the Matter of Protecting and Promoting the Open Internet, 10 pp. endereço: http://apps.fcc.gov/ecfs/document/view?id=60001031582 (acesso em 30/07/2018).

[322] M. Bichler, J. Goeree, S. Mayer e P. Shabalin, "Spectrum auction design: Simple auctions for complex sales", *Telecommunications Policy*, v. 38, n. 7, pp. 613–622, ago. de 2014, ISSN: 0308-5961. DOI: 10.1016/j.telpol.2014.02.004.

[323] G. Hardin, "The tragedy of the commons", *Science*, v. 162, n. 3859, pp. 1243–1248, 1968.

[324] C. Henrich-Franke, "Property rights on a cold war battlefield: Managing broadcasting transmissions through the iron curtain", *International Journal of the Commons*, v. 5, n. 1, pp. 92–109, fev. de 2011, ISSN: 1875-0281. DOI: 10.18352/ijc.209. endereço: https://www.thecommonsjournal.org/article/10.18352/ijc.209/ (acesso em 30/07/2018).

[325] N. Wormbs, "Technology-dependent commons: The example of frequency spectrum for broadcasting in Europe in the 1920s", *International Journal of the Commons*, v. 5, n. 1, pp. 92–109, fev. de 2011, ISSN: 1875-0281. DOI: 10.18352/ijc.237. endereço: https://www.thecommonsjournal.org/articles/10.18352/ijc.287/ (acesso em 30/07/2018).

[326] E. Ostrom, *Governing the Commons: The Evolution of Institutions for Collective Action.* Cambridge, GB: Cambridge University Press, 1990, 280 pp., ISBN: 978-0-521-40599-7.

[327] M. Proudfoot e A. R. Lacey, *The Routledge Dictionary of Philosophy*, 4ª ed. Abingdon, GB: Routledge, 2010, 451 pp., ISBN: 0-203-42846-3.

[328] P. E. Meza, *Coming Attractions? Hollywood, High Tech, and the Future of Entertainment.* Redwood City, CA, US: Stanford Business Books, 2007, 184 pp., ISBN: 0-8047-5660-0.

[329] J. W. Kingdon, "Como chega a hora de uma idéia?", em *Políticas públicas: Coletânia*, E. Saraiva e E. Ferrarezi, ed. Brasília, DF, BR: Escola Nacional de Administração Pública, 2006, vol. 1.

[330] B. D. Jones e F. R. Baumgartner, *The Politics of Attention: How Government Prioritizes Problems.* Chicago, IL, US: University of Chicago Press, 2004, 378 pp., Version submitted for copy-editing. endereço: `http://www.unc.edu/~fbaum/books/attention/Attention_Complete_Oct_6_2004.pdf` (acesso em 30/07/2018).

[331] R. Scruton, *The Palgrave Macmillan Dictionary of Political Thought.* Houndmills, GB: Palgrave Macmillan, 2007, 744 pp., ISBN: 1-4039-8951-6.

[332] C. Wright Mills, *The Power Elite*, com posf. de A. Wolfe. Oxford, GB: Oxford University Press, 1999, 431 pp., ISBN: 0-19-975633-3.

[333] G. Majone, "Agenda setting", em *The Oxford Handbook of Public Policy*, M. Moran, M. Rein e R. E. Goodin, ed. Oxford, GB: Oxford University Press, 2006, cap. 11, pp. 228–250.

[334] P. A. Sabatier e C. M. Weible, "The advocacy coalition framework: Innovations and clarifications", em *Theories of the Policy Process*, P. A. Sabatier, ed. Boulder, CO, US: Westview Press, 2007, cap. 7, pp. 189–220, ISBN: 978-0-8133-4359-4.

[335] J. S. Fishkin, *When the People Speak: Deliberative Democracy and Public Consultation.* Oxford, GB: Oxford University Press, 2009, 236 pp., ISBN: 978–0–19–957210–6.

[336] M. S. Z. Di Pietro, *Direito administrativo.* São Paulo, SP, BR: Editora Atlas, 2014, 963 pp., ISBN: 978-85-224-8680-9.

[337] R. Sacheto, "Participação popular na era da informação: O caso das consultas públicas eletrônicas na Administração Pública Federal do Brasil", diss. de mestr., Faculdade de Comunicação, Universidade de Brasília, Brasília, DF, BR, jun. de 2008, 132 pp. endereço: `http://repositorio.unb.br/handle/10482/1775` (acesso em 30/07/2018).

[338] T. O'Reilly. (10 de dez. de 2006). Web 2.0 compact definition: Trying again, Radar, O'Reilly, endereço: `http://radar.oreilly.com/2006/12/web-20-compact-definition-tryi.html` (acesso em 30/07/2018).

[339] Subsecretaria de Telecomunicações (Chile), *Gobierno promulga Ley de Internet y Neutralidad de Red*, Sala de Prensa, 26 de ago. de 2010. endereço: http://www.subtel.gob.cl/gobierno-promulga-ley-de-internet-y-neutralidad-de-red/ (acesso em 30/07/2018).

[340] G. Arenas, *Neutralidad sí!*, via Internet Archive. endereço: http://web.archive.org/web/20161021204405/http://www.neutralidadsi.org/ (acesso em 30/07/2018).

[341] Instituto Europeu de Padronização de Telecomunicações (União Europeia), *Speech Processing, Transmission and Quality Aspects (STQ); User related QoS parameter definitions and measurements; Part 4: Internet access*, ETSI EG 202 057-4 V1.2.1 (2008-07), Sophia Antipolis, FR, 2008. endereço: http://www.etsi.org/deliver/etsi_eg/202000_202099/20205704/01.02.01_60/eg_20205704v010201p.pdf (acesso em 30/07/2018).

[342] ——, *Speech Processing, Transmission and Quality Aspects (STQ); User related QoS parameter definitions and measurements; Part 1: General*, ETSI EG 202 057-1 V1.3.1 (2008-07), Sophia Antipolis, FR, 2008. endereço: http://www.etsi.org/deliver/etsi_eg/202000_202099/20205701/01.03.01_60/eg_20205701v010301p.pdf (acesso em 30/07/2018).

[343] Subsecretaria de Telecomunicações (Chile). (27 de mai. de 2014). Ley de Neutralidad y Redes Sociales Gratis, endereço: http://www.subtel.gob.cl/ley-de-neutralidad-y-redes-sociales-gratis/ (acesso em 30/07/2018).

[344] T. Wu, "Network neutrality: Competition, innovation, and nondiscriminatory access", 24 de abr. de 2006, Testimony before the House Committee on the Judiciary, Telecom and Antitrust Task Force. DOI: 10.2139/ssrn.903118.

[345] A. Gore, *Remarks as delivered by Vice President Al Gore to The Superhighway Summit, Royce Hall, UCLA, Los Angeles, CA*, 11 de jan. de 1994. endereço: http://clinton1.nara.gov/White_House/EOP/OVP/other/superhig.html (acesso em 30/07/2018).

[346] J. Barton, *Advanced Telecommunications and Opportunities Reform Act*, H. R. 5252, 109th Congress, Washington, DC, US: Casa dos Representantes dos Estados Unidos da América, 1 de mai. de 2006. endereço: https://www.govtrack.us/congress/bills/109/hr5252 (acesso em 30/07/2018).

[347] J. Cheng. (19 de out. de 2007). Evidence mounts that Comcast is targeting BitTorrent traffic, Ars Technica, Wired Media, endereço: http://arstechnica.com/uncategorized/2007/10/evidence-mounts-that-comcast-is-targeting-bittorrent-traffic/ (acesso em 30/07/2018).

[348] K. A. Ruane, "Net neutrality: The FCC's authority to regulate broadband internet traffic management", R40234, 26 de mar. de 2014, 16 pp. endereço: https://www.fas.org/sgp/crs/misc/R40234.pdf (acesso em 30/07/2018).

[349] G. Duncan. (23 de dez. de 2009). Comcast to pay $16 million for blocking P2P applications, Digital Trends, endereço: http://www.digitaltrends.com/computing/comcast-to-pay-16-million-for-blocking-p2p-applications/ (acesso em 30/07/2018).

[350] E. Wyatt. (6 de abr. de 2010). U.S. court curbs F.C.C. authority on web traffic, The New York Times, endereço: http://nyti.ms/1Oxi3Wx (acesso em 30/07/2018).

[351] T. Berners-Lee. (26 de fev. de 2015). Tim Berners-Lee @ FCC net neutrality ruling. vídeo, Cable-Satellite Public Affairs Network (C-SPAN), endereço: http://www.c-span.org/video/?c4529490/tim-berners-lee-fcc-net-neutrality-ruling (acesso em 30/07/2018).

[352] J. P. Barlow, "A declaration of the independence of cyberspace", 9 de fev. de 1996. endereço: https://www.eff.org/cyberspace-independence (acesso em 30/07/2018).

[353] B. v. Schewick, "T-Mobile's Binge On violates key net neutrality principles", The Center for Internet & Society, Stanford Law School, Stanford, CA, 29 de jan. de 2016, 51 pp. endereço: https://cyberlaw.stanford.edu/downloads/vanSchewick-2016-Binge-On-Report.pdf (acesso em 30/07/2018).

[354] J. Brodkin. (26 de fev. de 2016). One year later, net neutrality still faces attacks in court and Congress: FCC's Title II and muni broadband rulings face uncertain future, Ars Technica, Wired Media, endereço: http://arstechnica.com/business/2016/02/one-year-later-net-neutrality-still-faces-attacks-in-court-and-congress/ (acesso em 30/07/2018).

[355] F. Campbell. (31 de mar. de 2016). How Netflix violated net neutrality goals, but didn't violate net neutrality rules. Opinion, Forbes, endereço: http://blogs.forbes.com/fredcampbell/?p=340 (acesso em 30/07/2018).

[356] P. H. Collin, *Dictionary of Law: 8,000 Terms Clearly Defined*, 4ª ed. London, GB: Bloomsbury, 2004, 330 pp., ISBN: 978-1-4081-0211-4.

[357] Pensando o Direito. (16 de out. de 2015). Barbara van Schewick destaca a importância do Marco Civil da Internet. Vídeo, YouTube, endereço: https://youtu.be/Ycl5-Z084qs (acesso em 30/07/2018).

[358] *The ABC of European Union law.* Luxembourg, LU: European Union Publications Office, 2010, 131 pp., ISBN: 978-92-78-40525-0. DOI: 10.2830/13717.

[359] C. Marsden e L. Belli. (29 de out. de 2015). Not neutrality but 'Open Internet' à l'européenne, Media Policy Project Blog, The London School of Economics and Political Science, endereço: http://blogs.lse.ac.uk/mediapolicyproject/2015/10/29/not-neutrality-but-open-internet-a-la-europeenne/ (acesso em 30/07/2018).

[360] R. MacKinnon, *Consent of the Networked: The Worldwide Struggle for Internet Freedom.* New York, NY, US: Basic Books, 2012, 314 pp., ISBN: 978-0-465-02929-7.

[361] A. C. Papp, *Em nome da internet: Os bastidores da construção coletiva do Marco Civil.* São Paulo, SP, BR: Escola de Comunicações e Artes, Universidade de São Paulo, 2014, 140 pp. endereço: http://issuu.com/annacarolinapapp/docs/em_nome_da_internet (acesso em 30/07/2018).

[362] C. Tardáguila e J. Gama. (1 de set. de 2013). EUA espionaram Dilma, O Globo, endereço: http://glo.bo/1NfAkWk (acesso em 30/07/2018).

[363] G. Greenwald, *No Place to Hide: Edward Snowden, the NSA, and the U.S. Surveillance State.* New York, NY, US: Penguin Books, 2014, 253 pp., ISBN: 978–0–241–96900–7.

[364] D. Rousseff, "Statement by H. E. Dilma Rousseff, President of the Federative Republic of Brazil: Opening of the general debate", apresentado em 68ª sessão da Assembleia Geral da Organização das Nações Unidas (New York, NY, US, 24 de set.–1 de out. de 2013), New York, NY, US: Organização das Nações Unidas, 2013. endereço: http://gadebate.un.org/sites/default/files/gastatements/68/BR_en.pdf (acesso em 30/07/2018).

[365] R. C. Bragatto, R. C. Sampaio e M. A. Nicolás, "A segunda fase da consulta do Marco Civil da Internet: Como foi construída, quem participou e quais os impactos?", *Revista Eletrônica Internacional de Economia Política da Informação, da Comunicação e da Cultura*, v. 17, n. 1, pp. 236–255, 2015.

[366] D. Rousseff, *Mensagem Presidencial nº 326, de 24 de agosto de 2011.* endereço: http://www.camara.gov.br/proposicoesWeb/prop_mostrarintegra;jsessionid=75C47FBD5C2400BE80D34C7C42BBB643.node2?codteor=913021&filename=Tramitacao-PL+2126/2011 (acesso em 30/07/2018).

Anotações

Anotações

Impressão e acabamento
Gráfica da Editora Ciência Moderna Ltda.
Tel: (21) 2201 - 6662